今すぐ使える **かんたん**

Outlook
アウトルック

完全 コンプリート ガイドブック

困った解決 & 便利技

[2019／2016／2013／
365 対応版]

AYURA 著

技術評論社

本書の使い方

- 本書は、Outlook の操作に関する質問に Q&A 方式で回答しています。
- 目次やインデックスの分類を参考にして、知りたい操作のページに進んでください。
- 画面を使った操作の手順を追うだけで、Outlook の操作がわかるようになっています。

クエスチョンのタイトルは具体的な質問や疑問を表しています。

利用できないバージョン（Outlook 2019、Outlook 2016、Outlook 2013）がある場合に示しています。

クエスチョンという単位ごとに、Outlookの機能や操作について解説しています。

クエスチョンに対する回答を簡潔に表しています。複数の回答を表示する場合もあります。

番号付きの記述で、操作の順番が一目瞭然です。

参照するQ番号を示しています。

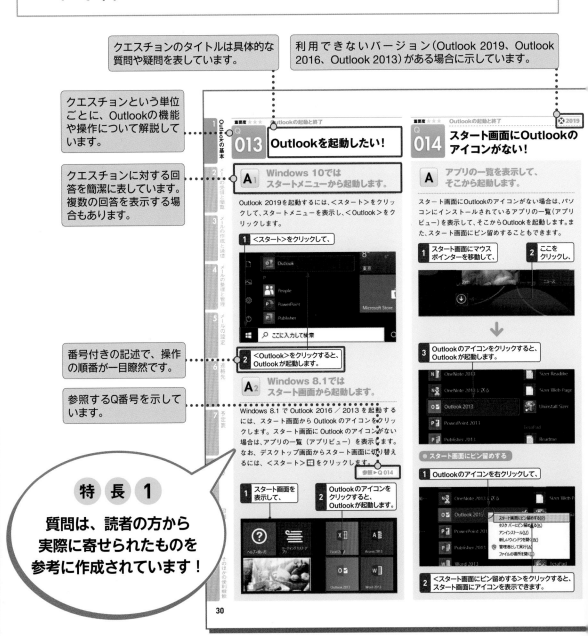

特長 1

質問は、読者の方から実際に寄せられたものを参考に作成されています！

特　長　2

やわらかい上質な紙を
使っているので、
開いたら閉じにくい
書籍になっています！

『この操作を知らないと
困る』という意味で、各
クエスチョンで解説して
いる操作を3段階の「重要
度」で表しています。

重要度 ★★★
重要度 ★★★
重要度 ★★★

クエスチョンの分類を示
しています。

重要度 ★★★

Outlookの起動と終了

Q 015 Outlookをもっとすばやく起動したい！

A タスクバーにOutlookの
アイコンを表示します。

● Windows 10 の場合

Outlookのアイコンをタスクバーに表示しておくと、ア
イコンをクリックするだけですばやく起動することが
できます。タスクバーにOutlookのアイコンを表示する
には、以下の手順で操作します。
Outlookがすでに起動している場合は、手順❶～❸の
かわりにタスクバーに表示されたOutlookのアイコン
を右クリックすることで、同様の設定が可能です。
アイコンの表示を外したいときは、タスクバーのアイ
コンを右クリックして、＜タスクバーからピン留めを
外す＞をクリックします。

1 スタートメニューを
表示します。　**2** ＜Outlook＞を
右クリックして、

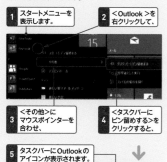

3 ＜その他＞に
マウスポインターを
合わせ、　**4** ＜タスクバーに
ピン留めする＞を
クリックすると、

5 タスクバーにOutlookの
アイコンが表示されます。

タスクバーのアイコンを右クリックして、ここをクリッ
クすると、アイコンの表示が外れます。

● Windows 8.1 の場合

タスクバーにアイコンを表示しておくと、デスクトッ
プで作業をしているときに、毎回スタート画面に戻っ
てOutlookを起動する手間が省けます。タスクバーに
Outlookのアイコンを表示するには、以下の手順で操作
します。
Outlookがすでに起動している場合は、手順❶～❷の
かわりにタスクバーに表示されたOutlookのアイコン
を右クリックすることで、同様の設定が可能です。
アイコンの表示を外したいときは、タスクバーのアイ
コンを右クリックして、＜タスクバーからピン留めを
外す＞をクリックします。

1 スタート画面を
表示します。　**2** Outlookのアイコンを
右クリックして、

3 ＜タスクバーにピン留めする＞をクリックします。

4 デスクトップ画面を表示すると、
タスクバーにOutlookのアイコンが
表示されていることが確認できます。

タスクバーのアイコンを右クリックして、ここをクリッ
クすると、アイコンの表示が外れます。

目的の操作が探しやすい
ように、ページの両側に
インデックス（見出し）を
表示しています。

特　長　3

読者が抱く
小さな疑問を予測して、
できるだけていねいに
解説しています！

操作の基本的な流れ以外
は、このように番号がな
い記述になっています。

Outlookの基本 1
メールの発信と閲覧 2
メールの作成と送信 3
メールの整理と管理 4
メールの設定 5
連絡先 6
予定表
タスク
印刷
まのほかの便利技 10

31

Outlook の基本

Outlook操作の基本

Outlook画面の基本

第**2**章 ▶ メールの受信と閲覧

‖メールの基本

‖メールの受信

‖メールの表示

第3章 メールの作成と送信

第5章　メールの設定

‖ そのほかのメールの設定

第6章 ▶ 連絡先

‖ 連絡先の基本

‖ 連絡先の登録

第**7**章 ▶ **予定表**

第8章 ▶ タスク

そのほかの便利機能

第 **1** 章

Outlook の基本

1 Outlookの基本

2 メールの受信と閲覧

3 メールの作成と送信

4 メールの整理と管理

5 メールの設定

6 連絡先

7 予定表

8 タスク

9 印刷

10 そのほかの便利機能

重要度 ★★★　Outlookの概要

Q 001

Outlookって どんなソフト？

A マイクロソフトが提供するメール および情報管理ソフトです。

Outlookは、マイクロソフトが提供するメールおよび情報管理ソフトです。単にメールの送受信だけでなく、予定表や連絡先、タスクなどを管理するためのソフトウェアで、正式名称を「Microsoft Outlook」と呼びます。Outlookはビジネスソフトの統合パッケージである「Office」に含まれているほか、単体でも販売されています。また、市販のパソコンにあらかじめインストールされているものもあります。

● Office Home and Business 2019

重要度 ★★★　Outlookの概要　❌2016 ❌2013

Q 002

Outlook 2019を 使いたい！

A Outlook 2019またはOffice 2019をインストールします。

Outlookを利用するには、Outlook 2019単体またはOffice 2019のパッケージを購入して、パソコンにインストールします。新たにパソコンを購入する場合は、Office製品があらかじめインストールされているパソコンを選ぶと、すぐに利用することができます。Office 2019のパッケージは3種類あり、それぞれに含まれているソフトウェアの種類が異なります。Outlookはどのパッケージにも含まれているので、Outlook以外に使用したいソフトを基準にして選ぶとよいでしょう。

● Outlook 2019を動作させるために必要な環境

構成要素	必要な環境
プロセッサ（CPU）	1.6GHz以上の32ビットまたは64ビットプロセッサ
メモリ	2GBのRAM（32ビット）、4GBのRAM（64ビット）
ハードディスクの空き容量	4GB以上
ディスプレイ	1280×768の画面解像度
対応OS	Windows 10、Windows Server 2019

重要度 ★★★　Outlookの概要

Q 003

Outlookの 「バージョン」って何？

A 製品の改訂の段階を表す 数値です。

「バージョン」とは、ソフトウェアの改良、改訂の段階を表すもので、ソフトウェア名の後ろに数字で表記され、新しいものほど数値が大きくなります。Wndows版のOutlookには、「2013」「2016」「2019」などのバージョンがあります。バージョンによって、利用できる機能や操作手順が異なる場合があるので、注意が必要です。現在発売されている最新バージョンは「2019」です（2020年5月現在）。

Outlookのバージョンを確認するには、＜ファイル＞タブをクリックして、＜Officeアカウント＞をクリックします。

ここでバージョンを確認できます。

Q 004 Outlookの
おもな機能を知りたい！

A メール、予定表、連絡先、タスク、
メモ機能などがあります。

Outlookでは、メールの送受信を行う「メール」、友人や仕事関係者などのメールアドレスや氏名、住所などを管理する「連絡先」、スケジュールを管理する「予定表」、仕事を期限管理する「タスク」、デスクトップ上に表示できる「メモ」など、さまざまな機能を利用することができます。

それぞれの機能は単独に管理するだけでなく、メールの内容を予定表やタスクに登録したり、タスクを予定表に登録したり、タスクの進捗状況をメールで報告したりといったように、これらを関連付けて管理することができます。

● メール機能

メールを送受信したり、受信したメールを日付順や差出人ごとに並べ替えるなど、ルールを決めて管理することができます。

● 連絡先機能

友人や仕事関係者などのメールアドレスや氏名、住所、会社名、電話番号などを管理することができます。

● 予定表機能

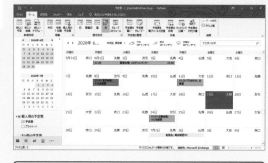

仕事やプライベートのスケジュールを効率よく管理することができます。

● タスク機能

期限までにやるべきことをリストにして、進捗状況などを管理、閲覧することができます。

● メモ機能

Outlook内にかんたんなメモを残したり、デスクトップ上に付箋のように表示したりすることができます。

1 Outlookの基本

2 メールの受信と閲覧

3 メールの作成と送信

4 メールの整理と管理

5 メールの設定

6 連絡先

7 予定表

8 タスク

9 印刷

10 そのほかの便利機能

重要度 ★★★　Outlookの概要　　　　❌2016 ❌2013

Q 005　Outlook 2019には どんな種類がある？

A 大きく分けて3種類の製品が あります。

家庭やビジネスで利用できるOffice 2019には、大きく分けて「Office Premium」「Office 2019」「Microsoft 365 Personal」の3種類があります。Office Premiumはパソコンにプリインストールされている製品、Office 2019とMicrosoft 365 Personalは購入してパソコンにインストールする製品です。ライセンス形態やインストールできるデバイス、OneDriveの容量などが異なります。

● それぞれのOfficeの特徴

	Office Premium	Office 2019	Microsoft 365 Personal
ライセンス形態	永続ライセンス	永続ライセンス	サブスクリプション（月または年ごとの支払い）
インストールできるデバイス	プリインストールされたパソコン＋2台のタブレットやスマートフォンでOffice Mobileアプリを使用可能	2台のWindowsパソコン	Windowsパソコン、Mac、タブレット、スマートフォンなど台数無制限
OneDrive	1TB	5GB	1TB
最新バージョンへのアップグレード	常に最新版にアップグレード（プリインストールされたパソコンに限る）	Office 2019以降のアップグレードはできない	常に最新版にアップグレード
製品名	西暦4桁の数字を含む	西暦4桁の数字を含む	「365」を含む

重要度 ★★★　Outlookの概要

Q 006　Microsoft 365 Personalって何？

A 月額や年額の料金を支払って 利用するOfficeです。

2020年4月にOffice 365がMicrosoft 365に名称変更となりました。「Microsoft 365 Personal」は、月額や年額の料金を支払って利用できる個人向けのOfficeです。毎月あるいは利用料金を支払えば、ずっと使い続けることができます。契約は自動的に更新されますが、いつでもキャンセルが可能です。

Microsoft 365 Personalのメリットは、契約を続ける限り、常に最新のOfficeアプリケーションが利用できること、Windowsパソコンやタブレット、スマートフォンなど、複数のデバイスに台数無制限にインストールできることなどがあげられます。

なお、Outlook 2019を購入する前に、試しに使ってみたいという場合は、Microsoft 365試用版を1か月間無料で利用することができます。試用版を利用する際にクレジットカードの情報が必要ですが、試用期間中であれば、いつでもキャンセルすることができます。

● Microsoft 365 Personalの料金

契約期間	料　金
1か月	1,284円
年間一括払い	12,984円

※2020年5月現在

● Microsoft 365仕様版のダウンロードページ

「https://products.office.com/ja-jp/try/」にアクセスして、＜1か月間無料で試す＞をクリックします。

Q 007 Office 2019とMicrosoft 365の Outlookは何が違う?

A ライセンス形態やインストール できるデバイスなどが異なります。

Office 2019／2016とMicrosoft 365のOutlookは、ライセンス形態やインストールできるデバイスなどが異なります。

Office 2019／2016は永続ライセンス型で、料金を支払って購入すれば永続的に使用できます。最大2台のパソコンにインストールできます。

Microsoft 365はサブスクリプション型で、月額あるいは年額の料金を支払い続ければ、常に最新のOfficeアプリケーションを利用できます。契約は自動的に更新されますが、いつでもキャンセルが可能です。複数のデバイスに台数無制限にインストールでき同時に5か所でサインインすることができます。

Office 2019／2016とMicrosoft 365のOutlookの画面は、リボンやコマンドの見た目などが多少異なりますが、操作方法や操作手順などはほとんど変わりません。ただし、Microsoft 365にあって、Office 2019／2016にはない機能が多少あります。

● **Office 2019の画面**

● **Microsoft 365の画面**

リボンやコマンドの見た目などが多少異なりますが、操作方法や操作手順などはほとんど変わりません。

Q 008 Outlookのデスクトップ版と ストアアプリ版とは何が違う?

A Officeのインストール方法に よって異なります。

Outlookのデスクトップ版とストアアプリ版は、Officeのインストール方法が異なります。デスクトップ版はパッケージを購入してインストールするアプリ、ストアアプリ版はWindowsストアからのみインストールするアプリです。

なお、プリインストール版では、「Windows 10 バージョン1709」が搭載されたパソコンにはストアアプリ版が、「Windows 10 バージョン1709」以前のOSを搭載したパソコンにはデスクトップ版がインストールされていることが多いようです。通常に使用する分にはデスクトップ版、ストアアプリ版に違いはありません。

● **ストアアプリ版かデスクトップアプリ版かを確認する**

現在使用しているOutlookがどちらかを確認するには、＜Windowsの設定＞画面を表示して、＜アプリ＞をクリックします。＜アプリと機能＞の一覧に＜Microsoft Office Professional 2019(2016)-ja-jp＞などが表示されている場合は、デスクトップアプリ版が、＜Microsoft Office Desktop Apps＞が表示されている場合は、ストアアプリ版がインストールされています。

デスクトップアプリ版がインストールされています。

ストアアプリ版がインストールされています。

---

1 Outlookの基本
2 メールの受信と閲覧
3 メールの作成と送信
4 メールの整理と管理
5 メールの設定
6 連絡先
7 予定表
8 タスク
9 印刷
10 そのほかの便利機能

Q 009 Outlook Expressとはどう違う？

A Outlook Expressは、Windows XP／2000／98に搭載されていたメールソフトです。

Outlook Expressは、Windows XP／2000／98に標準で搭載されていたメールソフトです。Windows XPまでは多くのユーザーに利用されていましたが、Windows VistaではOutlook Expressの後継にあたるWindowsメールが採用され、Windows 7ではWindows Liveメールが配布されたため、今ではほとんど使われなくなりました。名前は似ていますが、本書で解説するOutlookとは直接の関係はありません。まったく別のソフトだと理解してください。

参照▶Q 012

Outlook Expressは、Windows XP／2000／98に標準で搭載されていたメールソフトです。

Windows VistaではOutlook Expressの後継にあたるWindowsメールが採用されました。

Q 010 「メール」アプリとはどう違う？

A 「メール」アプリは、Windows 8以降に搭載されているアプリです。

「メール」アプリは、Windows 10／8.1／8に標準で搭載されているアプリで、Outlook.comやGmail、Yahoo!メールなどのWebメールや、プロバイダーメールのメールアドレスを複数登録して利用することができます。Windows 8.1／8のときはIMAP方式のメールサービスにしか対応していませんでしたが、Windows 10からはPOP方式のメールサービスにも対応しました。「メール」アプリを利用するには、Microsoftアカウントが必要です。

参照▶Q 026, Q 027

「メール」アプリは、Windows 8以降に標準で搭載されているアプリです。

「メール」アプリは、メールを送受信するために必要最低限な機能だけを備えたシンプルな画面で構成されています。

Q 011 Outlook.comとはどう違う？

A Outlook.comは、マイクロソフトが提供しているWebメールサービスです。

Outlook.comは、マイクロソフトが無償で提供しているWebメールサービスです。Webブラウザーを利用できる環境であれば、どこからでもメールを送受信することができます。また、プロバイダーのメールアドレスを追加することで、POP方式のメールを利用することもできます。

Outlook Expressと同様、名前は似ていますが本書で解説するOutlookとは直接の関係はありません。OutlookにOutlook.comのメールアカウントを設定することはできます。

Outlook.comは、Webブラウザーを利用できる環境であれば、どこからでもメールを送受信することができます。

OutlookにOutlook.comのメールアカウントを設定することができます。

Q 012 Windows Liveメールとはどう違う？

A Windows Liveメールは、マイクロソフトが提供しているメールソフトです。

Windows Liveメールはマイクロソフトが無償で提供しているメールソフトです。Outlookと同様、Webメールやプロバイダーのメールを追加して、複数のメールアカウントを管理することができます。POP方式のメールにも対応しています。また、メールの送受信だけでなく、カレンダーやアドレス帳、Internet Explorerと連携したRSSフィードの購読機能なども搭載されています。

なお、Windows Liveメールは2017年1月10日でサポートが終了しています。すでにインストールしている場合は引き続き利用できますが、Windows 10には対応していません。

参照 ▶ Q 026

Windows Liveメールは、サポートが終了しています。すでにインストールしている場合は引き続き利用できますが、Windows 10には対応していません。

メールの送受信だけでなく、カレンダーやアドレス帳なども利用できます。

Outlookの基本

1

メールの受信と閲覧 2

メールの作成と送信 3

メールの整理と管理 4

メールの設定 5

連絡先 6

予定表 7

タスク 8

印刷 9

そのほかの便利機能 10

1 Outlookの基本
2 メールの受信と閲覧
3 メールの作成と送信
4 メールの整理と管理
5 メールの設定
6 連絡先
7 予定表
8 タスク
9 印刷
10 そのほかの便利機能

重要度 ★★★　Outlookの起動と終了

Q 013 Outlookを起動したい！

A1 Windows 10では スタートメニューから起動します。

Outlook 2019を起動するには、＜スタート＞をクリックして、スタートメニューを表示し、＜Outlook＞をクリックします。

1 ＜スタート＞をクリックして、

2 ＜Outlook＞をクリックすると、Outlookが起動します。

A2 Windows 8.1では スタート画面から起動します。

Windows 8.1 で Outlook 2016 ／ 2013 を起動するには、スタート画面から Outlook のアイコンをクリックします。スタート画面に Outlook のアイコンがない場合は、アプリの一覧（アプリビュー）を表示します。なお、デスクトップ画面からスタート画面に切り替えるには、＜スタート＞ ⊞ をクリックします。

参照 ▶ Q 014

1 スタート画面を表示して、

2 Outlookのアイコンをクリックすると、Outlookが起動します。

重要度 ★★★　Outlookの起動と終了　　　　　　　⊗2019

Q 014 スタート画面にOutlookの アイコンがない！

A アプリの一覧を表示して、 そこから起動します。

スタート画面にOutlookのアイコンがない場合は、パソコンにインストールされているアプリの一覧（アプリビュー）を表示して、そこからOutlookを起動します。また、スタート画面にピン留めすることもできます。

1 スタート画面にマウスポインターを移動して、

2 ここをクリックし、

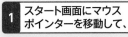

3 Outlookのアイコンをクリックすると、Outlookが起動します。

● スタート画面にピン留めする

1 Outlookのアイコンを右クリックして、

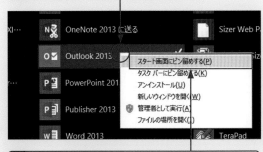

2 ＜スタート画面にピン留めする＞をクリックすると、スタート画面にアイコンを表示できます。

Q 015 Outlookをもっとすばやく起動したい！

A タスクバーにOutlookのアイコンを表示します。

● Windows 10の場合

Outlookのアイコンをタスクバーに表示しておくと、アイコンをクリックするだけですばやく起動することができます。タスクバーにOutlookのアイコンを表示するには、以下の手順で操作します。

Outlookがすでに起動している場合は、手順**1**～**3**のかわりにタスクバーに表示されたOutlookのアイコンを右クリックすることで、同様の設定が可能です。

アイコンの表示を外したいときは、タスクバーのアイコンを右クリックして、＜タスクバーからピン留めを外す＞をクリックします。

1 スタートメニューを表示します。

2 ＜Outlook＞を右クリックして、

3 ＜その他＞にマウスポインターを合わせ、

4 ＜タスクバーにピン留めする＞をクリックすると、

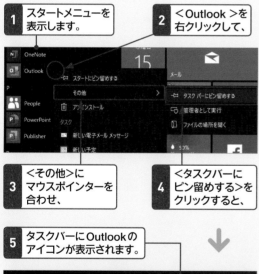

5 タスクバーにOutlookのアイコンが表示されます。

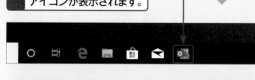

タスクバーのアイコンを右クリックして、ここをクリックすると、アイコンの表示が外れます。

● Windows 8.1の場合

タスクバーにアイコンを表示しておくと、デスクトップで作業をしているときに、毎回スタート画面に戻ってOutlookを起動する手間が省けます。タスクバーにOutlookのアイコンを表示するには、以下の手順で操作します。

Outlookがすでに起動している場合は、手順**1**～**2**のかわりにタスクバーに表示されたOutlookのアイコンを右クリックすることで、同様の設定が可能です。

アイコンの表示を外したいときは、タスクバーのアイコンを右クリックして、＜タスクバーからピン留めを外す＞をクリックします。

1 スタート画面を表示します。

2 Outlookのアイコンを右クリックして、

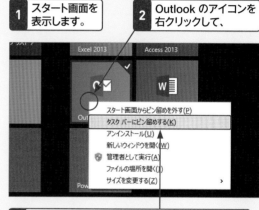

3 ＜タスクバーにピン留めする＞をクリックします。

4 デスクトップ画面を表示すると、タスクバーにOutlookのアイコンが表示されていることが確認できます。

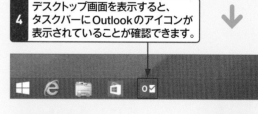

タスクバーのアイコンを右クリックして、ここをクリックすると、アイコンの表示が外れます。

1 Outlookの基本
2 メールの受信と閲覧
3 メールの作成と送信
4 メールの整理と管理
5 メールの設定
6 連絡先
7 予定表
8 タスク
9 印刷
10 そのほかの便利機能

1 Outlookの基本
2 メールの受信と閲覧
3 メールの作成と送信
4 メールの整理と管理
5 メールの設定
6 連絡先
7 予定表
8 タスク
9 印刷
10 そのほかの便利機能

重要度 ★★★　Outlookの起動と終了　❌2013

Q 016

＜ライセンス契約に同意します＞画面が表示された！

A ＜同意する＞をクリックして次に進みます。

Outlookをはじめて起動したときに＜ライセンス契約に同意します＞という画面が表示された場合は、＜同意する＞をクリックして、Microsoft Officeの使用許諾契約書を承諾します。続いて表示される画面で＜次へ＞→＜確認＞→＜完了＞とクリックして、利用するアカウントを設定します。　　参照▶ Q 028, Q 029

＜同意する＞をクリックして、Microsoft Officeの使用許諾契約書を承諾します。

重要度 ★★★　Outlookの起動と終了　❌2019 ❌2016

Q 017

Outlookへようこその画面が表示された！

A メールアカウントを設定するか、＜キャンセル＞をクリックします。

Outlookをはじめて起動したときに＜Microsoft Outlook 2013へようこそ＞ダイアログボックスが表示された場合は、＜次へ＞をクリックして、利用するメールアカウントを設定します。
メールアカウントはあとから設定することもできます。あとから設定したい場合は、＜キャンセル＞をクリックします。　　参照▶ Q 028, Q 029

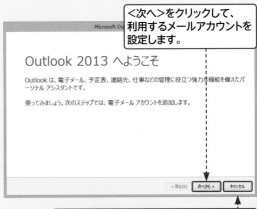

＜次へ＞をクリックして、利用するメールアカウントを設定します。

あとから設定する場合は、＜キャンセル＞をクリックします。

重要度 ★★★　Outlookの起動と終了

Q 018

Outlookを最新の状態にしたい！

A Officeの更新プログラムを確認して適用します。

Office製品では通常、更新プログラムが自動的にダウンロードされ、インストールされるように設定されています。更新プログラムを確認して、今すぐインストールしたい場合は、右の手順で操作すると更新プログラムが確認され、適用されていないプログラムがある場合は、ダウンロードしてインストールされます。

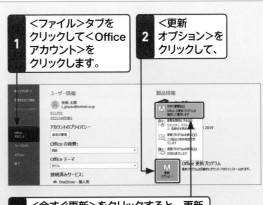

1 ＜ファイル＞タブをクリックして＜Officeアカウント＞をクリックします。

2 ＜更新オプション＞をクリックして、

3 ＜今すぐ更新＞をクリックすると、更新プログラムが確認されます。

Q 019 Outlookを終了したい！

A **＜ファイル＞タブをクリックして、**
＜終了＞をクリックします。

Outlook を終了するには、＜ファイル＞タブをクリックして、＜終了＞をクリックします。また、画面右上の＜閉じる＞をクリックすることでも終了できます。

1 ＜ファイル＞タブをクリックして、

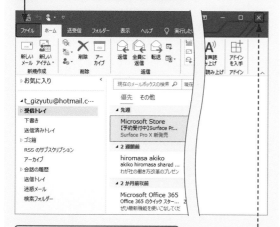

＜閉じる＞をクリックすることでも、
終了できます。

2 ＜終了＞をクリックすると、

3 Outlookが終了します。

Q 020 Outlookのデータは保存しなくてもよい？

A **Outlookのデータファイルに**
自動的に保存されます。

Outlook のメール、予定表、タスクなどのデータは、Outlook データファイル（.pst）内に自動的に保存されます。保存場所を開くには、以下の手順で操作します。データファイルは、ドキュメント内の「Outlook ファイル」フォルダー内に保存されています。

1 ＜ファイル＞タブをクリックして、
＜開く／エクスポート＞をクリックし、

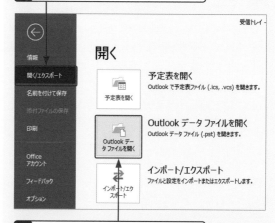

2 ＜Outlook データファイルを開く＞を
クリックすると、

3 Outlookデータファイルの保存場所が開きます。

Outlookの基本 1
メールの受信と閲覧 2
メールの作成と送信 3
メールの整理と管理 4
メールの設定 5
連絡先 6
予定表 7
タスク 8
印刷 9
そのほかの便利機能 10

1 Outlookの基本

2 メールの受信と閲覧

3 メールの作成と送信

4 メールの整理と管理

5 メールの設定

6 連絡先

7 予定表

8 タスク

9 印刷

10 そのほかの便利機能

重要度 ★ ★ ★　Outlookの起動と終了　⊗ 2019

Q 021
Outlookの起動時に パスワードが要求される！

A パスワードを入力して Outlookを起動します。

メールアカウントを設定した際に、＜パスワードを保存する＞をクリックしてオンにしなかった場合、Outlookの起動時に毎回パスワードの入力を要求されます。毎回入力するのが面倒な場合は、＜パスワードをパスワード一覧に保存する＞をクリックしてオンにします。 参照▶Q 029

1 パスワードを入力して、

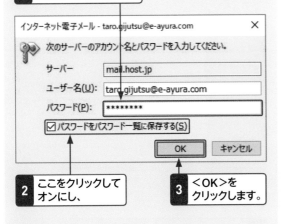

インターネット電子メール - taro.gijutsu@e-ayura.com ✕

次のサーバーのアカウント名とパスワードを入力してください。

サーバー	mail.host.jp
ユーザー名(U)	taro.gijutsu@e-ayura.com
パスワード(P):	********

☑ パスワードをパスワード一覧に保存する(S)

OK　　キャンセル

2 ここをクリックしてオンにし、

3 ＜OK＞をクリックします。

重要度 ★ ★ ★　メールアカウントの基本

Q 022
メールアカウントとは？

A メールを利用するための 権限および使用権です。

「メールアカウント」とは、メールサーバーにアクセスしてメールを利用するための権限および使用権のことです。また、メールサーバーを利用するためのユーザー名（ユーザーIDやアカウント名ともいいます）とパスワード、メールサーバー情報を総称してメールアカウントということもあります。 参照▶Q 023

重要度 ★ ★ ★　メールアカウントの基本

Q 023
メールアカウントの設定に 必要なものは？

A メールアドレス、アカウント名、 パスワードなどが必要です。

メールアカウントの設定には、メールアドレス、アカウント名、パスワード、メールサーバー情報などが必要です。必要な情報や名称は、Outlookに設定するプロバイダーによって異なります。これらの情報は、プロバイダーと契約したときの書類に明記されています。

● メールアカウントの設定に必要なもの
- メールアドレス
- アカウント名（ユーザー名／ユーザーID）
- パスワード（メールパスワード）
- 受信メールサーバー（POP／IMAP）
- 送信メールサーバー（SMTP）

アカウントの変更

POP と IMAP のアカウント設定
お使いのアカウントのメール サーバーの設定を入力してください。

ユーザー情報

| 名前(Y): | taro.gijutsu@e-ayura.com |
| 電子メール アドレス(E): | taro.gijutsu@e-ayura.com |

サーバー情報

アカウントの種類(A):	POP3
受信メール サーバー(I):	mail.host.jp
送信メール サーバー (SMTP)(O):	mail.host.jp

メール サーバーへのログオン情報

| アカウント名(U): | taro.gijutsu@e-ayura.com |
| パスワード(P): | ******** |

☑ パスワードを保存する(R)

☐ メール サーバーがセキュリティで保護されたパスワード認証 (SPA) に対応している場合には、チェック ボックスをオンにしてください(Q)

メールアカウントの設定に必要な情報は、プロバイダーから提供されます。

Outlookの基本 1
メールの受信と閲覧 2
メールの作成と送信 3
メールの整理と管理 4
メールの設定 5
連絡先 6
予定表 7
タスク 8
印刷 9
そのほかの便利機能 10

重要度 ★★★　メールアカウントの基本

Q 024 メールアドレスと パスワードとは？

A メールを利用するために 必要な文字列です。

「メールアドレス」とは、メールを送受信する際に利用者を特定するための文字列のことです。単に「アドレス」とも呼びます。

一般的には、taro.gijutsu@example.comのような形式で表記され、@より前が個人を識別するためのユーザー名、@より後ろがメールサービスを提供する事業者や組織を識別するための文字列（ドメイン名）です。通常は、半角の英数字で表記されています。

taro.gijutsu@example.com

個人を識別するための ユーザー名

メールサービスを提供する事業者や組織を識別するためのドメイン名

「パスワード」とは、メールやインターネット上のサービスを利用する際に、正規の利用者であることを証明するために入力する文字列のことです。半角の英数字で入力します。

パスワードは自由に設定できますが、同じパスワードを複数のサービスで利用したり、氏名や生年月日、単純な英単語や数字などの安易なパスワードは使用しないようにしましょう。

重要度 ★★★　メールアカウントの基本

Q 025 メールサーバーとは？

A メールの送受信を管理する コンピューターです。

「メールサーバー」とは、ネットワークを通じたメールの送受信を管理するサーバー（ネットワーク上でファイルやデータを提供するコンピューター）の総称です。一般的にメールを受信するためのサーバーを受信メールサーバー（POP／IMAP）、メールを送信するためのサーバーを送信メールサーバー（SMTP）と呼びます。

重要度 ★★★　メールアカウントの基本

Q 026 POPとは？

A メールサーバーからメールを 受信するための規格の1つです。

「POP」(Post Office Protocol Version)とは、メールサーバーに届いたメールをユーザーが自分のパソコンにダウンロードする際に使用するプロトコル（通信規約）です。メールの送信に使われるSMTPとセットで利用されます。POPでは、サーバーにメールを残さないため、サーバーの負荷が軽くてすみます。プロバイダーメールではPOPにしか対応していないことがあります。

Outlookは、POPやIMAPに対応しています。

重要度 ★★★　メールアカウントの基本

Q 027 IMAPとは？

A メールサーバーからメールを 受信するための規格の1つです。

「IMAP」(Internet Message Access Protocol)とは、メールサーバーにメールを置いたまま、メールボックスの一覧だけをパソコンに表示する方式のプロトコル（通信規約）です。メールをサーバーに残したまま閲覧したり管理したりすることができるので、インターネットに接続できる環境があれば、どこからでもメールを見ることができます。POPと比べて、複数のパソコンからメールを操作するのに適しています。IMAPは、一般的にWebメールサービスで利用されています。

1 Outlookの基本
2 メールの受信と閲覧
3 メールの作成と送信
4 メールの整理と管理
5 メールの設定
6 連絡先
7 予定表
8 タスク
9 印刷
10 そのほかの便利機能

重要度 ★★★　メールアカウントの基本

Q 028 メールアカウントを設定したい！

A1 メールアカウントの設定画面から設定します。

Outlook 2019／2016をはじめて起動すると、＜ライセンス契約に同意します＞という画面が表示されます。＜同意する＞をクリックして、Microsoft Officeの使用許諾契約書を承諾し、続いて表示される画面で＜次へ＞→＜確認＞→＜完了＞とクリックすると、メールアカウントの設定画面が表示されます。通常は自動セットアップで設定を行います。

なお、＜ライセンス契約に同意します＞画面が表示されずに直接Outlookが起動した場合は、＜ファイル＞タブをクリックして、＜アカウントの追加＞をクリックすると、手順7の画面が表示されます。

参照 ▶ Q 247

1 Outlook 2019／2016をはじめて起動すると、＜ライセンス契約に同意します＞画面が表示されるので、

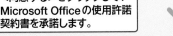

2 ＜同意する＞をクリックして、Microsoft Officeの使用許諾契約書を承諾します。

3 画面に記載されている内容を確認して、＜次へ＞をクリックします。

4 Officeに関するオプションのデータをマイクロソフトに送信するか、しないかを指定して、

5 ＜確認＞をクリックし、

6 画面に記載されている内容を確認して、＜完了＞をクリックします。

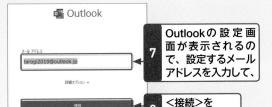

7 Outlookの設定画面が表示されるので、設定するメールアドレスを入力して、

8 ＜接続＞をクリックします。

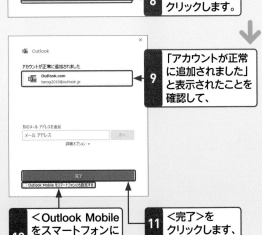

9 「アカウントが正常に追加されました」と表示されたことを確認して、

10 ＜Outlook Mobileをスマートフォンにも設定する＞をクリックしてオフにし、

11 ＜完了＞をクリックします、

Outlookの基本 1
メールの受信と閲覧 2
メールの作成と送信 3
メールの整理と管理 4
メールの設定 5
連絡先 6
予定表 7
タスク 8
印刷 9
そのほかの便利機能 10

A₂ Outlookへようこそ画面から設定します。

Outlook 2013をはじめて起動すると、＜Microsoft
Outlook 2013へようこそ＞ダイアログボックスが表
示されます。通常は自動セットアップで設定を行い
ます。
起動時にこのダイアログボックスを閉じてしまった場
合は、＜ファイル＞タブをクリックして＜アカウント
の追加＞をクリックすると表示される＜アカウントの
追加＞ダイアログボックスを利用します。

参照 ▶ Q 247

1 Outlookをはじめて起動すると、
＜Microsoft Outlook 2013へようこそ＞
ダイアログボックスが表示されます。

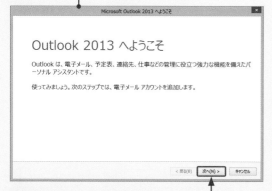

2 ＜次へ＞をクリックして、

3 ＜はい＞をクリックしてオンにし、

4 ＜次へ＞をクリックします。

5 ＜電子メールアカウント＞をクリックしてオンにし、

6 差出人として表示する名前とメールアドレスを入力します。

7 パスワードを2回入力して、

8 ＜次へ＞をクリックします。

9 ＜Windowsセキュリティ＞ダイアログボックスが表示された場合は、

10 手順7で入力したパスワードを入力して、

11 ＜OK＞をクリックします。

12 ＜完了＞をクリックすると、メールアカウントの設定が完了します。

1 Outlookの基本

2 メールの受信と閲覧

3 メールの作成と送信

4 メールの整理と管理

5 メールの設定

6 連絡先

7 予定表

8 タスク

9 印刷

10 そのほかの便利機能

重要度 ★★★　メールアカウントの基本

Q 029 手動でメールアカウントを設定したい！

A1 メールアカウントの設定画面の<詳細プション>から設定します。

自動でメールアカウントのセットアップが行えるかどうかは、契約しているプロバイダーが自動セットアップに対応しているかどうかで異なります。

メールアカウントを手動で設定する場合は、メールサーバー情報を入力する必要があります。あらかじめ、情報が記載された書類などを用意しておきましょう。

Outlook 2019／2016の場合は、メールアカウントの設定画面の<詳細オプション>の<自分で自分のアカウントを手動で設定>をクリックして設定します。

参照▶Q 028

1 <ライセンス契約に同意します>画面が表示された場合は、<同意する>→<次へ>→<確認>→<完了>とクリックします。

2 メールアカウントの設定画面に設定するメールアドレスを入力して、

3 <詳細オプション>をクリックします。

4 <自分で自分のアカウントを手動で設定>をクリックしてオンにし、

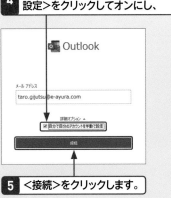

5 <接続>をクリックします。

6 設定するメールアカウントの種類（ここでは<POP>）をクリックします。

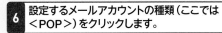

7 受信メールと送信メールのサーバー情報とポート番号をそれぞれ入力して、

8 <次へ>をクリックします。

9 メールアカウントのパスワードを入力して、

10 <接続>をクリックします。

11 「アカウントが正常に追加されました」と表示されたことを確認して、

12 <Outlook Mobileをスマートフォンにも設定する>をクリックしてオフにし、

13 <完了>をクリックします。

A₂ Outlookへようこそその画面の
手動設定から設定します。

Outlook 2013の場合は、<Microsoft Outlook 2013へ
ようこそ>ダイアログボックスの<自分で電子メール
やその他のサービスを使うための設定をする（手動設
定）>をクリックして設定します。

1 <Microsoft Outlook 2013へようこそ>
ダイアログボックスで、<次へ>をクリックします。

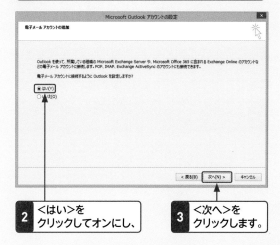

2 <はい>を
クリックしてオンにし、

3 <次へ>を
クリックします。

4 <自分で電子メールやその他のサービスを
使うための設定をする（手動設定）>を
クリックしてオンにし、

5 <次へ>をクリックします。

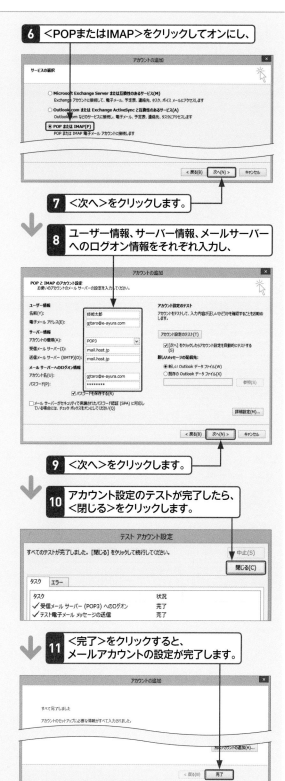

6 <POPまたはIMAP>をクリックしてオンにし、

7 <次へ>をクリックします。

8 ユーザー情報、サーバー情報、メールサーバー
へのログオン情報をそれぞれ入力し、

9 <次へ>をクリックします。

10 アカウント設定のテストが完了したら、
<閉じる>をクリックします。

11 <完了>をクリックすると、
メールアカウントの設定が完了します。

Outlookの基本 1
メールの受信と閲覧 2
メールの作成と送信 3
メールの整理と管理 4
メールの設定 5
連絡先 6
予定表 7
タスク 8
印刷 9
そのほかの便利機能 10

1 Outlookの基本
2 メールの受信と閲覧
3 メールの作成と送信
4 メールの整理と管理
5 メールの設定
6 連絡先
7 予定表
8 タスク
9 印刷
10 そのほかの便利機能

重要度 ★★★　メールアカウントの基本

Q 030 Microsoftアカウントのメールアカウントを設定するとどうなる?

A マイクロソフトが提供しているWebメールを送受信することができます。

MicrosoftアカウントのメールアカウントをOutlookに設定すると、マイクロソフトが提供しているWebメール（Outlook.comやhotmail.com、live.comなど）を送受信することができます。フォルダーウィンドウの内容が多少異なり、操作方法などはプロバイダーのメールアカウントと変わりませんが、連絡先グループが利用できない場合があります。

また、マイクロソフトがインターネット上で提供しているOutlook.comのカレンダーをOutlook上に表示したり編集したりできるようになります。

> Microsoftアカウントのメールアカウントを設定した場合、フォルダーの内容が多少異なります。

> クラウド上のカレンダーをOutlookの<予定表>に表示したり、編集したりすることができます。

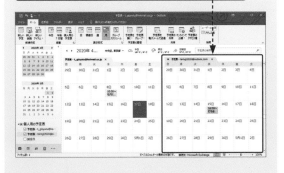

重要度 ★★★　メールアカウントの基本

Q 031 Gmailのメールアカウントを設定するとどうなる?

A Gmailのメールアドレスでメールを送受信することができます。

Gmailは、Googleが提供するWebメールサービスです。GmailのメールアカウントをOutlookに設定すると、Gmailのメールアドレスでメールを送受信し、メールをOutlookにインポートすることができます。

なお、Outlookでは、フォルダーを使ってメールを整理しますが、Gmailでは、ラベルを使ってメールを整理します。たとえば、2種類のラベル（「スター付き」「重要」）が付けられたメールは、2つのフォルダーにインポートされるため、フォルダーの数が増える場合があります。

> Gmailの画面

> Gmailのメールアカウントを設定した場合、フォルダーの数が増えます。

Q 032 iCloudのメールアカウントを設定するとどうなる?

**メールや連絡先、カレンダー、
タスクと同期することができます。**

iCloudは、Appleが提供するiPhoneやMac用のクラウドサービスです。iCloudのメールアカウントをOutlookに設定すると、iCloudのメールや連絡先、カレンダー、タスクなどをOutlookに表示したり編集したりできるようになります。
OutlookにiCloudのメールアカウントを設定するには、Windows用iCloudをダウンロードしてインストールする必要があります。

iCloudのメールアカウントを設定するには、Windows用iCloudをダウンロードしてインストールする必要があります。

Q 033 フォルダーウィンドウの表示内容が本書と違う!

**Outlookに設定したメール
アカウントによって異なります。**

本書では、OutlookにPOPのメールアカウントを設定しています。OutlookにGmailやOutlook.comなどのWebメールのアカウント、IMAPのメールアカウントを設定すると、フォルダーウィンドウの表示内容が本書とは異なることがありますが、操作方法などは変わりません。

本書で解説しているPOPメールアカウントの
フォルダーウィンドウ

● メールアカウント別フォルダー名の対応表

POP	Outlook.com	Gmail
受信トレイ	受信トレイ	受信トレイ
下書き	下書き	下書き
送信済みアイテム	送信済みアイテム	送信済みメール
削除済みアイテム	削除済みアイテム	ゴミ箱
アーカイブ*	アーカイブ	—
—	会話の履歴	—
—	—	スター付き**、重要**
送信トレイ	送信トレイ	送信トレイ
迷惑メール	迷惑メール	迷惑メール
検索フォルダー	検索フォルダー	検索フォルダー

＊＜アーカイブ＞フォルダーは、メールをはじめてアーカイブする際に作成されます。
＊＊＜スター付き＞＜重要＞フォルダーは、スターや重要マークが付けられたメールが保存されるフォルダーです。

1 Outlookの基本
2 メールの受信と閲覧
3 メールの作成と送信
4 メールの整理と管理
5 メールの設定
6 連絡先
7 予定表
8 タスク
9 印刷
10 そのほかの便利機能

1 Outlookの基本

2 メールの受信と閲覧

3 メールの作成と送信

4 メールの整理と管理

5 メールの設定

6 連絡先

7 予定表

8 タスク

9 印刷

10 そのほかの便利機能

重要度 ★★★　メールアカウントの基本

Q 034 メールアカウントの設定が うまくいかない場合は？

A 入力した情報に間違いがないかを 確認します。

メールアカウントの設定が失敗した場合は、サーバー の情報、ポート番号、パスワードなどに入力ミスがない かどうかを確認しましょう。とくにパスワードは「＊＊ ＊」と表示されるので、注意が必要です。

● Outlook 2019の場合

接続ができない場合は、エラー画面が 表示されます。

1 <アカウント設定の変更>をクリックして、

2 入力した情報にミスがないか確認します。 ミスがあった場合は修正して、

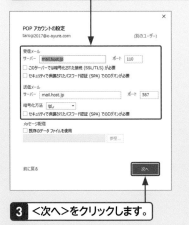

3 <次へ>をクリックします。

● Outlook 2013の場合

接続ができない場合は、エラー画面が 表示されます。

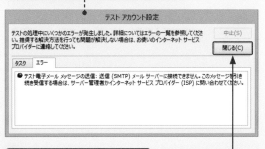

1 <閉じる>をクリックして、

2 入力した情報にミスがないか確認します。 ミスがあった場合は修正して、

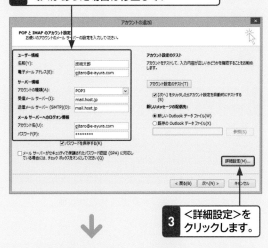

3 <詳細設定>を クリックします。

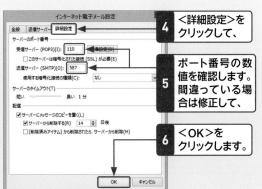

4 <詳細設定>を クリックして、

5 ポート番号の数 値を確認します。 間違っている場 合は修正して、

6 <OK>を クリックします。

Q 035 設定したメールアカウントを確認したい！

Q 036 メールの送受信テストをするには？

A ＜アカウント設定＞ダイアログボックスで確認します。

設定したメールアカウントは、＜アカウント設定＞ダイアログボックスで確認できます。＜アカウント設定＞ダイアログボックスには、メールアカウントが設定した順番に表示されています。このダイアログボックスから新規にアカウントを追加したり、アカウントを変更、修復、削除したりすることもできます。

1 ＜ファイル＞タブをクリックします。

2 ＜アカウント設定＞をクリックして、

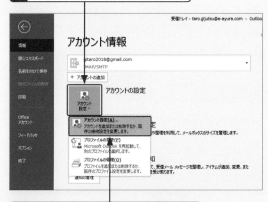

3 ＜アカウント設定＞をクリックすると、

4 設定したメールアカウントを確認できます。

A メールアカウントの設定手順の中で行います。

Outlook 2019／2016では、アカウント設定時に自動的にチェックされます。Outlook 2013では、＜Microsoft Outlook 2013へようこそ＞ダイアログボックスを使って、手動でメールアカウントを設定する手順の中で行うことができます。＜POPとIMAPのアカウント設定＞で、＜アカウント設定のテスト＞をクリックすると、メールの送受信テストが行われます。テストの結果、エラーメッセージが表示されなければ、設定が正しく行われています。　参照 ▶ Q 029

Q 037 Outlookの設定を変更したい！

A ＜ファイル＞タブから＜オプション＞をクリックして行います。

Outlookの設定変更を行うには、＜Outlookのオプション＞ダイアログボックスを使用します。設定項目は、＜全般＞（Outlook 2013では＜基本設定＞）や＜メール＞＜予定表＞＜連絡先＞＜タスク＞などの各グループに分けられており、目的のグループをクリックして、設定変更を行います。

1 ＜ファイル＞タブから＜オプション＞をクリックして、＜Outlookのオプション＞ダイアログボックスを表示します。

2 それぞれをクリックして、設定変更を行います。

右端縦書き見出し：
1 Outlookの基本
2 メールの受信と閲覧
3 メールの作成と送信
4 メールの整理と管理
5 メールの設定
6 連絡先
7 予定表
8 タスク
9 印刷
10 そのほかの便利機能

重要度 ★★★　Outlook操作の基本

Q 038
ウィンドウのサイズを変更したい!

A ドラッグ操作か、画面右上のコマンドを使って変更します。

Outlookは通常のソフトウェアのウィンドウと同様、ドラッグ操作でウィンドウサイズを変更することができます。ウィンドウの左右の辺をドラッグすると幅を、上下の辺をドラッグすると高さを、四隅をドラッグすると幅と高さを同時に変更することが可能です。

また、ウィンドウを最小化してタスクバーに格納したり、デスクトップいっぱいに表示したりすることができます。

なお、ウィンドウを移動するには、タイトルバーの何もないところをドラッグします。

● ウィンドウサイズを変更する

1 マウスポインターを画面の四隅に合わせ、ポインターの形が ⬉ に変わった状態で、

2 そのまま内側(あるいは外側)にドラッグすると、ウィンドウサイズが変更されます。

● ウィンドウを最小化する／最大化する

1 <最大化>をクリックすると、

2 画面がデスクトップいっぱいに表示されます。

3 <最小化>をクリックすると、

<元に戻す(縮小)>をクリックすると、もとのサイズに戻ります。

4 画面がタスクバーに格納されます。

左余白縦書き:
1 Outlookの基本
2 メールの受信と閲覧
3 メールの作成と送信
4 メールの整理と管理
5 メールの設定
6 連絡先
7 予定表
8 タスク
9 印刷
10 そのほかの便利機能

重要度 ★★★ Outlook操作の基本

Q 039 ショートカットキーの操作を 知りたい！

A [Alt] を押すか、コマンドにポインター を合わせると確認できます。

操作性の向上に欠かせないのが、キーを組み合わせて 操作する「ショートカットキー」です。Outlookでは、ほ とんどのコマンドにショートカットキーが割り当て られています。[Alt] を押すか、コマンドにマウスポイン ターを合わせると、割り当てられているキー（数字や アルファベット）が表示されます。

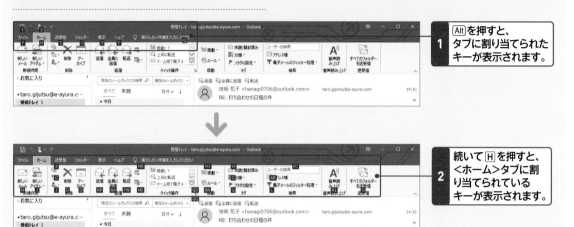

1 [Alt]を押すと、 タブに割り当てられた キーが表示されます。

2 続いて[H]を押すと、 ＜ホーム＞タブに割 り当てられている キーが表示されます。

重要度 ★★★ Outlook操作の基本

Q 040 表示されているはずの ウィンドウや項目が見えない！

A ウィンドウの背後に隠れていると 思われます。

表示されているはずのウィンドウや項目が見えなく なった場合は、現在の画面の下に隠れていることが考 えられます。現在表示しているウィンドウは、タスク バーにアイコンとして重なって表示されます。そのア イコンにマウスポインターを合わせると、中身がサム ネイル（縮小画像）で表示され、クリックすることで目 的のウィンドウに切り替えることができます。

1 アイコンにマウスポインター を合わせると、ウィンドウが サムネイルで表示されます。

2 クリックすると、ウィンドウ が切り替わります。

1 Outlookの基本
2 メールの受信と閲覧
3 メールの作成と送信
4 メールの整理と管理
5 メールの設定
6 連絡先
7 予定表
8 タスク
9 印刷
10 そのほかの便利機能

1 Outlookの基本
2 メールの受信と閲覧
3 メールの作成と送信
4 メールの整理と管理
5 メールの設定
6 連絡先
7 予定表
8 タスク
9 印刷
10 そのほかの便利機能

重要度 ★★★　Outlook画面の基本

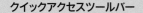

Q 041 Outlookの画面構成を知りたい！

Outlook 2019の初期設定の画面は、下図のような構成になっています。画面の上部にはリボンが配置されており、リボンの下には、フォルダーウィンドウ、ビュー、閲覧ウィンドウなどが配置されています。
画面下のナビゲーションバーにある＜メール＞＜予定表＞＜連絡先＞＜タスク＞の各アイコンをクリックすると、画面が切り替わります。

A 下図で各部の名称と機能を確認しましょう。

クイックアクセスツールバー
よく利用するコマンドが表示されています。コマンドの追加や削除などもできます。

リボン
コマンドをタブとボタンで整理して表示します。

閲覧ウィンドウ
ビューで選択したアイテムの内容（メールの内容や連絡先の詳細など）が表示されます。

ビュー
メールや連絡先など、各機能のアイテムを一覧で表示します。

ステータスバー
アイテム数や作業中のステータス、ビューの切り替えコマンドなどが表示されます。

ズームスライダー
つまみをドラッグするか、左右の縮小 ➖、拡大 ➕ をクリックして、画面の表示倍率を変更します。

ナビゲーションバー
メール、予定表、連絡先、タスクなど、各機能の画面に切り替えることができます。表示項目を調整したり、アイコン表示を名称表示に切り替えたりすることもできます（Q 045参照）。

メール　予定表　連絡先　タスク　オプション

フォルダーウィンドウ
目的のフォルダーやアイテムにすばやくアクセスできます。

Q 042 Outlookの各機能を 切り替えたい!

A ナビゲーションバーで 切り替えます。

Outlookでは、画面下のナビゲーションバーに表示され ている<メール><予定表><連絡先><タスク>の アイコンをクリックすると、画面がその機能に自動的 に切り替わります。表示されている以外の機能は、・・・ をクリックして切り替えます。

初期設定では、<メール>画面が表示されます。

1 <予定表>アイコンをクリックすると、

2 <予定表>画面に切り替わります。

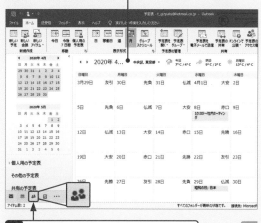

3 <連絡先>アイコンをクリックすると、

4 <連絡先>画面に切り替わります。

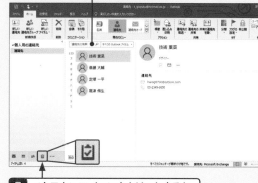

5 <タスク>アイコンをクリックすると、

6 <タスク>画面に切り替わります。

7 ここをクリックすると、

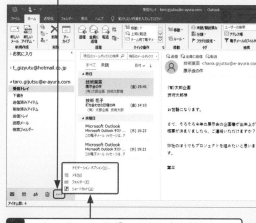

8 <メモ>や<フォルダー>画面に切り替えたり、 ナビゲーションバーをカスタマイズしたり することができます。

2 メールの受信と閲覧
3 メールの作成と送信
4 メールの整理と管理
5 メールの設定
6 連絡先
7 予定表
8 タスク
9 印刷
10 そのほかの便利機能

重要度 ★★★　Outlook画面の基本

Q 043 Outlookの機能を切り替えずに表示したい!

A 機能のアイコンにマウスポインターを合わせます。

＜予定表＞＜連絡先＞＜タスク＞の各アイコンにマウスポインターを合わせると、それぞれの情報がプレビュー表示されます。表示されたプレビューをクリックすると、その画面に切り替わります。

● 予定表のプレビュー表示

1 ＜予定表＞アイコンにマウスポインターを合わせると、

2 登録されている予定がプレビュー表示されます。

● 連絡先のプレビュー表示

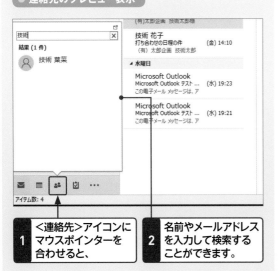

1 ＜連絡先＞アイコンにマウスポインターを合わせると、

2 名前やメールアドレスを入力して検索することができます。

重要度 ★★★　Outlook画面の基本

Q 044 Outlookの機能を新しいウィンドウで表示したい!

A 右クリックして、＜新しいウィンドウで開く＞をクリックします。

機能を切り替える際に、画面を切り替えるのではなく、新しいウィンドウで表示したいときは、切り替えたい機能アイコンを右クリックして、＜新しいウィンドウで開く＞をクリックします。

1 切り替えたい機能(ここでは＜予定表＞)を右クリックして、

2 ＜新しいウィンドウで開く＞をクリックすると、

3 ＜予定表＞が新しいウィンドウで表示されます。

Q 045

ナビゲーションバーの表示が本書と違う!

A ＜ナビゲーションオプション＞ダイアログボックスで変更します。

パソコンの環境によってはナビゲーションバーが機能名で表示されている場合があります。この場合は、＜ナビゲーションオプション＞ダイアログボックスを表示して、＜コンパクトナビゲーション＞をクリックしてオンにします。

ナビゲーションバーが機能名で表示されています。

1 ここをクリックして、

2 ＜ナビゲーションオプション＞をクリックします。

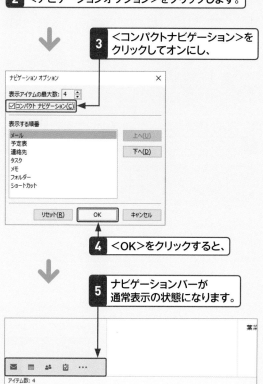

3 ＜コンパクトナビゲーション＞をクリックしてオンにし、

4 ＜OK＞をクリックすると、

5 ナビゲーションバーが通常表示の状態になります。

Q 046

ナビゲーションバーの表示順序を変更したい!

A ＜ナビゲーションオプション＞ダイアログボックスで変更します。

ナビゲーションバーに表示されている＜メール＞＜予定表＞＜連絡先＞＜タスク＞のアイコンの表示順序を変更したい場合は、＜ナビゲーションオプション＞ダイアログボックスで設定します。

ここでは、＜予定表＞と＜連絡先＞アイコンの順序を入れ替えます。

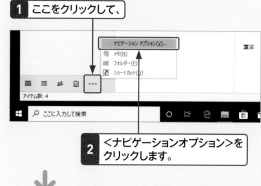

1 ここをクリックして、

2 ＜ナビゲーションオプション＞をクリックします。

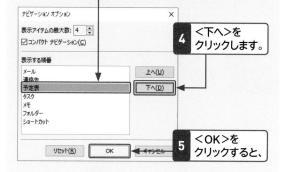

3 表示順を変更したい機能（ここでは＜予定表＞）をクリックして、

4 ＜下へ＞をクリックします。

5 ＜OK＞をクリックすると、

6 表示順序が変更されます。

---

1 Outlookの基本
2 メールの受信と閲覧
3 メールの作成と送信
4 メールの整理と管理
5 メールの設定
6 連絡先
7 予定表
8 タスク
9 印刷
10 そのほかの便利機能

1
Outlookの基本
2
メールの受信と閲覧
3
メールの作成と送信
4
メールの整理と管理
5
メールの設定
6
連絡先
7
予定表
8
タスク
9
印刷
10
そのほかの便利機能

重要度 ★★★　Outlook画面の基本

Q 047 ナビゲーションバーの 表示項目数を変更したい！

A <ナビゲーションオプション> ダイアログボックスで変更します。

ナビゲーションバーには、初期設定で＜メール＞＜予定表＞＜連絡先＞＜タスク＞の4つのアイコンが表示されています。このほかに、＜メモ＞＜フォルダー＞＜ショートカット＞を表示させることができます。
ナビゲーションバーの表示数は変更することができますが、項目数を増やす場合は、表示を機能名に変更する必要があります。

1 ここをクリックして、

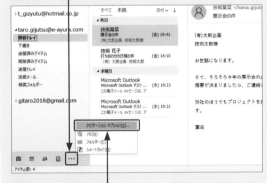

2 ＜ナビゲーションオプション＞をクリックします。

3 アイテムの表示数を 変更して、

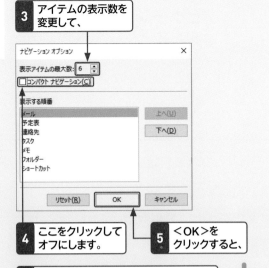

4 ここをクリックして オフにします。

5 ＜OK＞を クリックすると、

6 表示されるアイテム数が変更されます。

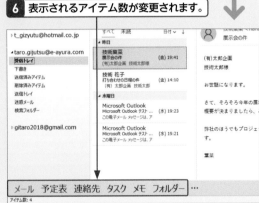

重要度 ★★★　Outlook画面の基本

Q 048 ナビゲーションバーの表示を もとに戻したい！

A <ナビゲーションオプション> ダイアログボックスでリセットします。

ナビゲーションバーの表示順序やアイテムの表示数をもとの初期設定に戻したいときは、＜ナビゲーションオプション＞ダイアログボックスを表示して、＜コンパクトナビゲーション＞をクリックしてオンにし、＜リセット＞をクリックします。

1 ここをクリックしてオンにし、

2 ＜リセット＞を クリックして、

3 ＜OK＞をクリックします。

1 Outlookの基本

2 メールの受信と閲覧

3 メールの作成と送信

4 メールの整理と管理

5 メールの設定

6 連絡先

7 予定表

8 タスク

9 印刷

10 そのほかの便利機能

重要度 ★ ★ ★ Outlook画面の基本

Q 049 閲覧ビューと標準ビューを切り替えたい！

A 画面右下のコマンドをクリックして切り替えます。

Outlookには、「標準ビュー」と「閲覧ビュー」の2種類の表示モードが用意されており、画面右下の＜標準ビュー＞コマンド、＜閲覧ビュー＞コマンドで切り替えることができます。

初期設定では、標準ビューで表示されています。閲覧ビューでは、フォルダーウィンドウが最小化され、閲覧ウィンドウが大きく表示されます。

初期設定では、標準ビューで表示されています。

1 ＜閲覧ビュー＞をクリックすると、

2 閲覧ビューに切り替わります。

フォルダーウィンドウが最小化され、ナビゲーションバーが縦に表示されます。

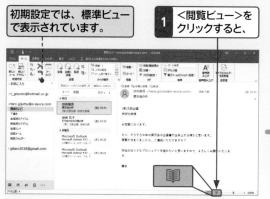

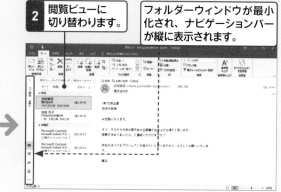

重要度 ★ ★ ★ Outlook画面の基本

Q 050 Outlookの起動時に表示される画面を変更したい！

A ＜Outlookのオプション＞ダイアログボックスで設定します。

初期設定では、Outlookを起動すると、メールの＜受信トレイ＞が表示されますが、起動時に表示されるフォルダーや画面を変更することもできます。

1 ＜ファイル＞タブから＜オプション＞をクリックして、＜Outlookのオプション＞ダイアログボックスを表示します。

2 ＜詳細設定＞をクリックして、

3 ＜参照＞をクリックします。

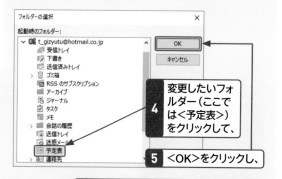

4 変更したいフォルダー（ここでは＜予定表＞）をクリックして、

5 ＜OK＞をクリックし、

6 ＜Outlookのオプション＞ダイアログボックスの＜OK＞をクリックします。

Outlookの起動時に、＜予定表＞が表示されるようになります。

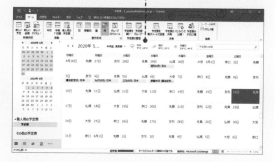

Q 051 Backstageビューって何？

A ＜ファイル＞タブをクリックした
ときに表示される画面です。

「Backstage ビュー」とは、＜ファイル＞タブをクリック
すると表示される画面のことをいいます。Backstage
ビューでは、ファイルの操作や印刷、Office アカウント
の管理、オプションの変更などが行えます。それぞれの
メニューをクリックすると、右側にそのメニューの設定
画面が表示されます。

1 ＜ファイル＞タブをクリックすると、

ここをクリックすると、
もとの画面に戻ります。

2 Backstage ビュー
が表示されます。

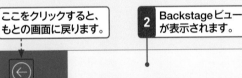

3 それぞれをクリックすると、
設定画面が表示されます。

Q 052 To Doバーって何？

A 予定表、連絡先、タスクを
画面の右側に表示する機能です。

「To Do バー」は、予定表や連絡先、タスクの情報を画
面の右側に表示する機能です。＜メール＞＜予定表＞
＜連絡先＞＜タスク＞の各画面で表示できます。
To Do バーを表示するには、＜表示＞タブの＜To Do
バー＞をクリックして、一覧から表示したい項目をク
リックしてオンにします。To Do バーを非表示にする
には、一覧を表示して＜オフ＞をクリックするか、オン
になっている項目をクリックしてオフにします。

1 ＜表示＞タブを
クリックして、

2 ＜To Doバー＞を
クリックします。

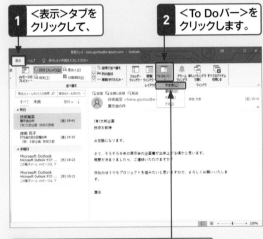

3 表示したい項目（ここでは＜予定表＞）
をクリックしてオンにすると、

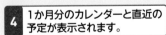

4 1か月分のカレンダーと直近の
予定が表示されます。

Q 053 リボンやタブって何？

A Outlookの操作に必要なコマンドが表示されるスペースです。

「リボン」は、Outlookの操作をボタンでまとめたものです。リボンの上部には、＜ファイル＞＜ホーム＞＜送受信＞＜フォルダー＞＜表示＞＜ヘルプ＞の6つの「タブ」が配置されています（Outlook 2013には＜ヘルプ＞はありません）。それぞれのタブの名前の部分をクリックしてタブを切り替え、コマンドをクリックすることで該当する操作を行います。Outlookでは、機能や場面ごとに各タブの内容が異なります。

● メールの＜ホーム＞タブ

● 予定表の＜ホーム＞タブ

● 連絡先の＜ホーム＞タブ

Q 054 シンプルリボン表示って何？

A リボンが簡略化されて、コマンドが1列で表示される機能です。

「シンプルリボン」とは、リボンが簡略化されてコマンドが1列で表示される機能です。簡略化したリボンに表示されていないコマンドは、コマンドの横にある ▾ をクリックするか、リボンの右横にある ⋯ をクリックすると表示されます。なお、シンプルリボンは、Microsoft 365のみの機能です。本書では、従来のリボン表示で解説を行っています。

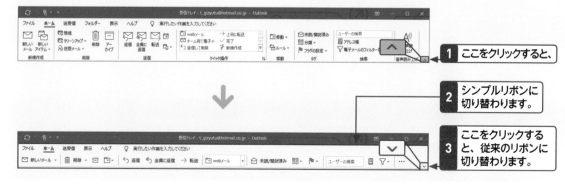

1 ここをクリックすると、

2 シンプルリボンに切り替わります。

3 ここをクリックすると、従来のリボンに切り替わります。

1 Outlookの基本
2 メールの受信と閲覧
3 メールの作成と送信
4 メールの整理と管理
5 メールの設定
6 連絡先
7 予定表
8 タスク
9 印刷
10 そのほかの便利な機能

重要度 ★★★　Outlook画面の基本

Q 055 リボンを消すことはできる？

リボンを非表示にして必要なときだけ表示させたいときは、＜リボンの表示オプション＞をクリックして、＜リボンを自動的に非表示にする＞をクリックします。リボンを使用したいときは、画面の上部をクリックすると、一時的にリボンが表示されます。

リボンをもとの表示に戻すには、＜リボンの表示オプション＞をクリックして、＜タブとコマンドの表示＞をクリックします。

A リボンとタブを非表示にすることができます。

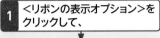

1 ＜リボンの表示オプション＞をクリックして、

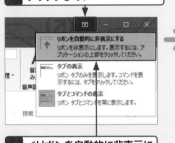

2 ＜リボンを自動的に非表示にする＞をクリックすると、

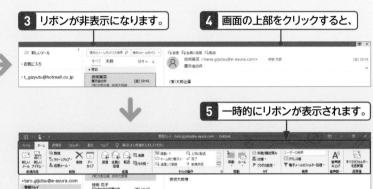

3 リボンが非表示になります。

4 画面の上部をクリックすると、

5 一時的にリボンが表示されます。

重要度 ★★★　Outlook画面の基本

Q 056 タブのみを表示することはできる？

A ＜リボンを折りたたむ＞をクリックします。

リボンを必要なときにのみ表示させたい場合は、＜リボンを折りたたむ＞をクリックすると、タブだけが表

示されます。一時的にリボンを表示させたい場合は、表示させたいタブをクリックすれば、その内容のリボンが表示されます。リボンをもとの表示に戻すには、＜リボンの表示オプション＞をクリックして、＜タブとコマンドの表示＞をクリックします。

また、アクティブなタブの名前をダブルクリックしても、リボンを非表示にできます。もとに戻すには、タブを再びダブルクリックします。

参照▶Q 057

1 ＜リボンを折りたたむ＞をクリックすると、

2 リボンが非表示になり、タブのみが表示されます。

重要度 ★★★　Outlook画面の基本

Q 057

リボンがなくなってしまった!

A <リボンの表示オプション>を
クリックして表示させます。

なんらかの操作が原因で、リボンが非表示になってしまうことがあります。その場合は、<リボンの表示オプション>をクリックして、<タブとコマンドの表示>をクリックします。また、アクティブなタブの名前をダブルクリックしても、もとの表示に戻ります。

> リボンがなくなってしまいました。

1 <リボンの表示オプション>をクリックして、

2 <タブとコマンドの表示>をクリックすると、

3 もとの表示に戻ります。

重要度 ★★★　Outlook画面の基本

Q 058

リボンの表示が本書と違う!

A ウィンドウのサイズによって
表示が異なります。

タブ内のコマンドは、ウィンドウのサイズによって表示のされ方が異なります。ウィンドウのサイズが小さいとグループだけが表示されたり、コマンドが縦に並んで表示されたり、コマンドの名称が表示されずにアイコンだけが表示される場合があります。そのため、本書とは画面の見え方が異なる場合があります。必要に応じてウィンドウのサイズを変更してみてください。

● ウィンドウのサイズが大きい場合

> ここをクリックして、並べ替えの方法を選択します。

● ウィンドウのサイズが小さい場合

1 <並べ替え>をクリックして、

2 並べ替えの方法を選択します。

1 Outlookの基本
2 メールの受信と閲覧
3 メールの作成と送信
4 メールの整理と管理
5 メールの設定
6 連絡先
7 予定表
8 タスク
9 印刷
10 そのほかの便利機能

Q 059 見慣れないタブが 表示されている!

A 作業の状態によって 表示されるタブがあります。

タブやコマンドは、作業の内容に応じて必要なものが表示される場合もあります。たとえば、Outlook 2019でメールの返信や転送の操作を行うと、<作成ツール>が表示され、返信や転送操作に必要なコマンドがある<メッセージ>タブが表示されます。

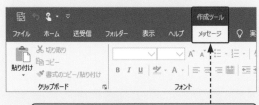

> メールの返信／転送操作を行うと、返信／転送に必要なタブが表示されます。

Q 060 コマンドの名前や機能が わからない!

A コマンドにマウスポインターを 合わせると確認できます。

コマンドの名称や機能がわからない場合は、コマンドにマウスポインターを合わせると、そのコマンドの名称や機能のかんたんな説明がポップアップで表示されます(ポップヒント)。

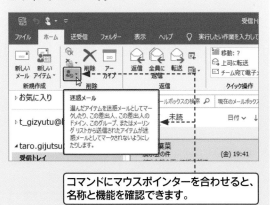

> コマンドにマウスポインターを合わせると、名称と機能を確認できます。

Q 061 ポップヒントを 表示しないようにしたい!

A <Outlookのオプション> ダイアログボックスで設定します。

初期設定では、コマンドにマウスポインターを合わせると、コマンドの名称や機能のかんたんな説明がポップアップで表示されます。この機能がわずらわしい場合は、非表示にすることができます。

> 初期設定では、コマンドにマウスポインターを合わせると、ポップヒントが表示されます。

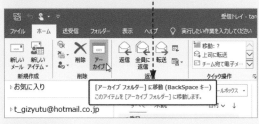

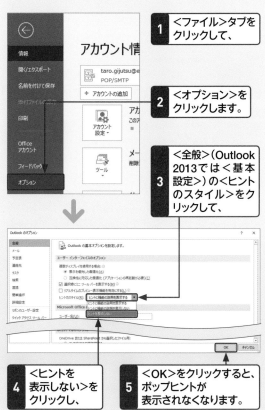

> 1 <ファイル>タブをクリックして、
>
> 2 <オプション>をクリックします。
>
> 3 <全般>(Outlook 2013では<基本設定>)の<ヒントのスタイル>をクリックして、
>
> 4 <ヒントを表示しない>をクリックし、
>
> 5 <OK>をクリックすると、ポップヒントが表示されなくなります。

1 Outlookの基本
2 メールの受信と閲覧
3 メールの作成と送信
4 メールの整理と管理
5 メールの設定
6 連絡先
7 予定表
8 タスク
9 印刷
10 そのほかの便利機能

Q 062 ＜ファイル＞タブの上にある アイコンは何？

A 操作の向上に役立つ クイックアクセスツールバーです。

使用頻度の高い機能を配置し、Outlookの操作の向上
に役立つのがクイックアクセスツールバーです。初期
設定では＜すべてのフォルダーを送受信＞、＜元に戻
す＞の2つのコマンドが表示されています。
クイックアクセスツールバーには、コマンドを自由に
追加したり削除したりできるので、自分が使いやすい
ように変更することができます。 参照▶Q 064

すべてのフォルダーを送受信

元に戻す

1 ＜クイックアクセスツールバーのユーザー設定＞を
クリックすると、

2 コマンドを追加できます。

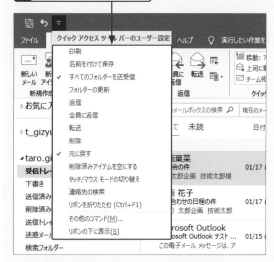

Q 063 クイックアクセスツール バーの位置が変わった！

A ＜クイックアクセスツールバーの ユーザー設定＞でもとに戻します。

＜クイックアクセスツールバーのユーザー設定＞を
クリックして、＜リボンの下に表示＞をクリックする
と、クイックアクセスツールバーがリボンの下に表示
されます。もとの場所に戻すには、以下の手順で操作し
ます。

クイックアクセスツールバーがリボンの下に
移動してしまいました。

1 ＜クイックアクセスツールバーの
ユーザー設定＞をクリックして、

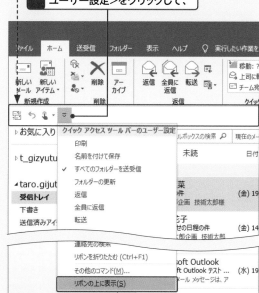

2 ＜リボンの上に表示＞をクリックすると、

3 もとの位置に戻ります。

1 Outlookの基本
2 メールの受信と閲覧
3 メールの作成と送信
4 メールの整理と管理
5 メールの設定
6 連絡先
7 予定表
8 タスク
9 印刷
10 そのほかの便利機能

1 Outlookの基本
2 メールの受信と閲覧
3 メールの作成と送信
4 メールの整理と管理
5 メールの設定
6 連絡先
7 予定表
8 タスク
9 印刷
10 そのほかの便利機能

重要度 ★★★　Outlook画面の基本

Q 064 よく使うコマンドを常に表示させたい！

A クイックアクセスツールバーにコマンドを登録します。

よく使うコマンドは、クイックアクセスツールバーに登録しておくと便利です。コマンドは複数登録できます。

コマンドを登録するには、＜クイックアクセスツールバーのユーザー設定＞をクリックして、メニューから選択します。メニューにないコマンドは、＜その他のコマンド＞をクリックすると表示される＜Outlookのオプション＞ダイアログボックスから登録します。

● メニューから登録する

1 ＜クイックアクセスツールバーのユーザー設定＞をクリックして、

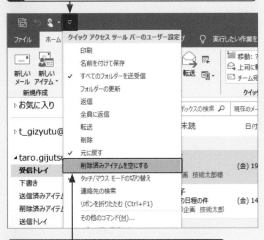

2 表示させたいコマンド（ここでは＜削除済みアイテムを空にする＞）をクリックすると、

3 ＜削除済みアイテムを空にする＞コマンドが登録されます。

● メニューにないコマンドを登録する

1 ＜クイックアクセスツールバーのユーザー設定＞をクリックして、

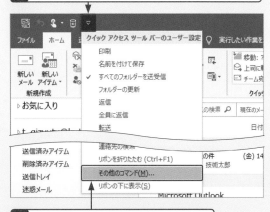

2 ＜その他のコマンド＞をクリックします。

3 ＜リボンにないコマンド＞を選択して、

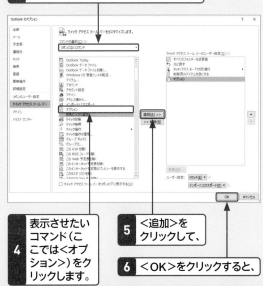

4 表示させたいコマンド（ここでは＜オプション＞）をクリックします。

5 ＜追加＞をクリックして、

6 ＜OK＞をクリックすると、

7 ＜オプション＞コマンドが登録されます。

Q 065 登録したコマンドを削除したい！

A1 コマンドを右クリックして削除します。

クイックアクセスツールバーに登録したコマンドを削除するには、コマンドを右クリックして＜クイックアクセスツールバーから削除＞をクリックします。

参照▶Q 064

1 削除したいコマンドを右クリックして、

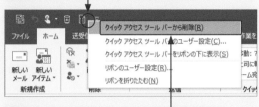

2 ＜クイックアクセスツールバーから削除＞をクリックします。

A2 ＜Outlookのオプション＞ダイアログボックスで削除します。

＜Outlookのオプション＞ダイアログボックスの＜クイックアクセスツールバー＞を表示して、登録されているコマンドを削除します。

参照▶Q 064

1 削除したいコマンドをクリックして、

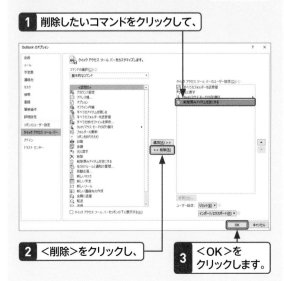

2 ＜削除＞をクリックし、

3 ＜OK＞をクリックします。

Q 066 Outlookのヘルプを確認したい！

A Ｆ1を押すか、＜ヘルプ＞タブの＜ヘルプ＞をクリックします。

Outlookの操作方法や機能の使い方などを調べたいときはヘルプを利用します。ヘルプを表示するには、Ｆ1を押す、＜ヘルプ＞タブの＜ヘルプ＞をクリックする、＜Microsoft Outlookヘルプ＞をクリックするなどの方法があります。

● Outlook 2019／2016の場合

1 Ｆ1を押すか、＜ヘルプ＞タブの＜ヘルプ＞をクリックすると、

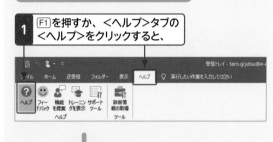

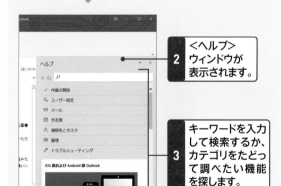

2 ＜ヘルプ＞ウィンドウが表示されます。

3 キーワードを入力して検索するか、カテゴリをたどって調べたい機能を探します。

● Outlook 2013の場合

1 Ｆ1を押すか、＜Microsoft Outlookヘルプ＞をクリックすると、

2 ＜Outlookヘルプ＞画面が表示されます。

1 Outlookの基本
2 メールの受信と閲覧
3 メールの作成と送信
4 メールの整理と管理
5 メールの設定
6 連絡先
7 予定表
8 タスク
9 印刷
10 そのほかの便利機能

Q 067 操作アシストって何？

A 実行したい操作などを検索する機能です。

Outlook 2019／2016では、タブの右側に＜実行したい作業を入力してください＞と表示されています。そこに使いたい操作に関するキーワードを入力すると、キーワードに関する項目が一覧で表示されるので、使用したい機能をすぐに見つけることができます。この機能を「操作アシスト」と呼びます。そのほかにも、ヘルプを表示したり、スマート検索の検索結果を表示したりすることもできます。　　　参照▶ Q 066, Q 103

タブの右側に「実行したい作業を入力してください」と表示されています。

1 実行したい操作に関するキーワードを入力すると、

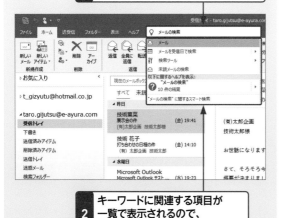

2 キーワードに関連する項目が一覧で表示されるので、使用したい機能をクリックします。

Q 068 画面の右上にある模様を消したい！

A 消せます。模様の種類を変えることもできます。

Outlookでは、画面の右上に模様（背景）が表示されます。この模様を表示したくない場合は、消すことができます。また、ほかの模様に変更することもできます。

Outlookでは、画面の右上に模様が表示されています。

1 ＜ファイル＞タブをクリックして、＜Officeアカウント＞をクリックします。

2 ここをクリックして、

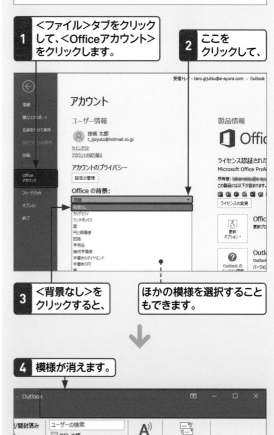

3 ＜背景なし＞をクリックすると、

ほかの模様を選択することもできます。

4 模様が消えます。

第 **2** 章

メールの受信と閲覧

1 Outlookの基本
2 メールの受信と閲覧
3 メールの作成と送信
4 メールの整理と管理
5 メールの設定
6 連絡先
7 予定表
8 タスク
9 印刷
10 そのほかの便利機能

重要度 ★★★ メールの基本

Q 069 <メール>画面の構成を知りたい！

A 下図で各部の名称と機能を確認しましょう。

Outlook を起動すると、初期設定では<メール>画面の<受信トレイ>が表示され、これまでに受信したメー

ルがビューに一覧で表示されます。目的のメールをクリックすると、閲覧ウィンドウにその内容が表示されます。また、フォルダーウィンドウで目的のフォルダーをクリックすると、そのフォルダーの内容がビューに表示されます。

メールを作成・送信するときは、<ホーム>タブの<新しいメール>（Outlook 2013では<新しい電子メール>）をクリックして、<メッセージ>ウィンドウを表示します。メールの作成と送信については、第3章で解説します。

● <メール>画面の構成

お気に入り
よく使うフォルダーを登録して、すばやくアクセスすることができます。

検索ボックス
メールを検索します。Microsoft 365ではタイトルバーに表示されます。

リボン
コマンドをタブとボタンで整理して表示します。

フォルダー一覧
利用できるフォルダーの一覧が表示されます。設定したメールアカウントによって、フォルダーの内容が異なることがあります。

ビュー
選択したフォルダーに含まれるメールの一覧が表示されます。

閲覧ウィンドウ
メールの一覧でクリックしたメールの内容が表示されます。

ここをクリックすると、<メール>画面に切り替わります（機能名で表示されている場合は、Q 045参照）。

● <メッセージ>ウィンドウの画面構成

送信
メールを送信します。

宛先
送信先のメールアドレスを入力します。

CC
メールのコピーを送りたい相手の宛先を入力します。

差出人(M) ▼	hanako.g@e-ayura.com	
宛先...	t.gizyutu@hotmail.co.jp	
CC(C)...	s.aoi@e-ayura.com	
BCC(B)...	m.takanashi@e-ayura.com	
件名(U)	打ち合わせの日程でご確認	

送信(S)

件名
メールの件名を入力します。

BCC
ほかの受信者にメールアドレスを知らせずに、メールのコピーを送りたい相手の宛先を入力します。<オプション>タブの<BCC>をクリックすると表示されます。

アンケート集計結果 - メッセージ (HTML 形式)

ファイル　メッセージ　挿入　描画　オプション　書式設定　校閲　ヘルプ　♡ 実行したい作業を入力してください

貼り付け　✂ 切り取り　📋 コピー　❖ 書式のコピー/貼り付け
クリップボード

游ゴシック (ス ∨ 11 ∨ A˄ A˅ 🗄 ∨ 🗄 ∨ ❖
B I U ᵃᵇ⁄ ∨ A ∨ A ∨ ≡ ≡ ≡ 🗄 ⯇🗄 🗄⯈
フォント

アドレス帳　名前の確認
名前

ファイルの添付 ∨　アイテムの添付 ∨　署名 ∨
挿入

▶ フラグの設定 ∨
！ 重要度 - 高
↓ 重要度 - 低
タグ

差出人(M) ▼	taro.gijutsu@e-ayura.com	
宛先...	hanagi0706@outlook.com;	
CC(C)...	w.takagi@e-ayura.com	
BCC(B)...	r.inogasira@e-ayura.com	
件名(U)	アンケート集計結果	

送信(S)

技術花子様↵
↵
お世話になっております。↵
↵
アンケートの集計結果受け取りました。↵
ありがとうございました。↵
おおむね評判は良いようですね。安心しました。↵
秋の展示会の参考になります。↵
↵
技術太郎↵

本文
メールの本文を入力します。

Outlookの基本　1
メールの受信と閲覧　2
メールの作成と送信　3
メールの整理と管理　4
メールの設定　5
連絡先　6
予定表　7
タスク　8
印刷　9
そのほかの便利機能　10

1 Outlookの基本
2 メールの受信と閲覧
3 メールの作成と送信
4 メールの整理と管理
5 メールの設定
6 連絡先
7 予定表
8 タスク
9 印刷
10 そのほかの便利機能

重要度 ★★★　メールの基本

Q 070 メールの一覧に表示される アイコンの種類を知りたい！

A 返信や転送、添付ファイル、フラグ などのアイコンが表示されます。

ビューに表示されるメールの一覧には、内容や操作に 応じてさまざまなアイコンが表示されます。受信した メールを返信または転送すると、返信／転送したこと を示すアイコンが、メールにファイルが添付されてい ると、クリップマークのアイコンが表示されます。ま た、メールを重要度「高」に設定すると、「！」アイコンが 表示されます。フラグは、あとで確認したいメールなど 特定のメールに対する目印として使用します。

参照▶ Q 135, Q 163, Q 164, Q 178, Q 229

● メールの一覧に表示されるアイコンの種類

アイコン	機　能
📎	ファイルが添付されたメールであることを示します。
↩	返信済みのメールであることを示します。
↪	転送済みのメールであることを示します。
🚩	期限管理しているメールであることを示します。
🔔	期限管理しているメールにアラームを設定していることを示します。
！	メールが重要度「高」に設定されていることを示します。

> ビューに表示されるメールの一覧には、内容や操作に応じてさまざまなアイコンが表示されます。

重要度 ★★★　メールの基本

Q 071 メールの各フォルダーの 機能を知りたい！

A 初期設定で用意されている フォルダーの名称と役割を紹介します。

フォルダー一覧には、＜メール＞画面で利用できる フォルダーが表示されます。設定したメールアカウン トによって、フォルダーの内容は異なることもありま すが、ここでは、初期設定で用意されているフォルダー の名称と役割を確認しましょう。

参照▶ Q 106, Q 148, Q 153, Q 155, Q 197, Q 238

初期設定で用意されているフォルダー

フォルダー名	機　能
受信トレイ	受信したメールが保存されます。
下書き	メールの下書きや作成途中のメールを保存します。保存したメールは再度編集／送信することができます。
送信済みアイテム	送信したメールが保存されます。送信したメールを確認したり、再送信したりする場合に使用します。
削除済みアイテム	ほかのフォルダーで削除したメールが一時的にここに移動します。移動したメールは、もとに戻すこともできます。ここから削除すると、メールが完全に削除されます。
送信トレイ	これから送信するメールが保存されます。ネットワークに接続するとメールが送信されます。
迷惑メール	迷惑メールを受信すると、自動的にこのフォルダーに移動します。迷惑メールではないメールを＜受信トレイ＞に戻すこともできます。
検索フォルダー	条件を設定しておくと、その条件に一致するメールがこのフォルダーに表示されます。メール自体は移動しません。

Q 072 フォルダーウィンドウを最小化したい！

A <表示>タブの<フォルダーウィンドウ>から設定します。

フォルダーウィンドウを最小化するには、<表示>タブの<フォルダーウィンドウ>から設定します。フォルダーウィンドウを最小化すると、閲覧ウィンドウが広がり、内容を確認しやすくなります。もとのサイズに戻す場合は、手順**3**で<標準>をクリックします。

1 <表示>タブをクリックして、

2 <フォルダーウィンドウ>をクリックし、

3 <最小化>をクリックすると、

4 フォルダーウィンドウが最小化されます。

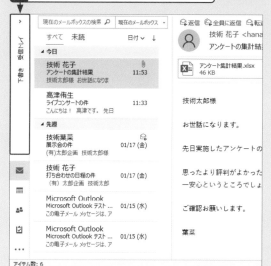

Q 073 表示するフォルダーを切り替えたい！

A フォルダーやサブフォルダーをクリックします。

Outlookには複数のメールアカウントを登録することができ、それぞれのアカウントごとにフォルダーが作成されます。アカウントを切り替えるときは、それぞれのアカウントのフォルダーをクリックします。

同じアカウント内のフォルダーやサブフォルダーを切り替えるときも同様の方法で切り替えることができます。

ここでは、別のアカウントの<受信トレイ>に切り替えてみましょう。

1 切り替えたいアカウントのフォルダー（ここでは<受信トレイ>）をクリックすると、

2 クリックしたアカウントの<受信トレイ>の内容に切り替わります。

1 Outlookの基本
2 メールの受信と閲覧
メールの作成と送信
3
メールの整理と管理
4
メールの設定
5
連絡先
6
予定表
7
タスク
8
印刷
9
そのほかの便利機能
10

1 Outlookの基本

2 メールの受信と閲覧

3 メールの作成と送信

4 メールの整理と管理

5 メールの設定

6 連絡先

7 予定表

8 タスク

9 印刷

10 そのほかの便利機能

重要度 ★★★　メールの基本

Q 074 フォルダーを展開したい／折りたたみたい！

A フォルダーの頭に表示されている三角形のアイコンをクリックします。

Outlookに登録したメールアカウントはフォルダーウィンドウに表示され、それぞれのアカウントごとに必要なフォルダーが作成されます。

アカウントのフォルダーは、折りたたんだり展開したりすることができます。フォルダーにサブフォルダーがある場合も、同様の方法で折りたたんだり展開したりすることができます。

1 ここをクリックすると、

2 アカウントのフォルダーが折りたたまれます。

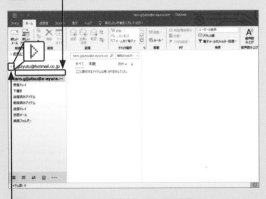

3 ここをクリックすると、フォルダーが展開されます。

重要度 ★★★　メールの基本

Q 075 閲覧ウィンドウのサイズを変更したい！

A フォルダー一覧とビューの境界線をドラッグします。

閲覧ウィンドウのサイズを変更するには、フォルダー一覧とビューの境界線をドラッグします。左方向にドラッグすると閲覧ウィンドウが広がります。右方向にドラッグすると狭まります。なお、Outlookの画面の四辺や四隅をドラッグしてウィンドウサイズを変更することでも、閲覧ウィンドウのサイズを変更できます。また、＜最大化＞ ▣ をクリックすると、ウィンドウが最大化されます。

参照 ▶ Q 038

1 ここを左方向にドラッグすると、

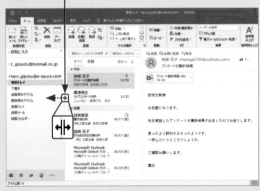

2 閲覧ウィンドウのサイズが広がります。

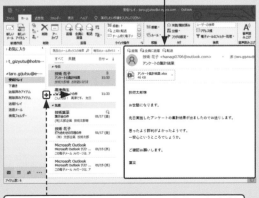

右方向にドラッグすると、閲覧ウィンドウのサイズが狭まります。

Q 076 閲覧ウィンドウの配置を変更したい!

A ＜表示＞タブの ＜閲覧ウィンドウ＞から変更します。

閲覧ウィンドウは、初期設定では右側に表示されていますが、画面の下に表示したり、非表示にしたりすることができます。＜表示＞タブをクリックして、＜閲覧ウィンドウ＞をクリックし、位置を指定します。
また、＜オプション＞をクリックすると表示される＜閲覧ウィンドウ＞ダイアログボックスでは、メールを開封済み (既読)にするタイミングなども指定できます。

● 閲覧ウィンドウを下側に表示する

1 ＜表示＞タブをクリックして、

2 ＜閲覧ウィンドウ＞をクリックし、

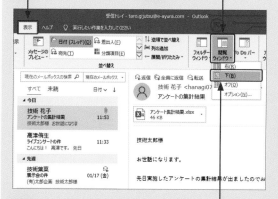

3 ＜下＞をクリックすると、

4 ビューが上段、閲覧ウィンドウが下段に表示されます。

● 閲覧ウィンドウを非表示にする

1 ＜表示＞タブをクリックして、

2 ＜閲覧ウィンドウ＞をクリックし、

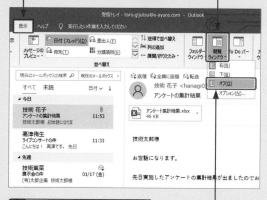

3 ＜オフ＞をクリックすると、

4 閲覧ウィンドウが消えて、ビューのみが表示されます。

● 閲覧ウィンドウのオプションを設定する

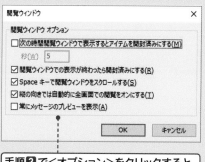

手順**3**で＜オプション＞をクリックすると、メールを開封済みにするタイミングなどを指定できます。

Outlookの基本　1

メールの受信と閲覧　2

メールの作成と送信　3

メールの整理と管理　4

メールの設定　5

連絡先　6

予定表　7

タスク　8

印刷　9

そのほかの便利機能　10

1 Outlookの基本

2 メールの受信と閲覧

3 メールの作成と送信

4 メールの整理と管理

5 メールの設定

6 連絡先

7 予定表

8 タスク

9 印刷

10 そのほかの便利機能

重要度 ★★★ メールの基本

Q 077 テキスト形式、HTML形式、リッチテキスト形式とは？

A メールの表示形式のことをいいます。

Outlookでは、テキスト形式、HTML形式、リッチテキスト形式でメールを送受信することができます。ここでは、それぞれの形式の違いを確認しておきましょう。初期設定ではHTML形式が使用されますが、この設定は変更することができます。　　　　参照▶Q150

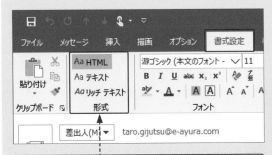

> Outlookでは、テキスト形式、HTML形式、リッチテキスト形式でメールを送受信することができます。

● テキスト形式

テキスト（文字）のみで構成された標準的なメールの表示形式です。HTML形式やリッチテキスト形式のような文字の装飾は行えませんが、受信側がどのようなメールソフトでも、問題なくメールを送受信することができます。

● HTML形式

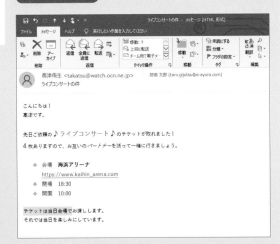

文字サイズやフォント、文字色を変えたり、文章に段落番号や箇条書きを設定したり、背景や画像を付けたりして見栄えのするメールを作成することができます。ただし、受信側のメールソフトがHTML形式に対応していないと内容が正しく表示されなかったり、迷惑メールと判断されたりして、相手に受信してもらえない可能性があるので注意が必要です。

● リッチテキスト形式

HTML形式と同様、文字の修飾や箇条書き、背景や画像の挿入、テキストの配置などが行えるOutlook独自の形式です。ただし、受信側のメールソフトがリッチテキスト形式に対応していないと内容が正しく表示されない場合があります。

1 Outlookの基本
2 メールの受信と閲覧
3 メールの作成と送信
4 メールの整理と管理
5 メールの設定
6 連絡先
7 予定表
8 タスク
9 印刷
10 そのほかの便利機能

重要度 ★★★　メールの受信

078 メールを受信したい！

 A **＜送受信＞タブの＜すべてのフォルダーを送受信＞をクリックします。**

新しい受信メールは、Outlookの起動時や＜Outlookのオプション＞ダイアログボックスの＜送受信＞で設定されている間隔で自動的に受信されます。また、以下の手順のように手動で受信することもできます。クイックアクセスツールバーの＜すべてのフォルダーを送受信＞をクリックしても受信できます。

参照▶Q 241

1 ＜送受信＞タブをクリックして、

2 ＜すべてのフォルダーを送受信＞をクリックすると、

3 メールが受信され、＜受信トレイ＞に新規に受信したメールの数が表示されます。

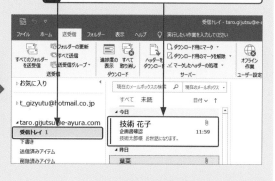

ここをクリックしても受信できます。

重要度 ★★★　メールの受信

079 受信したメールを読みたい！

 A **＜受信トレイ＞をクリックして、読みたいメールをクリックします。**

メールの一覧で読みたいメールをクリックすると、閲覧ウィンドウにメールの内容が表示されます。閲覧ウィンドウの文字が小さい場合は、拡大して読むこともできます。

● 閲覧ウィンドウの文字を大きくする

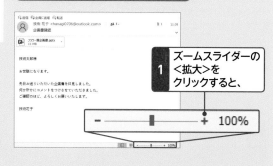

1 ズームスライダーの＜拡大＞をクリックすると、

100%

1 ＜受信トレイ＞をクリックして、

2 読みたいメールをクリックすると、

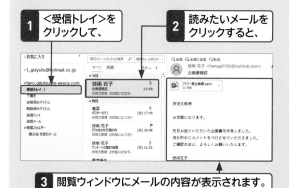

3 閲覧ウィンドウにメールの内容が表示されます。

2 閲覧ウィンドウの文字が大きくなります。

150%

1 Outlookの基本

2 メールの受信と閲覧

3 メールの作成と送信

4 メールの整理と管理

5 メールの設定

6 連絡先

7 予定表

8 タスク

9 印刷

10 そのほかの便利機能

重要度 ★★★ メールの受信

Q 080

メールアカウントごとに メールを受信したい!

A <送受信>タブの <送受信グループ>から指定します。

複数のメールアカウントをOutlookに登録している場合、メールの受信は、すべてのメールアカウントに対して自動的に行われます。特定のメールアカウントのメールを受信したい場合は、以下の手順で操作します。

1 <送受信>タブを クリックして、

2 <送受信グループ>を クリックします。

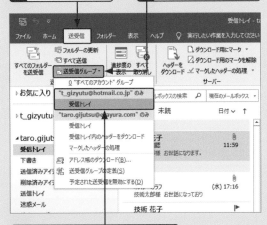

3 「受信したいアカウント名」の <受信トレイ>をクリックすると、

4 特定のアカウントのメールを 受信することができます。

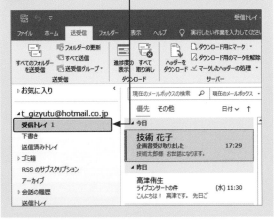

重要度 ★★★ メールの受信

Q 081

メールアカウントごとに メールを読みたい!

A 特定のメールアカウントの <受信トレイ>をクリックします。

複数のメールアカウントをOutlookに登録している場合、登録したメールアカウントごとにフォルダーが作成されます。メールアカウントごとにメールを読むには、特定のアカウントの<受信トレイ>をクリックして、メールの一覧を表示します。

複数のアカウントをOutlookに登録している場合、登録したアカウントごとにフォルダーが作成されます。

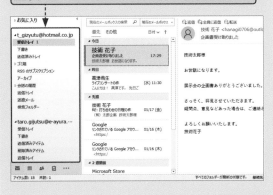

1 特定のアカウントの <受信トレイ>を クリックして、

2 読みたいメールを クリックすると、

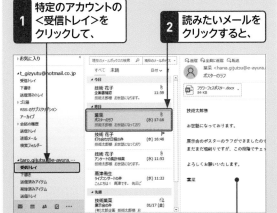

3 閲覧ウィンドウにメールの 本文が表示されます。

Q 082 メールの件名だけ受信したい！

A メールのヘッダーをダウンロードします。

OutlookにPOPのメールアカウントを設定している場合、メールの件名のみを受信し、読みたいメールだけあとから本文を受信することができます。

メールの件名のみを受信するには、<送受信>タブをクリックして、<ヘッダーをダウンロード>をクリックします。

参照▶Q 083

1 <送受信>タブをクリックして、

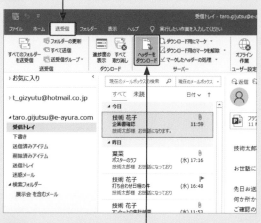

2 <ヘッダーをダウンロード>をクリックすると、

3 メールのヘッダーのみがダウンロードされます。

Q 083 メールの件名受信後に本文を受信したい！

A ダウンロード用のマークを付けて受信を行います。

メールの件名のみを受信したメールの中から読みたいメールの本文を受信するには、<送受信>タブをクリックして、本文を受信したいメールをクリックし、<ダウンロード用にマーク>をクリックして、<マークしたヘッダーの処理>をクリックします。

参照▶Q 082

1 <送受信>タブをクリックして、

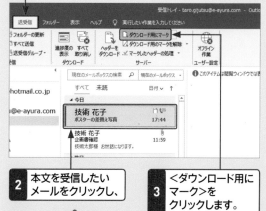

2 本文を受信したいメールをクリックし、

3 <ダウンロード用にマーク>をクリックします。

4 <マークしたヘッダーの処理>をクリックすると、

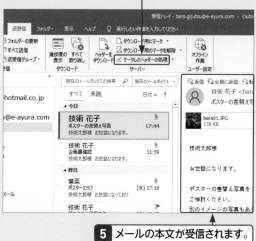

5 メールの本文が受信されます。

Outlookの基本

メールの受信と閲覧

メールの作成と送信

メールの整理と管理

メールの設定

連絡先

予定表

タスク

印刷

そのほかの便利機能

1 2 3 4 5 6 7 8 9 10

1 Outlookの基本
2 メールの受信と閲覧
3 メールの作成と送信
4 メールの整理と管理
5 メールの設定
6 連絡先
7 予定表
8 タスク
9 印刷
10 そのほかの便利機能

重要度 ★★★　メールの受信

Q 084 メールを受信するとデスクトップに何か表示される!

A 受信したメールの内容の通知が表示されています。

初期設定ではメールを受信すると、メールの発信元や件名などを表示したデスクトップ通知が表示されます。通知は ➡ をクリックすると閉じますが、何もしなくても数秒経てば自動的に閉じられます。

デスクトップ通知が表示されない場合は、<Outlookのオプション>ダイアログボックスで設定します。

メールを受信すると、デスクトップ通知が表示されます。

クリックすると、デスクトップ通知が閉じます。

● デスクトップ通知が表示されない場合

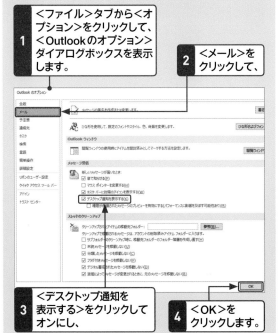

1 <ファイル>タブから<オプション>をクリックして、<Outlookのオプション>ダイアログボックスを表示します。

2 <メール>をクリックして、

3 <デスクトップ通知を表示する>をクリックしてオンにし、

4 <OK>をクリックします。

重要度 ★★★　メールの受信

Q 085 HTML形式のメールをテキスト形式で受け取りたい!

A <Outlookのオプション>の<トラストセンター>で設定します。

受信したHTML形式のメールをテキスト形式で表示するには、<Outlookのオプション>ダイアログボックスから<トラストセンター>(Outlook 2013では<セキュリティセンター>)を表示して、受信メールをテキスト形式で表示するように設定します。

1 <ファイル>タブから<オプション>をクリックして、<Outlookのオプション>ダイアログボックスを表示します。

2 <トラストセンター>をクリックして、

3 <トラストセンターの設定>をクリックします。

4 <電子メールのセキュリティ>をクリックして、

5 これらをクリックしてオンにし、

6 <OK>をクリックします。

Outlook の基本 1
メールの受信と閲覧 2
メールの作成と送信 3
メールの整理と管理 4
メールの設定 5
連絡先 6
予定表 7
タスク 8
印刷 9
そのほかの便利機能 10

重要度 ★★★ メールの受信

Q 086 メールの受信に失敗した場合は？

A 原因によって対処します。

メールが受信できない場合、その原因はいくつか考えられます。原因に応じて対処しましょう。

● Outlookがオフラインになっている

Outlookがオフラインになっていると、メールの送受信はできません。オンラインかオフラインかは、タスクバーの表示で確認できます。オフラインになっている場合は、＜送受信＞タブをクリックして、＜オフライン作業＞をクリックします。

ここがグレーの場合はオフラインなので、クリックしてオンラインにします。

Outlookが「オフライン作業中」になっていると、メールの送受信はできません。

● メールアカウントの設定を確認する

メールアカウントの設定が間違っていないかどうかを確認します。Outlook 2019／2016では、＜ファイル＞タブをクリックして、＜アカウント設定＞から＜サーバーの設定＞をクリックし、設定が間違っている場合は修正します。Outlook 2013の場合は、＜アカウント設定＞から＜アカウント設定＞をクリックし、＜修復＞をクリックして、設定が間違っている場合は修正します。

メールアカウントの設定を確認します。

● メールボックスがいっぱいになっている

メールボックスの容量がいっぱいになっていると受信ができません。メールボックスにメールを残しておく日数の設定を確認します。 参照 ▶ Q 228

● ほかのコンピューターで受信済みかどうか確認する

複数のパソコンで同じメールアカウントを使っている場合、＜サーバーにメッセージのコピーを残す＞をオンにしていないと、ほかのパソコンから再度受信することができなくなります。オフになっている場合は、設定を変更します。 参照 ▶ Q 227

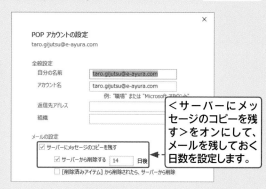

＜サーバーにメッセージのコピーを残す＞をオンにして、メールを残しておく日数を設定します。

● 送信された添付ファイルのサイズが大きすぎる

メールに添付されたファイルの容量が大きすぎると、受信できない場合があります。この場合は、添付ファイルのサイズを小さくして送信してもらいましょう。

● ＜迷惑メール＞フォルダーの中を確認する

間違って＜迷惑メール＞フォルダーに入っていないかどうか確認します。＜迷惑メール＞フォルダーに入っていた場合は、＜受信トレイ＞に戻します。 参照 ▶ Q 240

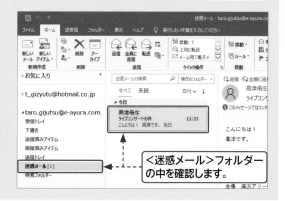

＜迷惑メール＞フォルダーの中を確認します。

1 Outlookの基本
2 メールの受信と閲覧
3 メールの作成と送信
4 メールの整理と管理
5 メールの設定
6 連絡先
7 予定表
8 タスク
9 印刷
10 そのほかの便利機能

重要度 ★★★　メールの表示

Q 087 表示されるメールの 文字サイズを変更したい!

A <Outlookのオプション>の <メール>から設定します。

テキスト形式のメールの文字サイズを変更したい場合は、<Outlookのオプション>ダイアログボックスの<メール>から<ひな形およびフォント>をクリックします。
<署名とひな形>ダイアログボックスが表示されるので、<テキスト形式のメッセージの作成と読み込み>の<文字書式>をクリックして、文字サイズを指定します。文字サイズだけでなく、フォントやスタイル、フォントの色なども設定できます。

参照 ▶ Q 150

1 <ファイル>タブから<オプション>をクリックします。

ここが<テキスト形式>になっていることを確認します。

2 <メール>をクリックして、

3 <ひな形およびフォント>をクリックします。

4 <テキスト形式のメッセージの作成と読み込み>の<文字書式>をクリックして、

5 <サイズ>で設定したい文字サイズ(ここでは<14>)をクリックし、

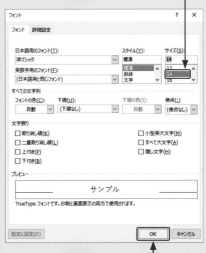

6 <OK>をクリックします。

7 <署名とひな形>と<Outlookのオプション>ダイアログボックスの<OK>を順にクリックすると、

8 文字サイズが拡大されます。

技術太郎様

お世話になります。

先日お送りいただいた企画書を拝見しました。
何か所かにコメントをつけさせていただきました。
ご確認のほど、よろしくお願いいたします。

技術花子

1 Outlookの基本

2 メールの受信と閲覧

3 メールの作成と送信

4 メールの整理と管理

5 メールの設定

6 連絡先

7 予定表

8 タスク

9 印刷

10 そのほかの便利機能

重要度 ★ ★ ★ メールの表示

Q 088 特定のメールだけ文字が大きい！

A 送信者が文字サイズを大きくして送信しています。

受信側で文字サイズを大きくしていないにもかかわらず、受信メールの特定のメールだけ文字が大きい場合は、送信者がHTML形式で文字サイズを大きくしていることが考えられます。Q 087の操作で文字サイズを変更しても反映されないので、送信者に文字を小さくして送ってもらうか、ズームスライダーで文字を小さくしてください。

参照▶Q 079, Q 087

重要度 ★ ★ ★ メールの表示

Q 089 フォルダーを別の新しいウィンドウで開きたい！

A <表示>タブの<新しいウィンドウで開く>をクリックします。

現在表示しているフォルダーを別の新しいウィンドウで表示するには、<表示>タブの<新しいウィンドウで開く>をクリックします。

1 <表示>タブをクリックして、

2 <新しいウィンドウで開く>をクリックすると、

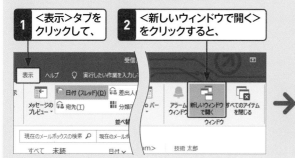

3 現在表示しているフォルダーが別の新しいウィンドウで開きます。

重要度 ★ ★ ★ メールの表示

Q 090 メールを別の新しいウィンドウで読みたい！

A <受信トレイ>をクリックして、メールをダブルクリックします。

メールを閲覧ウィンドウではなく、別の新しいウィンドウで読みたい場合は、メールの一覧で読みたいメールをダブルクリックします。<メッセージ>ウィンドウが表示され、新しいウィンドウでメールを読むことができます。

1 <受信トレイ>をクリックして、

2 読みたいメールをダブルクリックすると、

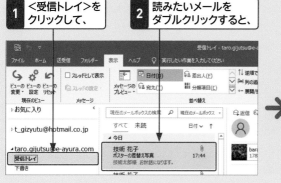

3 メールが別の新しいウィンドウで表示されます。

重要度 ★★★　メールの表示

Q 091

表示されていない画像を表示したい!

A　メッセージをクリックして、<画像のダウンロード>をクリックします。

迷惑メールの多くはHTML形式のメールを利用しており、添付されている画像をクリックすると、コンピューターウイルスに感染してしまう可能性があります。そのため、Outlookの初期設定では、HTML形式のメール内の画像が表示されないように設定されています。信頼できる相手からの画像の場合は、表示されているメッセージをクリックして、<画像のダウンロード>をクリックします。

1 画像が表示されていないメールを表示します。

2 メッセージが表示されている部分をクリックして、

画像が表示されていません。

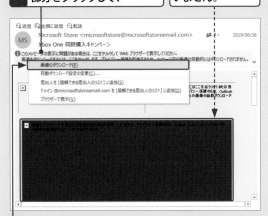

3 <画像のダウンロード>をクリックすると、

4 画像が表示されます。

重要度 ★★★　メールの表示

Q 092

特定の相手からの画像を常に表示したい!

A　差出人を<信頼できる差出人のリスト>に追加します。

Outlookの初期設定では、HTML形式のメール内の画像が表示されないように設定されています。そのつど画像をダウンロードすることもできますが、信頼できる相手からの画像を常に表示したい場合は、差出人を<信頼できる差出人のリスト>に追加します。
このリストに追加した差出人は信頼できる相手とみなされ、送られてきたHTML形式のメールの画像も自動で表示されるようになります。

参照 ▶ Q 091, Q 240

1 画像が表示されていないメールを表示します。

2 メッセージが表示されている部分をクリックして、

3 <差出人を[信頼できる差出人のリスト]に追加>をクリックし、

4 <OK>をクリックします。

Q 093 受信したメールを次々に読みたい！

A キーボードの ↑ や ↓ を押します。

受信したメールを次々に読みたいときは、キーボードの ↑ や ↓ を押すと、閲覧ウィンドウに順にメールが表示されます。

また、メールをダブルクリックして別のウィンドウでメールを表示し、クイックアクセスツールバーにある＜前のアイテム＞や＜次のアイテム＞をクリックすることでも、前や次のメールを読むことができます。

参照 ▶ Q 090

1 キーボードの ↓ を押すと、

2 閲覧ウィンドウに次のメールが表示されます。

● 別のウィンドウでメールを読む場合

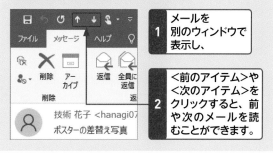

1 メールを別のウィンドウで表示し、

2 ＜前のアイテム＞や＜次のアイテム＞をクリックすると、前や次のメールを読むことができます。

Q 094 メールの文字化けを直したい！

A エンコードを変更します。

受信したメールが文字化けして読めない場合は、エンコードを変更します。文字化けしているメールをダブルクリックして＜メッセージ＞ウィンドウを表示し、以下の手順で適切なエンコードを指定します。一般的には、日本語のエンコードを何種類か試してみるとよいでしょう。

1 文字化けしているメールをダブルクリックして、＜メッセージ＞ウィンドウを表示します。

2 ＜メッセージ＞タブの＜アクション＞をクリックして、

3 ＜その他のアクション＞にマウスポインターを合わせ、

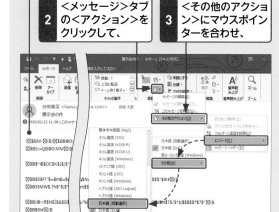

4 ＜エンコード＞の＜その他＞から適切なエンコードをクリックすると、

5 文字化けが解消されます。

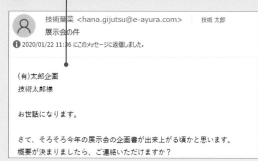

技術菜菜 <hana.gijutsu@e-ayura.com>　技術 太郎
展示会の件
2020/01/22 11:36 にこのメッセージに返信しました。

(有)太郎企画
技術太郎様

お世話になります。

さて、そろそろ今年の展示会の企画書が出来上がる頃かと思います。
概要が決まりましたら、ご連絡いただけますか？

1 Outlookの基本

2 メールの受信と閲覧

3 メールの作成と送信

4 メールの整理と管理

5 メールの設定

6 連絡先

7 予定表

8 タスク

9 印刷

10 そのほかの便利機能

重要度 ★★★　メールの表示

Q 095 メールのヘッダー情報を確認したい!

A メールを別画面で開き、<ファイル>から<プロパティ>を表示します。

メールの「ヘッダー情報」とは、差出人や宛先、件名、送信日時、メールソフトなどの詳細な情報を記録したものです。もし不審なメールを受信した場合は、このヘッダー情報を確認することで、ある程度の情報を探ることができます。

ヘッダー情報は、利用しているメールソフトやメールサーバーによって表示される項目が異なります。

1 ヘッダー情報を見たいメールをダブルクリックして、<メッセージ>ウィンドウを表示します。

2 <ファイル>タブをクリックして、

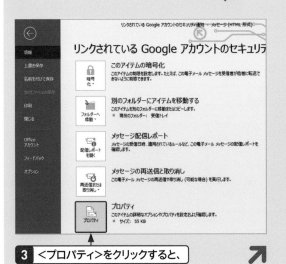

3 <プロパティ>をクリックすると、

4 メールのヘッダー情報を確認できます。

● おもなヘッダー情報のみかた

Received：メールが配送されたサーバーが記録されます。複数ある場合は、基本的に下から順にサーバー情報が記録されます。迷惑メールを通報する際は、fromのカッコ内のIPアドレスが重要となります。

```
Jan 2020 10:24:59 +0000
Received: from HK2APC01FT027.eop-
APC01.prod.protection.outlook.com
 (10.152.248.56) by HK2APC01HT151.eop-
APC01.prod.protection.outlook.com
 (10.152.249.114) with Microsoft SMTP Server (version=TLS1
_2,
```

Message-ID：メールの識別番号です。

```
X-Account-Notification-Type: 127-RECOVERY
Feedback-ID: 127-RECOVERY:account-notifier
X-Notifications: f1754a831d800000
Message-ID: <Z7DXl5EKpD2T6T2GPrhFng.0
@notifications.google.com>
Subject: =?UTF-8?B?
44Oq44Oz44Kv44GV44KM44Gm44GE44KLIEdvb2dsZSDjgqLjg
```

From：送信者のメールアドレスです。
To：メールの宛先です。

```
qvjgqbjg7Pjg4jjga4=?=
    =?UTF-8?B?44K744Kt44Ol44Oq44OG44Kj6YCa55+l?
=
From: Google <no-reply@accounts.google.com>
To: t_gizyutu@hotmail.co.jp
Content-Type: multipart/alternative;
boundary="00000000000096553e059c3f3c94"
```

Q 096 メールを音声で読み上げてもらいたい！

A ＜ホーム＞タブの＜音声読み上げ＞をクリックします。

Outlook 2019／2016では、メールを音声で読み上げる機能が用意されています。音声で読み上げてもらいたいメールをクリックして、＜ホーム＞タブの＜音声読み上げ＞をクリックすると、メールが音声で読み上げられます。読み上げの速度や音声を変更することもできます。

はじめに、音声読み上げ機能がオンになっているかどうかを確認し、オフになっている場合はオンにします。

● 音声読み上げ機能をオンにする

1 ＜ファイル＞タブから＜オプション＞をクリックして、＜Outlookのオプション＞ダイアログボックスを表示します。

2 ＜簡単操作＞をクリックして、

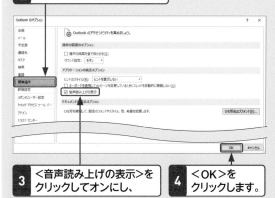

3 ＜音声読み上げの表示＞をクリックしてオンにし、

4 ＜OK＞をクリックします。

● メールを音声で読み上げる

1 ＜受信トレイ＞をクリックして、

2 音声で読み上げたいメールをクリックします。

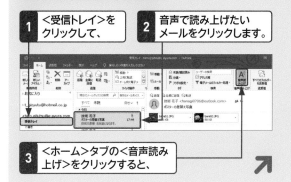

3 ＜ホーム＞タブの＜音声読み上げ＞をクリックすると、

4 メールが音声で読み上げられます。

現在読んでいる部分がグレーで表示されます。

5 ＜設定＞をクリックして、

6 ここをドラッグすると、読み上げの速度を調整できます。

7 ここをクリックすると、読み上げる音声を指定することができます。

● コントロールバーの機能

＜音声読み上げ＞をクリックすると、コントロールバーが表示されます。このコントロールバーでは、読み上げの一時停止／再生、読み上げ位置の移動、読み上げ速度、音声の選択、停止などの操作ができます。

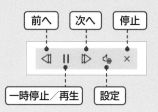

前へ　　次へ　　停止

一時停止／再生　　設定

Outlookの基本　1
メールの受信と閲覧　2
メールの作成と送信　3
メールの整理と管理　4
メールの設定　5
連絡先　6
予定表　7
タスク　8
印刷　9
そのほかの便利機能　10

1 Outlookの基本
2 メールの受信と閲覧
3 メールの作成と送信
4 メールの整理と管理
5 メールの設定
6 連絡先
7 予定表
8 タスク
9 印刷
10 そのほかの便利機能

重要度 ★★★　メールの既読／未読

Q 097 メールの既読／未読とは？

A メールを読んでいるか、読んでいないかを表します。

メールを読んでいない状態のことを「未読」、メールをすでに読み終わった状態のことを「既読」（開封済み）といいます。未読のメールがある場合は、<受信トレイ>フォルダーに件数が青字で表示され、件名が太字の青字で表示されます。既読メールの件名は通常の文字で表示されます。

また、読み終わったメールを未読にしたり、未読のメールをまとめて既読にしたりすることもできます。

参照▶ Q 100, Q 101

未読のメールがある場合は、<受信トレイ>フォルダーに件数が青字で表示されます。

未読のメール

既読のメール

重要度 ★★★　メールの既読／未読

Q 098 表示したメールが自動で既読になってしまう！

A <Outlookのオプション>の<詳細設定>から設定します。

未読メールを閲覧ウィンドウに表示した際、一定時間が経つと自動で既読になってしまう場合は、自動で既読にならないように設定できます。

なお、以下の手順のほかに、<表示>タブの<閲覧ウィンドウ>から<オプション>をクリックしても、手順4の<閲覧ウィンドウ>が表示されます。

1 <ファイル>タブから<オプション>をクリックして、<Outlookのオプション>ダイアログボックスを表示します。

2 <詳細設定>をクリックして、

3 <閲覧ウィンドウ>をクリックします。

4 ここをクリックしてオフにし、

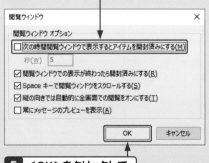

5 <OK>をクリックして、

6 <Outlookのオプション>ダイアログボックスの<OK>をクリックします。

Q 099 未読メールのみを表示したい！

A メール一覧の上にある
<未読>をクリックします。

長期間メールを読むのを忘れてしまった場合でも、未読のメールのみを表示すれば、見落とす心配がありません。メール一覧の上にある<未読>をクリックすると、未読のメールのみが表示されます。<すべて>をクリックすると、もとの表示に戻ります。

なお、<優先>と<その他>タブが表示されている場合は、優先受信トレイをオフにすると、<すべて>と<未読>タブが表示されます。

参照 ▶ Q 204

1 <受信トレイ>をクリックして、

2 <未読>をクリックすると、

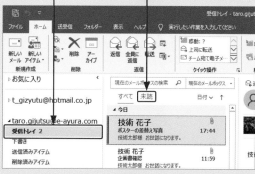

3 未読のメールのみが表示されます。

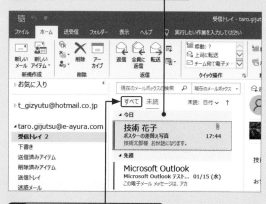

4 <すべて>をクリックすると、もとの表示に戻ります。

Q 100 一度読んだメールを未読にしたい！

A 既読のメールをクリックして、
<未読／開封済み>をクリックします。

一度読んだメールは、通常では既読になりますが、返信が必要なメールや大切なメールをあえて未読にすることもできます。既読のメールをクリックして、<ホーム>タブの<未読／開封済み>をクリックします。

ビューに表示されているメールの左部分をクリックすることでも、既読と未読を切り替えることができます。

1 <受信トレイ>をクリックして、

2 既読のメールをクリックし、

3 <ホーム>タブの<未読／開封済み>をクリックすると、

4 メールが未読に切り替わります。

ここをクリックすることでも、既読と未読を切り替えることができます。

重要度 ★★★　メールの既読／未読

Q 101　まだ読んでいないメールを まとめて既読にしたい！

A ＜フォルダー＞タブの＜すべて開封 済みにする＞をクリックします。

複数の未読メールを一つ一つ既読にするのが面倒な 場合は、まとめて既読にすることもできます。＜フォ ルダー＞タブをクリックして、＜すべて開封済みにす る＞をクリックします。

1 ＜受信トレイ＞をクリックして、

2 ＜フォルダー＞ タブを クリックし、

3 ＜すべて開封済み にする＞を クリックすると、

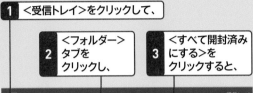

未読メール

4 未読メールがまとめて既読の メールに切り替わります。

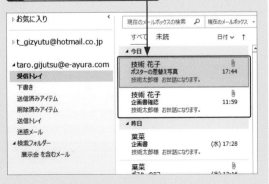

重要度 ★★★　メールの既読／未読　❌2019 ❌2016 ❌2013

Q 102　削除したメールを 既読にしたい！

A ＜Outlookのオプション＞の ＜メール＞で設定します。

Microsoft 365では、メールを未読のまま＜削除済みア イテム＞に移動する場合に、自動的に既読にすること ができます。＜Outlookのオプション＞の＜メール＞ で、＜メッセージを削除するときに開封済みにする＞ をクリックしてオンにします。 不要なメールを＜削除済みアイテム＞に移動する場 合、そのつど開封済みにする手間が省けて便利です。

1 ＜ファイル＞タブをクリックして、

2 ＜オプション＞をクリックします。

3 ＜メール＞をクリックして、

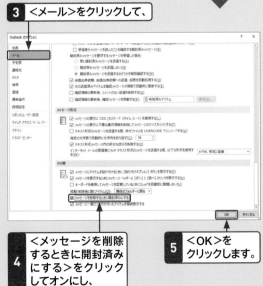

4 ＜メッセージを削除 するときに開封済み にする＞をクリック してオンにし、

5 ＜OK＞を クリックします。

Q 103 スマート検索って何？

A 用語などを検索して Outlookの画面で表示する機能です。

「スマート検索」は、調べたい用語などを検索すると、Outlookの画面上に検索結果が表示される機能です。用語などを選択し、右クリックして＜スマート検索＞をクリックすると、Bing検索やBingイメージ、ウィキペディアなどのオンラインソースから情報が検索され、画面右側の＜スマート検索＞ウィンドウに表示されます。リンクをクリックすると、Webブラウザーが開いて、リンク先のページが表示されます。

なお、テキスト形式のメールではスマート検索が利用できないこともあります。

1 検索したい用語などを選択して右クリックし、

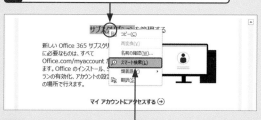

2 ＜スマート検索＞をクリックすると、

3 画面の右側に検索結果が表示されます。

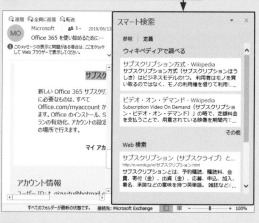

4 リンクをクリックすると、Webブラウザーが開いて、リンク先のページが表示されます。

Q 104 メールを検索したい！

A 検索ボックスを利用して 検索します。

メールが増えてくると、目的のメールを探すのに手間がかかります。この場合は、対象となる文字をキーワードにしてメールを検索する「クイック検索」を利用すると便利です。送信者や件名の文字、本文の文字などでメールをすばやく検索することができます。

なお、Microsoft 365では検索ボックスはタイトルバーにあります。

1 ＜受信トレイ＞をクリックして、

2 検索ボックスに検索したい文字（ここでは「展示会」）を入力すると、

3 検索結果が表示されます。検索した文字には黄色いマーカーが引かれています。

4 ここをクリックすると、検索結果が閉じます。

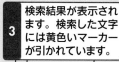

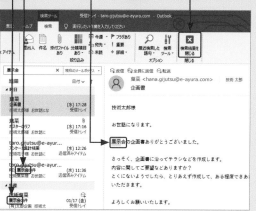

Outlookの基本

1

メールの受信と閲覧

2

メールの作成と送信

3

メールの整理と管理

4

メールの設定

5

連絡先

6

予定表

7

タスク

8

印刷

9

そのほかの便利機能

10

1 Outlookの基本
2 メールの受信と閲覧
3 メールの作成と送信
4 メールの整理と管理
5 メールの設定
6 連絡先
7 予定表
8 タスク
9 印刷
10 そのほかの便利機能

重要度 ★★★　メールの検索／翻訳

Q 105

細かい条件を指定して メールを検索したい！

A 高度な検索機能を利用して 検索します。

Outlookでは、対象となる文字があるかどうかでメールを検索する「クイック検索」のほかに、条件を細かく指定して検索できる「高度な検索」機能が用意されています。高度な検索では、Outlookで設定できるすべての項目を対象に検索をすることができます。

参照 ▶ Q 104

ここでは、件名が「打ち合わせ」でフラグが設定されているメールをメッセージから検索します。

1 検索ボックスをクリックして、

2 <検索>タブの<検索ツール>をクリックし、

3 <高度な検索>をクリックします。

4 検索対象（ここでは<メッセージ>）を選択して、

5 検索する文字を入力し、

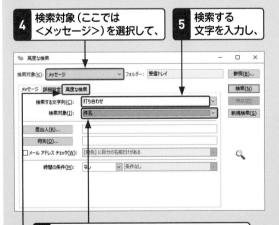

6 検索対象（ここでは<件名>）を選択します。

7 <高度な検索>をクリックして、

8 <フィールド>をクリックし、

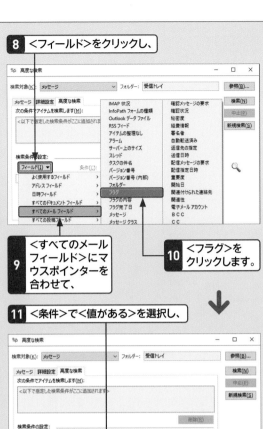

9 <すべてのメールフィールド>にマウスポインターを合わせて、

10 <フラグ>をクリックします。

11 <条件>で<値がある>を選択し、

12 <一覧に追加>をクリックします。

13 <検索>をクリックすると、

14 検索結果が表示されます。

15 ダブルクリックすると、<メッセージ>ウィンドウが開き、内容を確認できます。

Q 106 特定のキーワードが含まれた メールだけを表示したい！

A 条件に一致するメールを検索する ＜検索フォルダー＞を作成します。

Outlookには、特定のキーワードを含むメールを＜検索フォルダー＞に抽出する機能が用意されています。＜検索フォルダー＞は、検索条件に一致するメールを検索するために利用するフォルダーで、一度条件を設定しておくと、それ以降に受信したメールも抽出の対象になります。

なお、＜検索フォルダー＞は、検索結果を表示するフォルダーなので、フォルダーを削除しても、その中にあるメールは削除されません。

1 ＜フォルダー＞タブをクリックして、

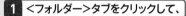

2 ＜新しい検索フォルダー＞をクリックします。

3 ＜特定の文字を含む メール＞をクリックして、　**4** ＜選択＞を クリックします。

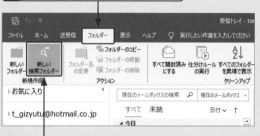

5 キーワード（ここでは「展示会」）を入力して、　**6** ＜追加＞をクリックし、

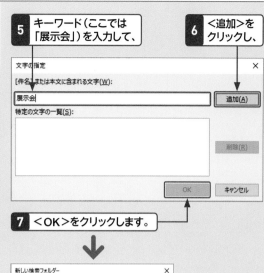

7 ＜OK＞をクリックします。

8 ＜OK＞をクリックすると、

9 ＜展示会を含むメール＞フォルダーが作成され、

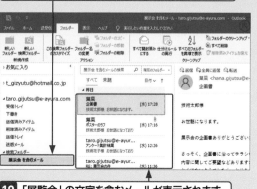

10 「展覧会」の文字を含むメールが表示されます。

1 Outlookの基本
2 メールの受信と閲覧
3 メールの作成と送信
4 メールの整理と管理
5 メールの設定
6 連絡先
7 予定表
8 タスク
9 印刷
10 そのほかの便利機能

重要度 ★★★

Q **107** 英文メールを翻訳したい！

A 翻訳したいメールを右クリックして
<翻訳>をクリックします。

Outlookでは、オンラインサービスを使って、単語やテキストの一部、メール全体を翻訳することができます。

単語やテキストの一部を翻訳する場合は、翻訳したい文字列を選択して右クリックし、<翻訳>をクリックすると、画面の右側の<リサーチ>ウィンドウに翻訳結果が表示されます。

メール全体を翻訳する場合は、<リサーチ>ウィンドウの<文書全体の翻訳>右の矢印をクリックします。

なお、翻訳元と翻訳先の言語を変更する場合は、<翻訳元の言語>と<翻訳先の言語>で言語を選択します。

● 単語やテキストの一部を翻訳する

1 翻訳したい単語やテキストを選択して右クリックし、

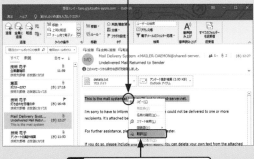

2 <翻訳>をクリックします。

3 確認のダイアログボックスで<はい>をクリックすると、

4 <リサーチ>ウィンドウが表示され、翻訳結果が表示されます。

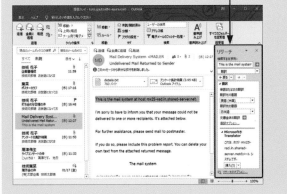

● メール全体を翻訳する

1 <リサーチ>ウィンドウで<文書全体の翻訳>のここをクリックします。

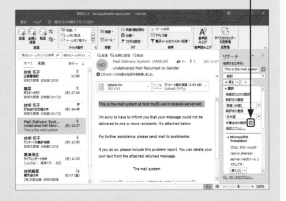

2 確認のダイアログボックスで<はい>をクリックすると、

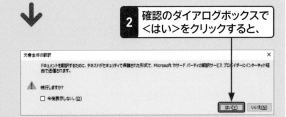

3 Webブラウザーが開いて、翻訳結果が表示されます。

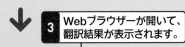

Q 108 メールを 古い順に並べ替えたい！

A メール一覧の上にある ↓ を クリックします。

＜受信トレイ＞に表示されたメールは、初期設定では日付の新しい順にグループ化されて並んでいます。日付の古い順に並べ替えたい場合は、メール一覧の上にある ↓ をクリックします。もとに戻すには、↑ をクリックします。Outlook 2016／2013の場合は、＜日付の新しいアイテム＞、＜日付の古いアイテム＞をそれぞれクリックします。なお、＜表示＞タブの＜逆順で並べ替え＞をクリックしても、並べ替えることができます。

参照 ▶ Q 118

1 ＜受信トレイ＞をクリックして、

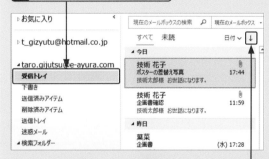

2 ↓ をクリックすると、

3 表示が ↑ に変わり、

4 日付の古い順にメールが並びます。

Q 109 古いメールは 表示しないようにしたい！

A 古いメールの件名を 非表示にします。

＜受信トレイ＞に表示されたメールは、初期設定では日付の新しい順に「今日」「昨日」「先週」などとグループごとに件名が並んでいます。古いメールを表示しないようにするには、グループの頭に表示されている三角形のアイコン（Microsoft 365では ∨ ）をクリックします。再度クリックすると、もとの表示に戻ります。

1 ＜受信トレイ＞をクリックして、

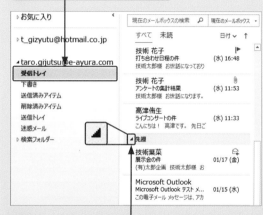

2 非表示にしたいグループのここをクリックすると、

3 メールの件名が非表示になります。

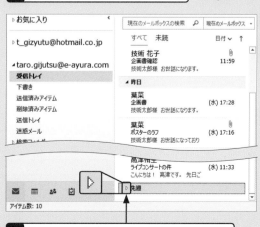

4 ここをクリックすると、もとの表示に戻ります。

Outlookの基本 1

メールの受信と閲覧 2

メールの作成と送信 3

メールの整理と管理 4

メールの設定 5

連絡先 6

予定表 7

タスク 8

印刷 9

そのほかの便利機能 10

重要度 ★★★　メールの並べ替え

Q 110 メールをグループごとに 表示したい!

A <グループごとに表示>を オンにします。

メールの一覧は、初期設定では日付でグループ化され て、受信日時順に並んで表示されています。グループご とに表示されていない場合は、<表示>タブをクリッ クして、<並べ替え>の<その他>をクリックし、<グ ループごとに表示>をクリックしてオンにします。

1 <表示>タブをクリックして、

2 <並べ替え>の<その他>をクリックします。

3 <グループごとに表示>をクリックして オンにすると、

4 メールが日付でグループ化され、 受信日時順に並びます。

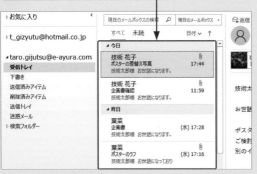

重要度 ★★★　メールの並べ替え

Q 111 グループを展開したい／ 折りたたみたい!

A グループの頭に表示されている 三角形のアイコンをクリックします。

<受信トレイ>にグループごとに表示されているメー ルは、グループを折りたたんだり展開したりすること ができます。グループの頭に表示されている三角形の アイコン（Microsoft 365では ∨ ）をクリックします。 また、<表示>タブの<展開／折りたたみ>をクリッ クすると、グループを個別に展開／折りたたんだり、す べてのグループを展開／折りたたんだりすることがで きます。

1 <受信トレイ>をクリックして、

2 グループ名のここを クリックすると、

ここをクリックしても展開 ／折りたたみができます。

3 メールが折りたたまれ、グループ名のみが 表示されます。

4 ここをクリックすると、メールが展開されます。

Q 112 グループを常に展開したい！

A ＜表示＞タブの＜ビューの設定＞から設定します。

＜受信トレイに＞に表示されたメールは、初期設定では自動的に日付でグループ化されます。グループ化を解除して常に展開したい場合は、＜表示＞タブの＜ビューの設定＞をクリックすると表示される＜ビューの詳細設定＞ダイアログボックスから設定します。

1 ＜表示＞タブをクリックして、

2 ＜ビューの設定＞をクリックし、

3 ＜グループ化＞をクリックします。

4 ＜グループの表示方法＞で＜すべて展開する＞を選択して、

5 ＜OK＞をクリックします。

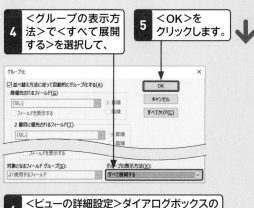

6 ＜ビューの詳細設定＞ダイアログボックスの＜OK＞をクリックします。

Q 113 メールを差出人ごとに並べ替えたい！

A メール一覧の上にある＜日付＞から＜差出人＞を選択します。

メールの一覧を差出人ごとに並べ替えたい場合は、メール一覧の上にある＜日付＞から＜差出人＞を選択します。もとに戻す場合は、＜差出人＞から＜日付＞を選択します。

1 ＜日付＞をクリックして、

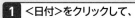

2 ＜差出人＞をクリックすると、

3 差出人が五十音順にグループ化され、受信日時順に並びます。

Q 114 メールを件名ごとに 並べ替えたい！

A メール一覧の上にある＜日付＞から ＜件名＞を選択します。

メールの一覧を件名ごとに並べ替えたい場合は、メール一覧の上にある＜日付＞から＜件名＞を選択します。もとに戻す場合は、＜件名＞から＜日付＞を選択します。

1 ＜日付＞をクリックして、

2 ＜件名＞をクリックすると、

3 メールが件名でグループ化され、 受信日時順に並びます。

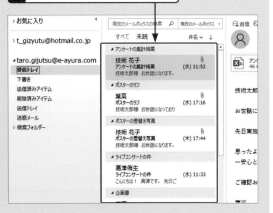

Q 115 メールをサイズ順に 並べ替えたい！

A メール一覧の上にある＜日付＞から ＜サイズ＞を選択します。

メールの一覧をサイズ順に並べ替えたい場合は、メール一覧の上にある＜日付＞から＜サイズ＞を選択します。もとに戻す場合は、＜サイズ＞から＜日付＞を選択します。

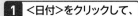

1 ＜日付＞をクリックして、

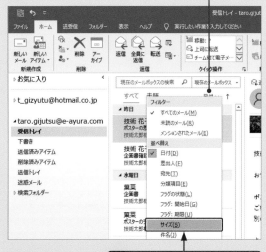

2 ＜サイズ＞をクリックすると、

3 メールがサイズごとに グループ化されて並びます。

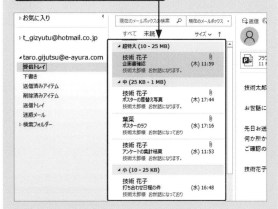

Q 116 添付ファイルのあるメールのみ表示したい！

A メール一覧の上にある＜日付＞から＜添付ファイル＞を選択します。

添付ファイルの付いたメールをまとめて表示したい場合は、メール一覧の上にある＜日付＞から＜添付ファイル＞を選択します。もとに戻す場合は、＜添付ファイル＞から＜日付＞を選択します。

1 ＜日付＞をクリックして、

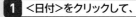

2 ＜添付ファイル＞をクリックすると、

3 添付ファイルの付いたメールが一覧の上に表示されます。

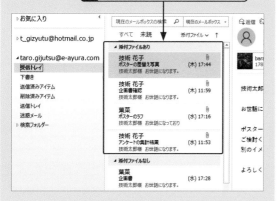

Q 117 重要なメールのみ表示したい！

A メール一覧の上にある＜日付＞から＜重要度＞を選択します。

重要度が「高」に設定されているメールをまとめて表示したい場合は、メール一覧の上にある＜日付＞から＜重要度＞を選択します。もとに戻す場合は、＜重要度＞から＜日付＞を選択します。

1 ＜日付＞をクリックして、

2 ＜重要度＞をクリックすると、

3 重要度が「高」に設定されているメールが一覧の上に表示されます。

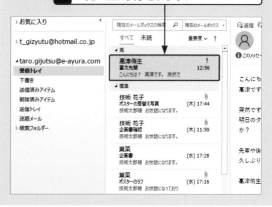

Outlookの基本 1
メールの受信と閲覧 2
メールの作成と送信 3
メールの整理と管理 4
メールの設定 5
連絡先 6
予定表 7
タスク 8
印刷 9
そのほかの便利機能 10

1 Outlookの基本
2 メールの受信と閲覧
3 メールの作成と送信
4 メールの整理と管理
5 メールの設定
6 連絡先
7 予定表
8 タスク
9 印刷
10 そのほかの便利機能

重要度 ★★★　メールの並べ替え

Q 118 並べ替え順を逆にするには？

A ＜表示＞タブの＜逆順で並べ替え＞をクリックします。

メールの一覧を差出人、件名などの五十音順、サイズの大きい順などで並べ替えたあとに、その並べ替えを逆順にするには、＜表示＞タブの＜逆順で並べ替え＞をクリックします。
ここでは、サイズの大きい順に並べたメールを逆順に並べ替えます。

1 ＜表示＞タブをクリックして、　**2** ＜逆順で並べ替え＞をクリックすると、

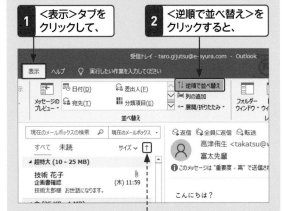

ここをクリックしても逆順に並べ替えられます。

3 メールがサイズの小さい順に並べ替えられます。

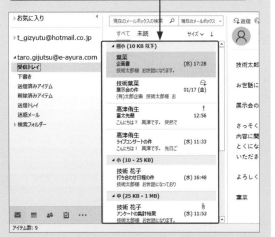

重要度 ★★★　メールの並べ替え

Q 119 並べ替えの方法をすべて知りたい！

A 下表のように13種類が用意されています。

＜受信トレイ＞に表示されるメールは、日付、差出人、サイズ、件名など、さまざまな順序で並べ替えることができます。並べ替え方法は13種類あり、目的に合わせて並べ替えることで、メールが見つけやすくなります。
なお、Outlook 2016／2013には＜フラグの状態＞はありません。

項目	内　容
日付	日付順に並べ替えます。初期設定での並べ替え方法です。
差出人	差出人ごとにグループ化し、受信日順に並べ替えます。
宛先	宛先ごとにグループ化し、受信日順に並べ替えます。
分類項目	分類項目別にグループ化し、受信日順に並べ替えます。
フラグの状態	フラグのあるものとないものに分類し、受信日時順に並べ替えます。
フラグ：開始日	フラグの色別にグループ化し、開始日順に並べ替えます。
フラグ：期限	フラグの色別にグループ化し、期限順に並べ替えます。
サイズ	ファイルサイズをグループ化し、サイズ順に並べ替えます。
件名	件名でグループ化し、受信日順に並べ替えます。
種類	アイテムの種類別にグループ化し、受信日順に並べ替えます。
添付ファイル	添付ファイルのあるものとないものに分類し、受信日順に並べ替えます。
アカウント	メールをメールアカウント別に分類し、受信日順に並べ替えます。
重要度	重要度別にグループ化し、受信日順に並べ替えます。

Q 120 並べ替えの列見出しが表示されない!

A ビューの設定や閲覧ウィンドウの位置を変更します。

Outlook 2016／2013で、メールの一覧ビューの上に並べ替えの列見出しが表示されないのは、ビューが＜シングル＞に設定されていたり、閲覧ウィンドウが＜下＞に設定されているためです。ビューを＜コンパクト＞に設定したり、閲覧ウィンドウを＜右＞に設定したりすると表示されるようになります。なお、一覧の上に並べ替えが表示されていない場合でも、＜表示＞タブの＜並べ替え＞を利用することで、並べ替えを変更することができます。

参照 ▶ Q 076, Q 122

並べ替えの列見出しが表示されていません。

ビューを＜コンパクト＞にすると表示されます。

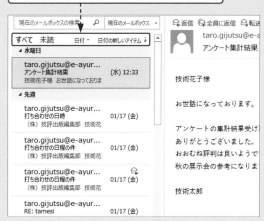

Q 121 メールのビューの間隔を詰めて表示したい!

A ＜表示＞タブの＜間隔を詰める＞をクリックします。

Microsoft 365では、メールの一覧ビューに表示される行の間隔を狭くすることができます。＜表示＞タブをクリックして、＜間隔を詰める＞をクリックすると、行の間隔が狭くなります。再度クリックすると、もとの間隔に戻ります。

1 ＜表示＞タブをクリックして、

2 ＜間隔を詰める＞をクリックすると、

3 ビューの間隔が狭くなります。

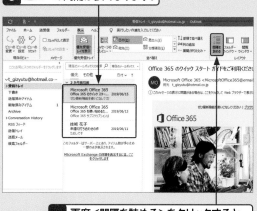

4 再度＜間隔を詰める＞をクリックすると、もとの間隔に戻ります。

Outlookの基本 1
メールの受信と閲覧 2
メールの作成と送信 3
メールの整理と管理 4
メールの設定 5
連絡先 6
予定表 7
タスク 8
印刷 9
そのほかの便利機能 10

Q 122

メールのビューの表示を変更したい！

Outlookの基本
1
メールの受信と閲覧
2
メールの作成と送信
3
メールの整理と管理
4
メールの設定
5
連絡先
6
予定表
7
タスク
8
印刷
9
そのほかの便利機能
10

A <表示>タブの<ビューの変更>から変更します。

ビューの表示は、初期設定では<コンパクト>（受信日、差出人、件名を表示）に設定されていますが、ほかに、受信日、差出人、件名を1行で表示する<シングル>と、閲覧ウィンドウを非表示にしてビューが表示される<プレビュー>が用意されています。

ビューの表示は、<表示>タブの<ビューの変更>で変更することができます。

ビューが<コンパクト>と<シングル>の場合は、ビューの右の境界線をドラッグすると、表示範囲を広げることができます。

初期設定では、<コンパクト>に設定されています。

1 <表示>タブをクリックして、

2 <ビューの変更>をクリックし、

3 <シングル>をクリックすると、

4 受信日、差出人、件名が1行で表示されます。

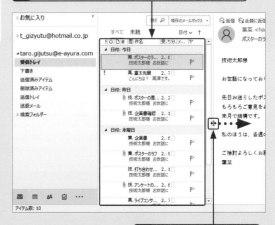

5 ここをドラッグすると、

6 ビューの表示範囲を広げることができます。

● プレビューに変更したビュー

手順**3**で<プレビュー>をクリックすると、閲覧ウィンドウを非表示にしたビューが表示されます。

Q 123 メールの表示方法を細かく変更したい！

A ＜表示＞タブの＜ビューの設定＞から変更します。

メールの並べ替えの優先度や、ビューのフォントや文字サイズ、メールの色分けなど、ビューの表示は細かく設定することができます。
＜表示＞タブの＜ビューの設定＞をクリックすると表示される＜ビューの詳細設定＞ダイアログボックスを利用します。ここでは、ビューの文字サイズを大きくしてみましょう。

1 ＜表示＞タブをクリックして、

2 ＜ビューの設定＞をクリックし、

3 ＜その他の設定＞クリックします。

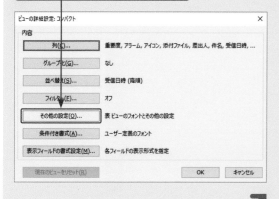

4 ＜行のフォント＞をクリックして、

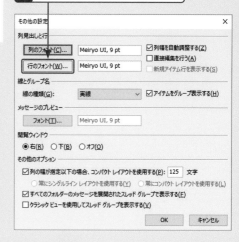

5 ＜サイズ＞で設定したい文字サイズ（ここでは＜14＞）をクリックし、

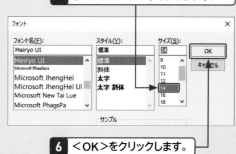

6 ＜OK＞をクリックします。

7 ＜その他の設定＞と＜ビューの詳細設定＞ダイアログボックスの＜OK＞を順にクリックすると、

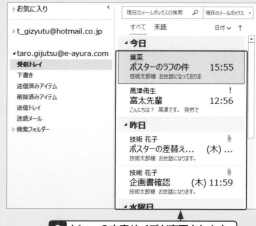

8 ビューの文字サイズが変更されます。

Outlookの基本

2 メールの受信と閲覧

3 メールの作成と送信

4 メールの整理と管理

5 メールの設定

6 連絡先

7 予定表

8 タスク

9 印刷

10 そのほかの便利機能

重要度 ★★★　メールの表示設定

Q 124 特定の相手からのメールを色分けしたい!

A <表示>タブの
<ビューの設定>から設定します。

特定の相手からのメールを色分けしておくと、すぐに見分けることができるので便利です。メールを色分けするには、条件付き書式を利用します。色は16種類用意されているので、相手に合わせて設定することができます。　参照 ▶ Q 123

1 <表示>タブの<ビューの設定>をクリックします。

2 <条件付き書式>をクリックして、

3 <追加>をクリックし、

4 ルールに付ける名前を入力します。

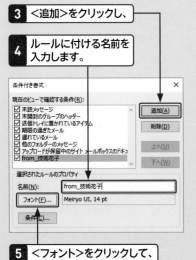

5 <フォント>をクリックして、

6 設定する色を指定し、

7 <OK>をクリックします。

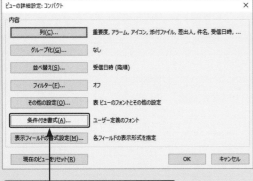

8 <条件>をクリックして、

9 差出人のメールアドレスを入力し、

hanagi0706@outlook.com

10 <OK>をクリックします。

11 <条件付き書式>と<ビューの詳細設定>ダイアログボックスの<OK>を順にクリックすると、

12 条件に合うメールの色が変更されます。

Q 125
メールの表示設定を もとに戻したい！

A ＜表示＞タブの＜ビューの リセット＞をクリックします。

ビューの並べ替えの優先度や文字サイズの変更、メールの色分けなどの設定をもとの初期設定に戻すには、＜表示＞タブをクリックして、＜ビューのリセット＞をクリックします。

参照▶Q 123, Q 124

1 ＜表示＞タブを クリックして、

2 ＜ビューのリセット＞を クリックします。

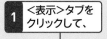
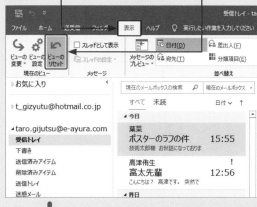

3 ＜はい＞をクリックすると、

4 ビューの表示がもとに戻ります。

Q 126
メッセージのプレビューの 行数を変更したい！

A ＜表示＞タブの＜メッセージの プレビュー＞から設定します。

メールのビューには、メッセージのプレビューが1行で表示されていますが、ほかに「2行」と「3行」の2つが用意されています。3行にすると閲覧ウィンドウを非表示にしても、メール内容の前半部分を読むことができるようになります。

1 ＜表示＞タブを クリックして、

2 ＜メッセージのプレビュー＞ をクリックし、

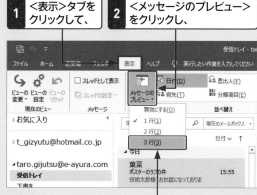

3 表示したい行（ここでは＜3行＞）を クリックします。

4 設定する場所を指定すると、

5 ビューの表示が3行に変更されます。

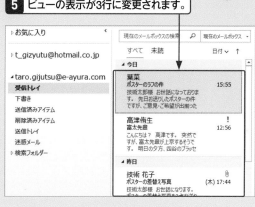

Outlookの基本 1

メールの受信と閲覧 2

メールの作成と送信 3

メールの整理と管理 4

メールの設定 5

連絡先 6

予定表 7

タスク 8

印刷 9

そのほかの便利機能 10

Q 127 閲覧ビューの表示サイズを変更したい！

A 画面右下のズームスライダーで変更します。

閲覧ウィンドウのビューを拡大／縮小するには、画面右下のズームスライダーを利用します。ズームスライダー右側の＜拡大＞をクリックするごとに10％ずつ拡大されます。左側の＜縮小＞をクリックするごとに10％ずつ縮小されます。中央のつまみを左右にドラッグしても拡大／縮小することができます。

1 ＜拡大＞をクリックすると、

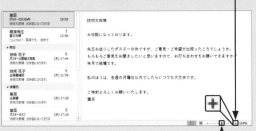

ここを左右にドラッグしても拡大／縮小されます。

2 クリックするたびに表示が10％ずつ拡大されます。

3 ＜縮小＞をクリックすると、

4 クリックするたびに表示が10％ずつ縮小されます。

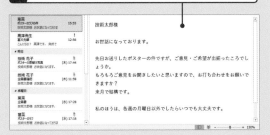

Q 128 閲覧ビューの表示サイズを固定したい！

A ＜閲覧中のズーム＞ダイアログボックスで設定を保存します。

ズームスライダーを利用した閲覧ビューの拡大／縮小率は、そのビューを表示しているときのみ適用されます。ほかのビューに切り替えると、もとの100％表示に戻ってしまうので、ビューを切り替えるたびに設定が必要になります。

Outlook 2019／2016では、閲覧ビューの倍率を保存して、表示されるすべてのビューに同じ表示倍率を適用することができます。

1 ズームスライダーのパーセンテージをクリックします。

2 設定する表示倍率を指定して、

3 ＜この設定を保存する＞をクリックしてオンにし、

4 ＜OK＞をクリックすると、

5 表示倍率が保持され、ほかのビューに切り替えても同じ倍率で表示されます。

1 Outlookの基本
2 メールの受信と閲覧
3 メールの作成と送信
4 メールの整理と管理
5 メールの設定
6 連絡先
7 予定表
8 タスク
9 印刷
10 そのほかの便利機能

Q 129 ダークモードを表示したい！

A ＜Officeテーマ＞を＜黒＞に設定します。

Outlook 2019やMicrosoft 365では、画面の背景色を黒（ダークモード）に切り替えることができます。＜ファイル＞タブから＜Officeアカウント＞をクリックして、＜Officeテーマ＞を＜黒＞に設定します。設定したテーマは、「メール」「予定表」「連絡先」「タスク」など、すべての画面に適用されます。
もとの画面に戻す場合は、手順❸で＜カラフル＞を選択します。

1 ＜ファイル＞タブから＜Officeアカウント＞をクリックして、

2 ＜Officeテーマ＞のここをクリックし、

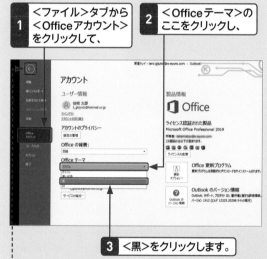

3 ＜黒＞をクリックします。

ここをクリックすると、メール画面に戻ります。

4 画面の背景が黒色に切り替わります。

メッセージの背景色は変更されません。

Q 130 メッセージのダークモードをすばやく切り替えたい！

A 閲覧ウィンドウのアイコンを利用します。

Microsoft 365では、画面の背景を黒色に変更した場合に、閲覧ウィンドウに表示されるアイコンを利用して、メッセージのダークモードのオンとオフをすばやく切り替えることができます。
また、メッセージの背景が常に白色になるように、ダークモードを無効にすることもできます。

1 画面の背景を黒色に設定します。

2 ここをクリックすると、

3 メッセージの背景が白色に切り替わります。

4 ここをクリックすると、黒色に切り替わります。

● ダークモードを無効にする

1 ＜Outlookのオプション＞ダイアログボックスを表示して、＜Officeテーマ＞を＜黒＞に設定し、

黒　▼　☑ メッセージの背景色を変更しない

2 ＜メッセージの背景色を変更しない＞をクリックしてオンにします。

Q 131 人物情報を表示したい！

A <表示>タブの<人物情報ウィンドウ>から表示します。

人物情報ウィンドウは、連絡先に登録されている情報や、Outlookでのこれまでのやりとりなどが表示されるウィンドウです。Outlookの初期設定では、閲覧ウィンドウは表示されていませんが、<表示>タブの<人物情報ウィンドウ>から表示させることができます。

1 <表示>タブをクリックして、

2 <人物情報ウィンドウ>をクリックし、

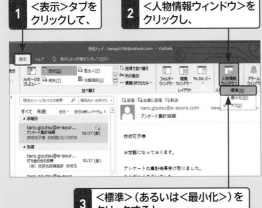

3 <標準>（あるいは<最小化>）をクリックすると、

4 人物情報ウィンドウが表示されます。

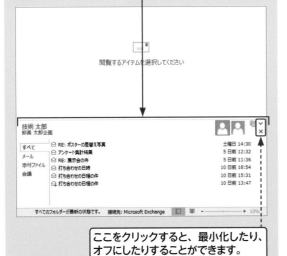

ここをクリックすると、最小化したり、オフにしたりすることができます。

Q 132 特定の相手から届いたメールを一覧表示したい！

A 人物情報ウィンドウを展開します。

人物情報ウィンドウを利用すると、特定の相手から届いたメールを一覧表示することができます。表示したい人物のメールをクリックして、<表示>タブの<人物情報ウィンドウ>をクリックし、<標準>をクリックします。人物情報ウィンドウの<メール>をクリックすると、相手から届いたメールの一覧が表示されます。非表示にするには手順4で<オフ>をクリックします。

1 <受信トレイ>をクリックして、表示したい人物のメールをクリックし、

2 <表示>タブをクリックします。

3 <人物情報ウィンドウ>をクリックして、

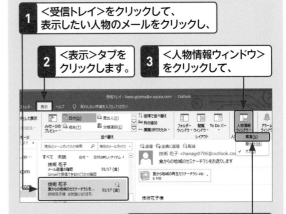

4 <標準>をクリックします。

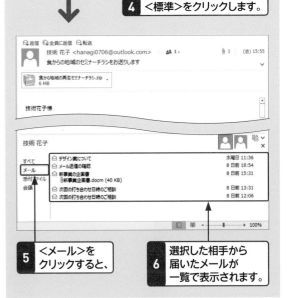

5 <メール>をクリックすると、

6 選択した相手から届いたメールが一覧で表示されます。

Sidebar navigation:
1 Outlookの基本
2 メールの受信と閲覧
3 メールの作成と送信
4 メールの整理と管理
5 メールの設定
6 連絡先
7 予定表
8 タスク
9 印刷
10 そのほかの便利機能

Outlookの基本 1

メールの受信と閲覧 2

メールの作成と送信 3

メールの整理と管理 4

メールの設定 5

連絡先 6

予定表 7

タスク 8

印刷 9

そのほかの便利機能 10

重要度 ★★★ スレッド

Q 133 同じ件名のメールを1つにまとめたい!

A <スレッドとして表示>をクリックしてオンにします。

同じ件名のメールを1つにまとめ、階層化して表示する機能を「スレッド」といいます。メールをスレッド表示にすると、会話の流れに沿ってメールを閲覧できるので便利です。メールをスレッド表示にするには、メールのビューを日付で並べ替えておく必要があります。

1 <表示>タブをクリックして、

2 <スレッドとして表示>をクリックします。

3 設定する場所を指定すると、

4 同じ相手とやりとりしたメールがまとめられます。

5 このアイコンをクリックすると、

6 スレッドが展開されます。

重要度 ★★★ スレッド

Q 134 同じ件名でやりとりした古いメールが表示されない!

A <スレッドとして表示>をクリックしてオフにします。

同じ件名でやりとりしたメールが新しいメールしか表示されない場合は、そのメールがスレッドでまとめられている可能性があります。その場合は、Q 133の手順**5**の操作でスレッドを展開するか、スレッド表示を解除します。スレッド表示を解除するには、<表示>タブの<スレッドとして表示>をクリックしてオフにします。

参照 ▶ Q 133

1 <表示>タブをクリックして、

2 <スレッドとして表示>をクリックします。

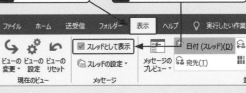

3 設定する場所を指定すると、

4 スレッド表示が解除されます。

1 Outlookの基本
2 メールの受信と閲覧
3 メールの作成と送信
4 メールの整理と管理
5 メールの設定
6 連絡先
7 予定表
8 タスク
9 印刷
10 そのほかの便利機能

重要度 ★★★　添付ファイルの受信／閲覧

Q 135 添付ファイルをプレビュー表示したい!

A 添付ファイルをクリックします。

Outlookでは、受信した添付ファイルをプレビュー表示することができます。プレビュー表示とは、アプリを起動しなくても添付ファイルの内容を確認できる機能のことです。

ただし、WordやExcelのファイルをプレビューする場合、悪意のあるマクロなどが実行されないようにマクロ機能などは無効になっています。そのため、実際にアプリで閲覧するときとは表示が異なる場合もあります。

1 <受信トレイ>をクリックして、

2 ファイルが添付されたメールをクリックします。

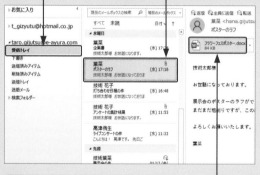

3 添付ファイルをクリックすると、

4 ファイルの内容がプレビュー表示されます。

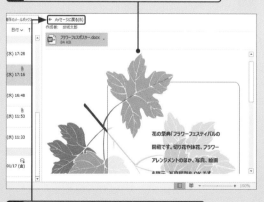

5 <メッセージに戻る>をクリックすると、メッセージの本文に戻ります。

重要度 ★★★　添付ファイルの受信／閲覧

Q 136 添付ファイルがプレビュー表示できない!

A アプリがパソコンにインストールされている必要があります。

Outlookでプレビューできる添付ファイルは、Officeアプリケーションで作成されたファイルと、画像ファイル、テキストファイル、HTMLファイルです。なお、Officeアプリケーションで作成されたアプリをプレビューするには、そのアプリがパソコンにインストールされている必要があります。

アプリがパソコンにインストールされていないとプレビュー表示できません。

重要度 ★★★　添付ファイルの受信／閲覧

Q 137 添付ファイルが消えている!

A 問題を起こす可能性のあるファイルは表示されません。

Outlookでは、コンピューターウイルスを含む可能性のあるファイルをブロックする機能を備えています。拡張子がbat、exe、vbs、jsなどのファイルはメールに添付されていても、表示されません。

拡張子がbat、exe、vbs、jsなどのファイルは表示されません。

Q 138 添付ファイルをアプリで 開きたい！

A 添付ファイルをクリックして、 <開く>をクリックします。

受信した添付ファイルをクリックして、<開く>をク リックすると、そのファイルを作成したアプリが起動 して、ファイルが「保護ビュー」で表示されます。ただ し、そのアプリがパソコンにインストールされている ことが必要です。

> **1** ファイルが添付された メールを クリックします。

> **2** 添付ファイルの ここをクリックして、

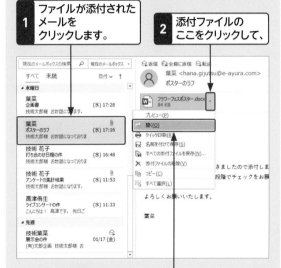

> **3** <開く>をクリックすると、

> **4** アプリ（ここでは「Word」）が 起動してファイルが表示されます。

ファイルが「保護ビュー」で表示されます。

Q 139 添付ファイルを保存したい！

A 添付ファイルをクリックして、<名前 を付けて保存>をクリックします。

受信した添付ファイルを保存するには、添付ファイル をクリックして、<名前を付けて保存>をクリックし ます。ただし、添付ファイルには、コンピューターウイ ルスが潜んでいる可能性があります。見知らぬ人から 届いた添付ファイルは保存せずに、メールをすぐに削 除しましょう。

参照 ▶ Q 143

> **1** ファイルが添付された メールをクリックして、

> **2** 添付ファイルの ここをクリックし、

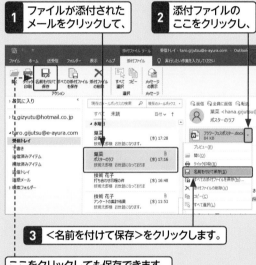

> **3** <名前を付けて保存>をクリックします。

ここをクリックしても保存できます。

> **4** ファイルの保存先を指定して、

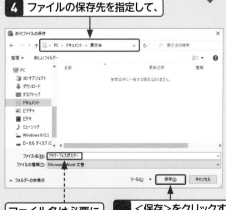

ファイル名は必要に 応じて変更します。

> **5** <保存>をクリックすると、 添付ファイルが 保存されます。

Outlookの基本　1

メールの受信と閲覧　2

メールの作成と送信　3

メールの整理と管理　4

メールの設定　5

連絡先　6

予定表　7

タスク　8

印刷　9

そのほかの便利機能　10

重要度 ★★★　添付ファイルの受信／閲覧

Q 140

保存した添付ファイルを開いても編集できない！

A 問題のないファイルの場合は編集を有効にします。

受信した添付ファイルをアプリで表示したとき、画面の上部に「保護ビュー」と表示されたメッセージバーが表示されます。これは、パソコンをウイルスなどの悪意のあるプログラムから守るための機能です。
このままでは編集ができないので、ファイルに問題がないとわかっている場合は、＜編集を有効にする＞をクリックします。

添付ファイルをアプリで開くと、「保護ビュー」と表示されたメッセージバーが表示されます。

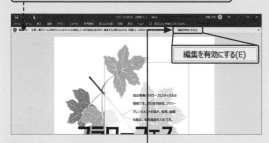

編集を有効にする(E)

1 ＜編集を有効にする＞をクリックすると、

2 保護ビューの表示が消え、編集ができるようになります。

「保護ビュー」右横のメッセージをクリックすると、保護ビューに関する詳細を確認できます。

重要度 ★★★　添付ファイルの受信／閲覧

Q 141

添付ファイルが圧縮されていた！

A ファイルを展開（解凍）します。

添付されていたファイルが圧縮されていた場合は、添付ファイルを保存してから展開（解凍）します。Windowsには、ZIP形式のファイルを展開する機能が標準で用意されているので、圧縮形式がZIP形式の場合は、それを利用します。
Windowsの機能で展開できない場合は、展開専用のソフトをダウンロードして利用します。これらのソフトのほとんどは無料で入手できます。

1 保存先で圧縮フォルダーを右クリックして、

2 ＜すべて展開＞をクリックします。

3 展開先のフォルダーを確認して、

展開先のフォルダーを変更する場合は、ここをクリックして指定します。

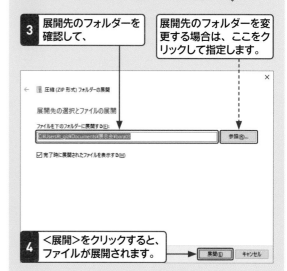

4 ＜展開＞をクリックすると、ファイルが展開されます。

Outlook の基本 1

メールの受信と閲覧 2

メールの作成と送信 3

メールの整理と管理 4

メールの設定 5

連絡先 6

予定表 7

タスク 8

印刷 9

そのほかの便利機能 10

重要度 ★★★　添付ファイルの受信／閲覧

Q 142 添付ファイルの保存先が わからなくなった！

添付ファイルを保存したものの、どこに保存したかわからなくなった場合は、エクスプローラーの検索機能を利用します。検索ボックスにファイル名の一部を入力すると、検索結果が表示され、ファイルの保存先が確認できます。エクスプローラーは、タスクバーのアイコンから起動できます。

A エクスプローラーなどで 検索します。

1 エクスプローラーを 起動して、

2 検索ボックスにファイル名 あるいはファイル名の 一部を入力すると、

保存先がここで確認できます。

3 検索結果が表示されます。

重要度 ★★★　添付ファイルの受信／閲覧

Q 143 添付ファイルを削除したい！

添付ファイルを削除するには、添付ファイルをクリックして、＜添付ファイルの削除＞をクリックします。なお、以下の手順**3**のほかに、＜添付ファイル＞タブの＜添付ファイルの削除＞をクリックしても削除できます。

A 添付ファイルをクリックして、＜添付 ファイルの削除＞をクリックします。

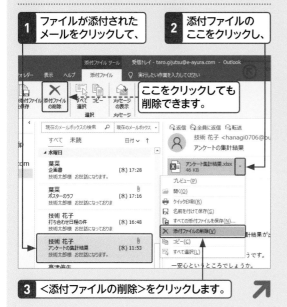

1 ファイルが添付された メールをクリックして、

2 添付ファイルの ここをクリックし、

ここをクリックしても 削除できます。

3 ＜添付ファイルの削除＞をクリックします。

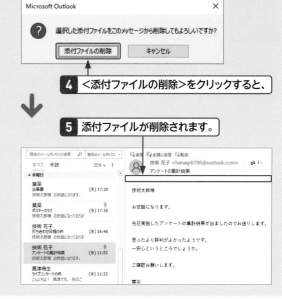

4 ＜添付ファイルの削除＞をクリックすると、

5 添付ファイルが削除されます。

1 Outlookの基本
2 メールの受信と閲覧
3 メールの作成と送信
4 メールの整理と管理
5 メールの設定
6 連絡先
7 予定表
8 タスク
9 印刷
10 そのほかの便利機能

重要度 ★★★　添付ファイルの受信／閲覧

Q 144 添付ファイルがプレビュー表示されないようにしたい！

Outlookでは、添付ファイルをクリックしたときにファイルの中身をプレビュー表示できるようになっています。この機能は便利な反面、セキュリティ面では不安な部分もあります。添付ファイルのプレビュー機能は、オフにすることもできます。

A ＜Outlookのオプション＞の＜トラストセンター＞から設定します。

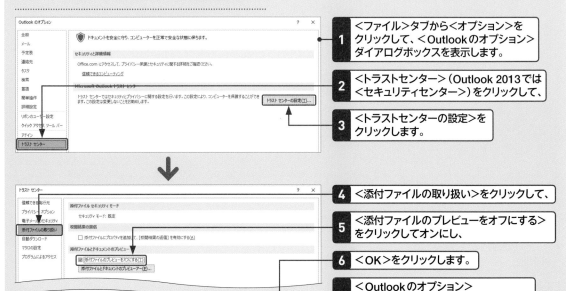

1 ＜ファイル＞タブから＜オプション＞をクリックして、＜Outlookのオプション＞ダイアログボックスを表示します。

2 ＜トラストセンター＞（Outlook 2013では＜セキュリティセンター＞）をクリックして、

3 ＜トラストセンターの設定＞をクリックします。

4 ＜添付ファイルの取り扱い＞をクリックして、

5 ＜添付ファイルのプレビューをオフにする＞をクリックしてオンにし、

6 ＜OK＞をクリックします。

7 ＜Outlookのオプション＞ダイアログボックスの＜OK＞をクリックして、Outlookを再起動します。

重要度 ★★★　添付ファイルの受信／閲覧

Q 145 添付ファイルのあるメールを検索したい！

目的の添付ファイルを検索したい場合は、検索ボックスに添付ファイル名を入力して検索することができます。また、検索ボックスをクリックすると表示される＜検索＞タブの＜添付ファイルあり＞をクリックすると、添付ファイルのあるメールだけを表示することができます。
なお、Microsoft 365では検索ボックスはタイトルバーにあります。

A 検索ボックスにファイル名を入力して検索します。

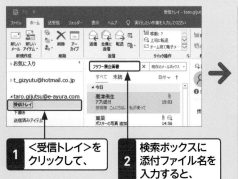

1 ＜受信トレイ＞をクリックして、

2 検索ボックスに添付ファイル名を入力すると、

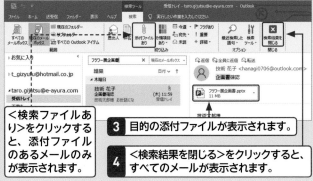

＜検索ファイルあり＞をクリックすると、添付ファイルのあるメールのみが表示されます。

3 目的の添付ファイルが表示されます。

4 ＜検索結果を閉じる＞をクリックすると、すべてのメールが表示されます。

第 **3** 章

メールの作成と送信

Q 146 メールを作成したい！

A　<ホーム>タブの
<新しいメール>をクリックします。

メールを作成するには、<ホーム>タブの<新しいメール>（Outlook 2013では<新しい電子メール>）をクリックします。<メッセージ>ウィンドウが表示されるので、<宛先>に送り先のメールアドレスを入力して、件名と本文をそれぞれ入力します。

1 <ホーム>タブの<新しいメール>をクリックすると、

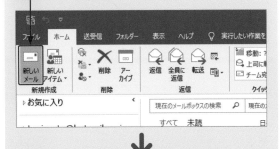

2 <メッセージ>ウィンドウが表示されます。

3 送り先のメールアドレスを入力して、

4 件名を入力し、

5 本文を入力します。

Q 147 メールを送信したい！

A　<メッセージ>ウィンドウの
<送信>をクリックします。

メールを送信するには、<ホーム>タブの<新しいメール>（Outlook 2013では<新しい電子メール>）をクリックして<メッセージ>ウィンドウを表示します。続いて、宛先と件名、本文を入力し、入力ミスがないかを確認します。間違いがないことを確認したら、<送信>をクリックします。

参照▶Q 146

1 <メッセージ>ウィンドウを表示して、宛先、件名、本文を入力し、内容を確認します。

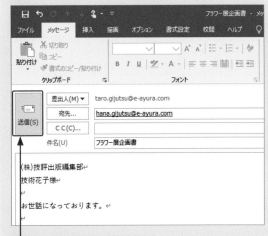

2 <送信>をクリックすると、

3 <メッセージ>ウィンドウが閉じてメールが送信され、<メール>画面が表示されます。

左端縦書きタブ：
1 Outlookの基本
2 メールの受信と閲覧
3 メールの作成と送信
4 メールの整理と管理
5 メールの設定
6 連絡先
7 予定表
8 タスク
9 印刷
10 そのほかの便利機能

Q 148 送信したメールの内容を 確認したい!

A <送信済みアイテム>フォルダーで 確認できます。

送信したメールは<送信済みアイテム>フォルダーに保存されます。送信したメールの内容を確認したい場合は、<送信済みアイテム>フォルダーをクリックして、確認したいメールをクリックします。

<送信済みアイテム>フォルダーにメールが表示されていない場合は、<Outlookのオプション>ダイアログボックスの<メール>の<メッセージの保存>欄にある<送信済みアイテムフォルダーにメッセージのコピーを保存する>がオンになっているか確認してください。

また、Outlook 2019やMicrosoft 365でIMAPのメールアカウントを使用している場合、<ファイル>タブ

をクリックし、<アカウント設定>から<アカウント名と同期の設定>をクリックして表示される画面で、<送信済みアイテムのコピーを保存しない>という項目が表示されていることがあります。これがオフになっているか確認してください。

1 <送信済みアイテム>をクリックして、

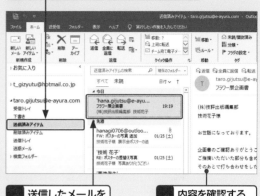

2 送信したメールをクリックすると、

3 内容を確認することができます。

Q 149 送信したメールを 再送したい!

A <メッセージ>ウィンドウの <アクション>から再送します。

送信したメールがなんらかの原因で相手に届かなかった場合や、相手からもう一度送信してほしいなどの要求があった場合は、<送信済みアイテム>フォルダーに保存された送信メールを再度送ることができます。

1 <送信済みアイテム>をクリックして、

2 再送したいメールをダブルクリックします。

3 <メッセージ>ウィンドウが表示されるので、<メッセージ>タブの<アクション>をクリックして、

4 <このメッセージを再送>をクリックします。

5 必要に応じて内容を編集し、<送信>をクリックします。

重要度 ★★★　メールの作成／送信

Q 150 作成するメールを常にテキスト形式にしたい！

A ＜Outlookのオプション＞の＜メール＞で設定します。

Outlookの初期設定では、HTML形式のメールが作成されます。HTML形式は書式を設定したり、写真や画像を表示したりして見栄えのするメールを作成することができますが、相手のメールソフトによっては、メールの内容が正しく表示されなかったり、迷惑メールと判断されたりして、受信してもらえない可能性があります。作成するメールをテキスト形式に設定するには、以下の手順で操作します。

1 ＜ファイル＞タブをクリックして、

2 ＜オプション＞をクリックします。

3 ＜メール＞をクリックして、　**4** ここをクリックし、

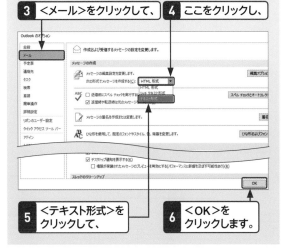

5 ＜テキスト形式＞をクリックして、　**6** ＜OK＞をクリックします。

重要度 ★★★　メールの作成／送信

Q 151 メール本文の折り返し位置を変更したい！

A ＜Outlookのオプション＞の＜メール＞で設定します。

メールを作成する際に、1行あたりの文字数が設定した数値を超えると、送信時に自動的に文章が改行されます。初期設定では、半角76文字（全角38文字）に設定されていますが、この文字数は、＜Outlookのオプション＞ダイアログボックスの＜メール＞の＜メッセージ形式＞欄で変更できます。　参照▶Q 150

ここで文字数を設定します。

重要度 ★★★　メールの作成／送信

Q 152 メール本文の折り返し位置が変更されていない？

A 送信時に自動的に改行されます。

設定した折り返し位置は、＜メッセージ＞ウィンドウで改行が行われるのではなく、送信時に自動的に改行されます。したがって、どこで改行されたかを自分で確認することはできません。
また、Webメールのメールアカウントで送信する場合は、折り返し位置が反映されないことがあります。

参照▶Q 151

Q 153

メールを下書き保存したい！

A メールの作成途中で
<閉じる>をクリックして保存します。

メールの作成中に作業を中断する場合、メールを<下書き>フォルダーに保存することができます。<下書き>フォルダーは、書きかけのメールを一時的に保存しておく場所です。下書き保存したメールは、Outlookを終了しても削除されません。

なお、メールを作成したまましばらく送信しないでいると（初期設定では3分）、自動的に<下書き>フォルダーに保存されます。　参照▶Q 263

1 <メッセージ>ウィンドウを表示してメールを作成します。

2 <閉じる>をクリックして、

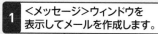

3 <はい>をクリックします。

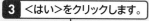

Microsoft Outlook　✕

⚠ このメッセージの下書きが保存されています。この下書きを保存しておきますか？

<はい(Y)>　　いいえ(N)　　キャンセル

4 <下書き>フォルダーをクリックすると、

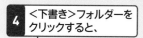

5 下書き保存したメールが確認できます。

Q 154

下書き保存したメールを送信したい！

A <下書き>フォルダーから
メールを表示して送信します。

<下書き>フォルダーに保存したメールは、いつでも呼び出して編集し、送信することができます。<下書き>フォルダーをクリックして、下書き保存されたメールをダブルクリックすると、<メッセージ>ウィンドウが表示されるので、メールを編集して送信します。　参照▶Q 153

1 <下書き>フォルダーをクリックして、

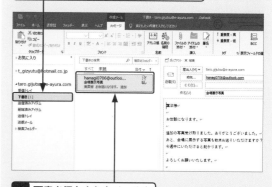

2 下書き保存されたメールをダブルクリックします。

3 本文の追加や修正などを行い、

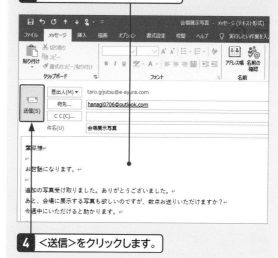

4 <送信>をクリックします。

1 Outlookの基本

2 メールの受信と閲覧

3 メールの作成と送信

4 メールの整理と管理

5 メールの設定

6 連絡先

7 予定表

8 タスク

9 印刷

10 そのほかの便利機能

重要度 ★ ★ ★　メールの作成／送信

Q 155 メールの送信に失敗した場合は？

A ＜送信トレイ＞から メールを表示して再送します。

パソコンがインターネットに接続されていない場合やなんらかの理由でメールが送信されなかった場合は、＜送信トレイ＞フォルダーにメールが保存されます。以下の手順で＜送信トレイ＞から＜メッセージ＞ウィンドウを表示して、Outlookがオフラインになっていないか、メールアドレスが間違っていないかなどを確認して、メールを再送します。

1 ＜送信トレイ＞をクリックして、

2 送信されなかったメールをダブルクリックします。

3 ＜メッセージ＞ウィンドウが表示されるので、

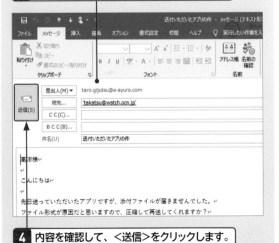

4 内容を確認して、＜送信＞をクリックします。

重要度 ★ ★ ★　メールの宛先／差出人

Q 156 CCとは？

A 本来の宛先とは別に、ほかの人にも 同じメールを送る機能です。

「CC」はCarbon Copyの略で、本来の宛先の人とは別に、「確認のため」「念のため」といった意味合いで、ほかの人にも同じ内容のメールを送信するときに使用する機能です。CCに入力した宛先は、受信者に通知されます。

重要度 ★ ★ ★　メールの宛先／差出人

Q 157 BCCとは？

A ほかの受信者にアドレスを知らせず にメールのコピーを送る機能です。

「BCC」はBlind Carbon Copyの略です。本来の宛先の人とは別に、ほかの人にも同じ内容のメールを送信するときに使用する機能ですが、CCとは違い、BCCに入力した宛先はほかの受信者には通知されません。BCCは、誰にメールを送信したのか知られたくない場合に利用します。

なお、BCC欄は初期設定では表示されていません。＜メッセージ＞ウィンドウで＜オプション＞タブをクリックして、＜BCC＞をクリックすると表示されます。

＜オプション＞タブをクリックして、＜BCC＞をクリックすると表示されます。

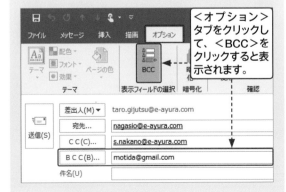

Q 158 メールを複数の宛先に送信したい!

A 宛先を「;」で区切って入力するか、CCやBCCを利用します。

同じメールを複数の人に送るには、送り先全員のメールアドレスを「;」(セミコロン)で区切って入力する方法と、CCとBCCを利用する方法があります。それぞれ役割が異なるので、状況に応じて使い分けます。ただし、<BCC>欄は初期設定では表示されていないので、<オプション>タブの<BCC>をクリックして表示させます。

● 複数の宛先にメールを送信する

1 新規メールを作成して、

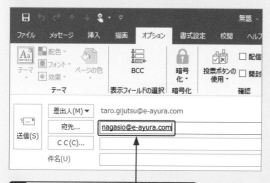

2 <宛先>に1人目のメールアドレスを入力します。

3 「;」(セミコロン)を入力して、

4 2人目のメールアドレスを入力し、

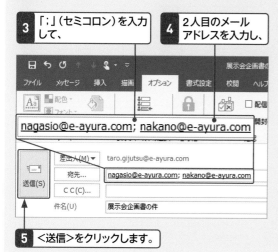

5 <送信>をクリックします。

● CCを利用する

1 新規メールを作成して、<宛先>に1人目のメールアドレスを入力します。

2 <CC>に、メールのコピーを送りたい人のメールアドレスを入力して、

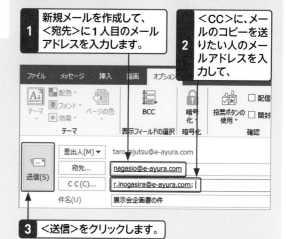

3 <送信>をクリックします。

● BCCを利用する

1 新規メールを作成して、<オプション>タブをクリックし、

2 <BCC>をクリックします。

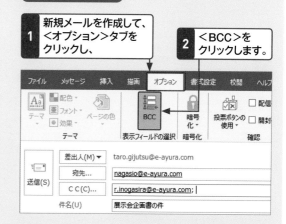

3 <BCC>に、ほかの受信者には知られたくない送り先のメールアドレスを入力して、

4 <送信>をクリックします。

Outlookの基本　1　メールの受信と閲覧　2　メールの作成と送信　3　メールの整理と管理　4　メールの設定　5　連絡先　6　予定表　7　タスク　8　印刷　9　そのほかの便利機能　10

Outlookの基本

メールの受信と閲覧

3 メールの作成と送信

メールの整理と管理

メールの設定

連絡先

予定表

タスク

印刷

そのほかの便利機能

重要度 ★★★　メールの宛先／差出人

Q 159 メールアドレスの 入力履歴を削除したい！

A ＜Outlookのオプション＞の ＜メール＞から設定します。

＜メッセージ＞ウィンドウに宛先を入力する際、一度送信したメールアドレスは、入力の途中で宛先候補として表示されます。この機能は便利な反面、わずらわしく感じる場合もあります。入力履歴を表示したくない場合は、以下の手順で入力履歴を削除します。

メールを途中まで入力すると、宛先候補が表示されます。

1 ＜ファイル＞タブから＜オプション＞をクリックして、＜Outlookのオプション＞ダイアログを表示します。

2 ＜メール＞をクリックして、

3 ＜オートコンプリートのリストを空にする＞をクリックします。

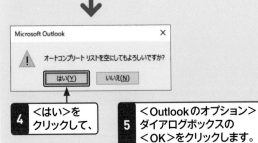

4 ＜はい＞をクリックして、

5 ＜Outlookのオプション＞ダイアログボックスの＜OK＞をクリックします。

重要度 ★★★　メールの宛先／差出人

Q 160 連絡先に登録した相手に メールを送信したい！

A ＜メッセージ＞ウィンドウで ＜宛先＞を指定します。

連絡先に登録した相手にメールを送るには、＜メッセージ＞ウィンドウを表示して、＜宛先＞をクリックします。＜名前の選択：連絡先＞ダイアログボックスが表示されるので、メールを送信したい相手をクリックして指定します。　　　　参照▶Q 267

1 ＜メッセージ＞ウィンドウを表示して、＜宛先＞をクリックします。

2 メールを送信したい相手をクリックして、

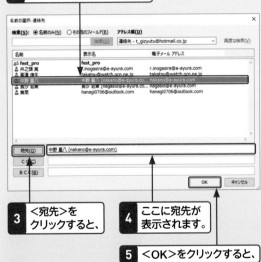

3 ＜宛先＞をクリックすると、

4 ここに宛先が表示されます。

5 ＜OK＞をクリックすると、

6 宛先が入力されます。

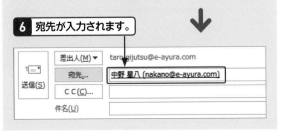

Q 161 ＜宛先＞をクリックしても連絡先が表示されない！

A アドレス帳に連絡先のフォルダーを表示させます。

メールの宛先を連絡先から選択する際、＜名前の選択：連絡先＞ダイアログボックスに、登録したはずの連絡先が表示されていない場合があります。この場合は、以下の手順でアドレス帳に連絡先のフォルダーを表示するように設定します。　　　　　　参照▶Q 160, Q 292

1 ＜メール＞画面で＜連絡先＞をクリックします。

技術 花子
企画書確認　　　　　　　　　01/2:
技術太郎様　お世話になります。

葉菜
企画書　　　　　　　　　　01/2:
技術太郎様　お世話になります。

葉菜
ポスターのラフ　　　　　　01/2:
技術太郎様　お世話になっておりま

アイテム数: 11

↓

2 表示したい連絡先のフォルダーを右クリックして、

ファイル　ホーム　送受信　フォルダー　表示　ヘルプ　♀ 実行したい作業を

新しい
フォルダー　フォルダー名
の変更　　フォルダーのコピー
フォルダーの移動
フォルダーの削除　連絡先の
共有　共有の連絡先
を開く　フォルダーの　フォ
アクセス権　プ

新規作成　　アクション　　　　共有　　　　プロパティ

▲個人用の連絡先
連絡先
incorporation

123
ア
カ
サ
タ
ナ
ハ
マ
ヤ
ラ
ワ

連絡先の検索　　🔍　すべてのOutlo

F　fest_pro

👤 葉菜

👤 井之頭 亮

👤 長汐 若葉

👤 中野 星八

新しいウィンドウで開く(W)
フォルダーの作成(N)...
フォルダー名の変更(R)
フォルダーのコピー(C)
フォルダーの移動(M)
フォルダーの削除(D)
上へ(U)
下へ移動(O)
共有(S)
プロパティ(P)...

3 ＜プロパティ＞をクリックします。

↗

---

4 ＜Outlookアドレス帳＞をクリックして、

5 ここをクリックしてオンにし、

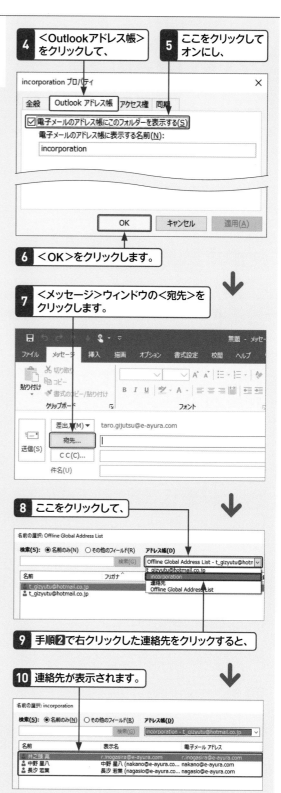

incorporation プロパティ　　　　　　　　　　×

全般　Outlook アドレス帳　アクセス権　同期

☑ 電子メールのアドレス帳にこのフォルダーを表示する(S)
電子メールのアドレス帳に表示する名前(N):

incorporation

OK　　キャンセル　　適用(A)

6 ＜OK＞をクリックします。

↓

7 ＜メッセージ＞ウィンドウの＜宛先＞をクリックします。

🖫 ↶ ↷ ⬆ ⬇ 🖘 ❦ ⬇　　　　　　　　無題 - メッセー

ファイル　メッセージ　挿入　描画　オプション　書式設定　校閲　ヘルプ

✂ 切り取り
📋 コピー
書式のコピー/貼り付け
貼り付け

∨　∨ A˄ A˅ ⋮☰ ∨ ⋮☰ ∨
B I U ✎ ∨ A ∨ ☰ ☰ ☰ ☷ ☷

クリップボード　　　　　　　フォント

差出人(M) ▼　taro.gijutsu@e-ayura.com

宛先...

C C (C)...

件名(U)

送信(S)

↓

8 ここをクリックして、

名前の選択: Offline Global Address List

検索(S): ⦿ 名前のみ(N)　○ その他のフィールド(R)　アドレス帳(D)

検索(G)　Offline Global Address List - t_gizyutu@hotn ∨

名前　　フリガナ

t_gizyutu@hotmail.co.jp
t_gizyutu@hotmail.co.jp

t_gizyutu@hotmail.co.jp
incorporation
連絡先
Offline Global Address List

9 手順2で右クリックした連絡先をクリックすると、

↓

10 連絡先が表示されます。

名前の選択: incorporation

検索(S): ⦿ 名前のみ(N)　○ その他のフィールド(R)　アドレス帳(D)

検索(G)　incorporation - t_gizyutu@hotmail.co.jp ∨

名前　　　　表示名　　　　　　電子メール アドレス

井之頭 亮　　r.inogasira@e-ayura.com　r.inogasira@e-ayura.com
中野 星八　　中野 星八 (nakano@e-ayura.co...　nakano@e-ayura.com
長汐 若葉　　長汐 若葉 (nagasio@e-ayura.co...　nagasio@e-ayura.com

Outlookの基本 1
メールの受信と閲覧 2
メールの作成と送信 3
メールの整理と管理 4
メールの設定 5
連絡先 6
予定表 7
タスク 8
印刷 9
そのほかの便利機能 10

1 Outlookの基本
2 メールの受信と閲覧
3 メールの作成と送信
4 メールの整理と管理
5 メールの設定
6 連絡先
7 予定表
8 タスク
9 印刷
10 そのほかの便利機能

重要度 ★★★　メールの宛先／差出人

Q 162 差出人のメールアドレスを変更して送信したい!

A ＜メッセージ＞ウィンドウで差出人を指定します。

Outlookに複数のメールアカウントを設定している場合は、＜メッセージ＞ウィンドウに＜差出人＞欄が表示されます。差出人を変更してメールを送信するには、＜差出人＞からメールアドレスを選択します。

1 ＜メッセージ＞ウィンドウを表示します。

Outlookに複数のメールアカウントを設定している場合は、＜差出人＞欄が表示されます。

2 ＜差出人＞をクリックして、

3 使用したいメールアドレスをクリックすると、

4 差出人が変更されます。

重要度 ★★★　メールの返信／転送

Q 163 メールを返信したい!

A 閲覧ウィンドウの＜返信＞をクリックします。

受信したメールに返事を出すことを「返信」といいます。Outlookでは、インライン返信機能によって、閲覧ウィンドウがそのままメールの作成画面に切り替わります。

返信したいメールをクリックして＜返信＞をクリックすると、閲覧ウィンドウにメールの作成画面が表示されます。

1 ＜受信トレイ＞をクリックして、

2 返信したいメールをクリックし、

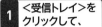

3 ＜返信＞をクリックします。

4 閲覧ウィンドウにメールの作成画面が表示され、自動的に宛先（差出人）、件名が入力されます。

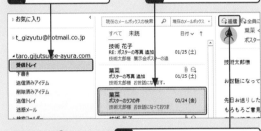

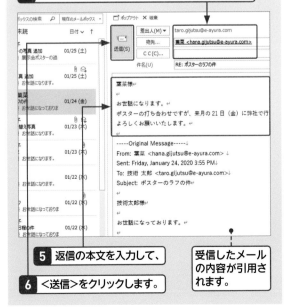

5 返信の本文を入力して、

受信したメールの内容が引用されます。

6 ＜送信＞をクリックします。

Q 164 メールを転送したい！

A 閲覧ウィンドウの＜転送＞をクリックします。

受信したメールをほかの人に送ることを「転送」といいます。Outlookでは、インライン転送機能によって、閲覧ウィンドウがそのままメールの作成画面に切り替わります。

転送したいメールをクリックして＜転送＞をクリックすると、閲覧ウィンドウにメールの作成画面が表示されます。

1 ＜受信トレイ＞をクリックして、

2 転送したいメールをクリックし、

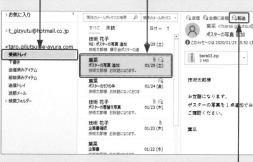

3 ＜転送＞をクリックします。

4 閲覧ウィンドウにメールの作成画面が表示されるので、転送する宛先を入力して、

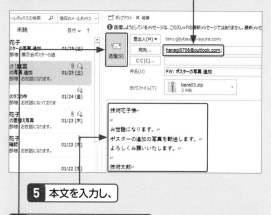

5 本文を入力し、

6 ＜送信＞をクリックします。

Q 165 返信／転送時のメッセージの表示方法を変更したい！

A ＜Outlookのオプション＞の＜メール＞で設定します。

初期設定では、メールの返信／転送画面に、受信したもとのメールの情報やメールの内容が表示されます。これらは、非表示にして返信／転送することができます。また、もとのメールを添付ファイルにしたり、インデントを設定したり、行頭にインデント記号を設定したりと、表示方法を変更することもできます。

1 ＜Outlookのオプション＞ダイアログボックスを表示して、＜メール＞をクリックします。

2 ここをクリックして、

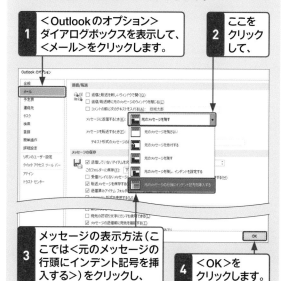

3 メッセージの表示方法（ここでは＜元のメッセージの行頭にインデント記号を挿入する＞）をクリックし、

4 ＜OK＞をクリックします。

5 メールの返信画面を表示すると、メッセージの行頭にインデント記号が付きます。

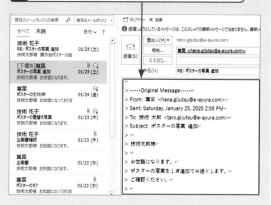

---

1 Outlookの基本
2 メールの受信と閲覧
3 メールの作成と送信
4 メールの整理と管理
5 メールの設定
6 連絡先
7 予定表
8 タスク
9 印刷
10 そのほかの便利機能

117

1 Outlookの基本
2 メールの受信と閲覧
3 メールの作成と送信
4 メールの整理と管理
5 メールの設定
6 連絡先
7 予定表
8 タスク
9 印刷
10 そのほかの便利機能

重要度 ★★★　メールの返信／転送

Q 166 返信／転送時に新しい ウィンドウを開きたい！

A ＜Outlookのオプション＞の ＜メール＞で設定します。

メールを返信／転送する際、Outlookでは閲覧ウィンドウに作成画面が表示されますが、新しく＜メッセージ＞ウィンドウを表示することもできます。＜Outlookのオプション＞ダイアログボックスの＜メール＞で設定を変更します。

1 ＜Outlookのオプション＞ダイアログボックスを表示して、＜メール＞をクリックします。

2 ＜返信と転送を新しいウィンドウで開く＞をクリックしてオンにし、

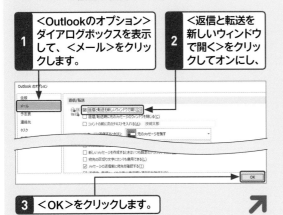

3 ＜OK＞をクリックします。

4 ＜受信トレイ＞をクリックして、

5 返信や転送したいメールをクリックし、

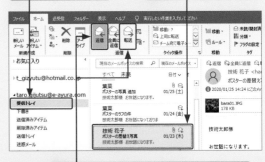

6 ＜ホーム＞タブの＜返信＞ （あるいは＜転送＞）をクリックすると、

7 ＜返信＞（あるいは＜転送＞）用の ＜メッセージ＞ウィンドウが表示されます。

重要度 ★★★　メールの返信／転送

Q 167 メールの返信先に別のメール アドレスを指定したい！

A ＜オプション＞タブの ＜返信先＞から指定します。

送信したメールの返信先を送信元とは違うメールアドレスに返信してほしい場合があります。たとえば、会社のメールアドレスからメールを送信したが、個人のメールアドレスに返信してほしいといった場合です。この場合は、＜メッセージ＞ウィンドウを表示して、以下の手順で設定します。

1 ＜メッセージ＞ウィンドウを表示して ＜オプション＞タブをクリックし、

2 ＜返信先＞をクリックします。

3 ＜返信先の指定＞に返信先の メールアドレスを入力して、

4 ＜閉じる＞を クリックします。

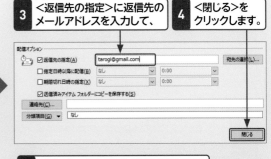

5 ＜メッセージ＞ウィンドウに戻るので、 メールを作成・送信します。

重要度 ★★★ メールの定型文

Q 168
定型文を作成したい！

A クイック操作機能を利用します。

定期的に送信するメールや同じ内容のメールを頻繁に送信する場合は、定型文を用意しておくと、毎回入力する手間が省けて効率的です。

Outlookでは、頻繁に行う操作手順を登録しておくことができる「クイック操作」機能が用意されています。クイック操作では、本文だけでなく、宛先もあらかじめ設定しておくことができます。

1 ＜ホーム＞タブの＜クイック操作＞の＜その他＞をクリックして、

2 ＜新規作成＞をクリックします。

3 定型文の名前を入力して、

4 アクションを設定し、

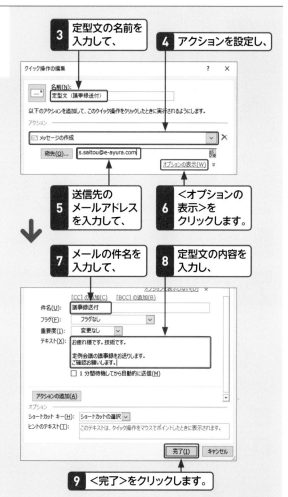

5 送信先のメールアドレスを入力して、

6 ＜オプションの表示＞をクリックします。

7 メールの件名を入力して、

8 定型文の内容を入力し、

9 ＜完了＞をクリックします。

重要度 ★★★ メールの定型文

Q 169
定型文を送信したい！

A 作成した定型文を＜クイック操作＞から呼び出します。

クイック操作を利用して定型文を作成しておくと、＜ホーム＞タブの＜クイック操作＞から登録した操作をクリックするだけで、定型文を呼び出すことができます。

参照 ▶ Q 168

1 ＜ホーム＞タブの＜クイック操作＞で登録した操作をクリックすると、

2 定型文が入力された＜メッセージ＞ウィンドウが表示されます。

3 メールの作成と送信
4 メールの整理と管理
5 メールの設定
6 連絡先
7 予定表
8 タスク
9 印刷
10 そのほかの便利機能

1 Outlookの基本
2 メールの受信と閲覧
3 メールの作成と送信
4 メールの整理と管理
5 メールの設定
6 連絡先
7 予定表
8 タスク
9 印刷
10 そのほかの便利機能

重要度 ★★★　メールのテンプレート

Q 170 メールのテンプレートを作成したい！

A ファイルの種類を<Outlookテンプレート>にして保存します。

「テンプレート」とは、メールを作成する際のひな形となるファイルのことです。Outlookでは、作成したメールをテンプレートとして保存することができます。頻繁に送信するメールをテンプレートとして保存しておけば、そのつど入力する手間が省けるので便利です。

1 <メッセージ>ウィンドウを表示して、テンプレートとして保存する内容を入力します。

2 <ファイル>タブをクリックして、

3 <名前を付けて保存>をクリックします。

保存先が自動的に設定されます。

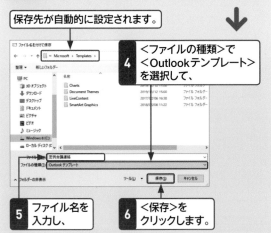

4 <ファイルの種類>で<Outlookテンプレート>を選択して、

5 ファイル名を入力し、

6 <保存>をクリックします。

重要度 ★★★　メールのテンプレート

Q 171 テンプレートからメールを作成したい！

A <フォームの選択>ダイアログボックスからテンプレートを開きます。

登録したテンプレートを利用するには、<ホーム>タブの<新しいアイテム>をクリックして、<その他のアイテム>から<フォームの選択>をクリックし、テンプレートを開きます。追加や変更があれば修正して送信します。　　　　　　　　　　参照▶Q170

1 <ホーム>タブの<新しいアイテム>をクリックして、

2 <その他のアイテム>にマウスポインターを合わせ、

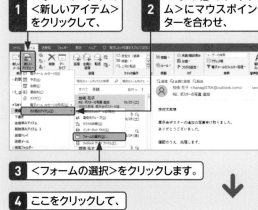

3 <フォームの選択>をクリックします。

4 ここをクリックして、

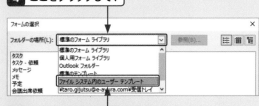
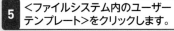

5 <ファイルシステム内のユーザーテンプレート>をクリックします。

6 利用するテンプレートをクリックして、

7 <開く>をクリックすると、

8 テンプレートが開きます。

Outlookの基本 1

メールの受信と閲覧 2

メールの作成と送信 3

メールの整理と管理 4

メールの設定 5

連絡先 6

予定表 7

タスク 8

印刷 9

そのほかの便利機能 10

重要度 ★★★ メールの署名

Q 172 メールの署名を作成したい！

A <Outlookのオプション>の
<メール>から作成します。

署名とは、メールの末尾に付ける送信者の名前や連絡
先をまとめたものです。あらかじめ署名を作成して
おくと、メールの作成時に署名が自動で入力されま
す。<Outlookのオプション>ダイアログボックスの
<メール>をクリックし、<署名>をクリックして作
成します。

1 <ファイル>タブから<オプション>を
クリックして、<Outlookのオプション>
ダイアログボックスを表示します。

2 <メール>を
クリックして、

3 <署名>を
クリックします。

4 <新規作成>をクリックして、

5 署名の名前を入力し、

6 <OK>をクリックします。

7 名前や連絡先を
入力して、

8 <OK>をクリックし、

9 <Outlookのオプション>ダイアログボックスの
<OK>をクリックします。

10 <メッセージ>ウィンドウを表示すると、
作成した署名が自動的に入力されます。

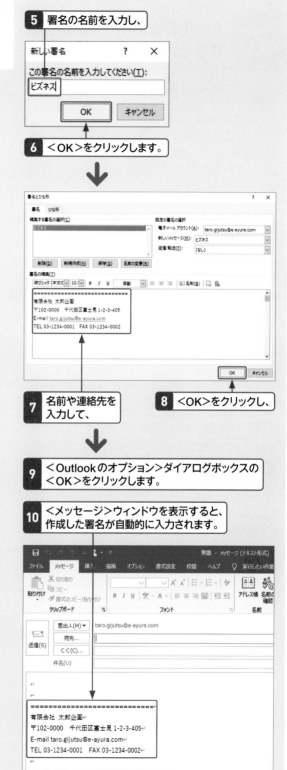

121

1 Outlookの基本

2 メールの受信と閲覧

3 メールの作成と送信

4 メールの整理と管理

5 メールの設定

6 連絡先

7 予定表

8 タスク

9 印刷

10 そのほかの便利機能

重要度 ★★★　メールの署名

Q 173　メールの返信時や転送時にも署名を付けたい!

A ＜署名とひな形＞ダイアログボックスで設定します。

メールの新規作成時だけでなく、返信時や転送時にも署名を挿入したいときは、＜署名とひな形＞ダイアログボックスを表示して、＜既定の署名の選択＞の＜返信／転送＞で設定します。　　参照▶Q 172

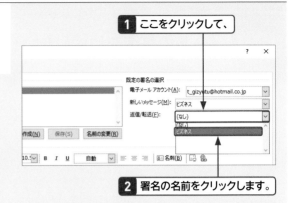

1 ここをクリックして、

2 署名の名前をクリックします。

重要度 ★★★　メールの署名

Q 174　メールアカウントごとに署名を設定したい!

A 署名を追加して＜既定の署名の選択＞で設定します。

署名はビジネス用、プライベート用というように、メールアカウントごとに使い分けることができます。署名を追加し、メールアカウントごとに既定の署名を設定します。また、メールの作成中に署名を切り替えることもできます。　　参照▶Q 172

1 ＜署名とひな形＞ダイアログボックスを表示して、プライベート用の署名を追加します。

2 ここをクリックして、

3 プライベート用のメールアカウントをクリックします。

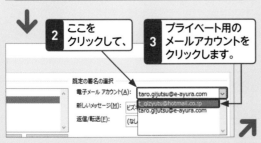

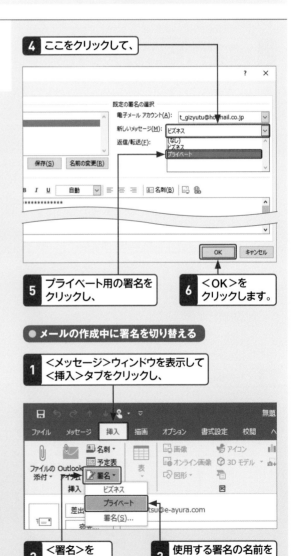

4 ここをクリックして、

5 プライベート用の署名をクリックし、

6 ＜OK＞をクリックします。

● メールの作成中に署名を切り替える

1 ＜メッセージ＞ウィンドウを表示して＜挿入＞タブをクリックし、

2 ＜署名＞をクリックして、

3 使用する署名の名前をクリックします。

Q 175 署名の罫線はどうやって入力する？

A 「けいせん」と入力して変換します。

メールの本文と署名との間に区切り線を入れると、本文との区切りがはっきりします。「＋」(半角のプラス)や「＊＊＊」(全角のアスタリスク)などの記号を連続して入力することで区切り線を作成する方法もありますが、ここでは、「けいせん」と入力して変換することで罫線を作成してみましょう。　参照▶Q 172

1 <署名とひな形>ダイアログボックスを表示して署名を入力します。

2 「けいせん」と入力して、

3 Space を押し、

4 表示される変換候補の一覧で「─」をクリックします。

5 同様に入力して変換していくと、罫線を引くことができます。

有限会社 太郎企画
〒102-0000 千代田区富士見 1-2-3-405
E-mail taro.gijutsu@e-ayura.com
TEL 03-1234-0001　FAX 03-1234-0002

Q 176 指定した日時にメールを自動送信したい！

A 配信タイミングを設定します。

指定した日時にメールを送信するように設定しておけば、メールを送信したい時間に都合がつかなくても安心です。Outlook では、メールを送信する日時を指定することができます。ただし、実際に送信されるときにパソコンおよびOutlookが起動しており、自動送受信するように設定されている必要があります。

参照▶Q 241

1 メールを作成して、<オプション>タブをクリックし、

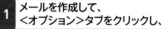

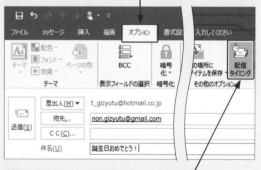

2 <配信タイミング>をクリックします。

3 <指定日時以降に配信>をクリックしてオンにし、

4 送信したい日時を指定して、

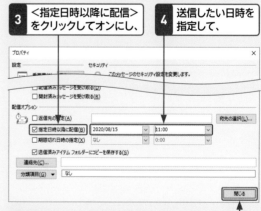

5 <閉じる>をクリックします。

6 <メッセージ>ウィンドウに戻るので、<送信>をクリックします。

Outlookの基本 1
メールの受信と閲覧 2
メールの作成と送信 3
メールの整理と管理 4
メールの設定 5
連絡先 6
予定表 7
タスク 8
印刷 9
そのほかの便利機能 10

1 Outlookの基本

2 メールの受信と閲覧

3 メールの作成と送信

4 メールの整理と管理

5 メールの設定

6 連絡先

7 予定表

8 タスク

9 印刷

10 そのほかの便利機能

重要度 ★★★　メールの送信オプション

Q 177 相手がメールを開封したか確認したい！

A 開封確認の要求を設定します。

重要な内容のメールを送信する際に、相手がメールを読んでくれたかどうかを確認したい場合は、開封確認の要求を設定してメールを送信します。

相手がメールを開いて、開封確認のメッセージを送信すると、差出人に開封通知のメールが送られてきます。

ただし、相手が開封確認機能に対応していないメールソフトを使っている場合は正しく機能しません。

● 開封通知を設定してメールを送信する

1 メールを作成して、<オプション>タブをクリックし、

2 <開封確認の要求>をクリックしてオンにし、

3 <送信>をクリックします。

● 開封通知のメールを受信する

相手が開封確認のメッセージを送信すると、開封通知のメールが送られてきます。

1 メールをクリックすると、

2 開封時間などの詳しい情報が確認できます。

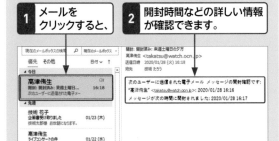

重要度 ★★★　メールの送信オプション

Q 178 相手に重要なメールであることを知らせたい！

A <重要度：高>に設定して送信します。

メールを送信する際に重要なメールであることを伝えたい場合は、重要度を「高」に設定します。<メッセージ>ウィンドウの<メッセージ>タブで<重要度：高>をクリックすると、メールに重要なメールであることを示す「！」マークが付いて送信されます。

ただし、相手が重要度に対応していないメールソフトを使っている場合は正しく機能しません。

1 メールを作成して、<メッセージ>タブの<重要度：高>をクリックし、

2 <送信>をクリックします。

↓

重要なメールであることを示す「！」マークが付いて送信されます。

重要度 ★★★　メールの送信オプション

Q 179 メールの誤送信を防ぎたい！

A 送信時にいったん＜送信トレイ＞に
メールを保存します。

Outlookの初期設定では、＜送信＞をクリックすると、すぐにメールが送信されます。そのため、間違って送信したことに気が付いても、一度送信したメールは取り消すことができません。この場合は、いったん＜送信トレイ＞にメールを保存することで、メールの誤送信を防ぐことができます。
＜送信トレイ＞に保存されたメールは、＜すべてのフォルダーを送受信＞をクリックするか、一定時間後に送信されます。　**参照▶Q 241**

1 ＜Outlookのオプション＞ダイアログボックスを
表示して、＜詳細設定＞をクリックします。

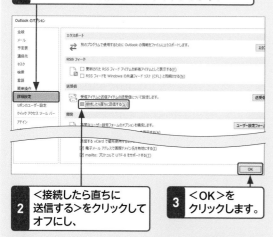

2 ＜接続したら直ちに
送信する＞をクリックして
オフにし、

3 ＜OK＞を
クリックします。

4 メールを作成して送信します。

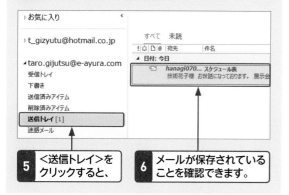

5 ＜送信トレイ＞を
クリックすると、

6 メールが保存されている
ことを確認できます。

重要度 ★★★　添付ファイルの送信

Q 180 添付ファイルを送信したい！

A ＜メッセージ＞ウィンドウで
＜ファイルの添付＞をクリックします。

メールには、ExcelやWordなどで作成した文書ファイルや、デジタルカメラで撮影した写真などを添付して送ることができます。ただし、サイズが大きすぎるファイルや、実行ファイル、マクロファイルは添付することができないので注意が必要です。

参照▶Q 182

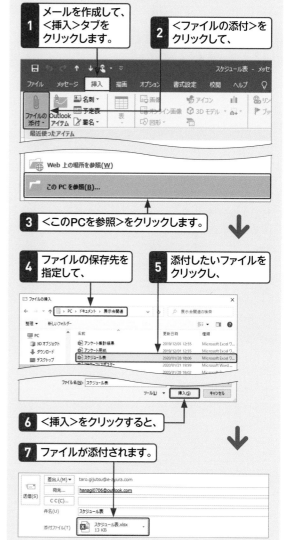

1 メールを作成して、
＜挿入＞タブを
クリックします。

2 ＜ファイルの添付＞を
クリックして、

3 ＜このPCを参照＞をクリックします。

4 ファイルの保存先を
指定して、

5 添付したいファイルを
クリックし、

6 ＜挿入＞をクリックすると、

7 ファイルが添付されます。

1 Outlookの基本
2 メールの受信と閲覧
3 メールの作成と送信
4 メールの整理と管理
5 メールの設定
6 連絡先
7 予定表
8 タスク
9 印刷
10 そのほかの便利機能

重要度 ★★★　添付ファイルの送信

Q 181 添付ファイルが送信できない！

A ファイルを圧縮するか、OneDriveからリンクして送信します。

プロバイダーのメールサーバーには、通常、送受信可能なファイルサイズの上限があります。デジタルカメラで撮影した画像などをそのまま添付すると、下図のようなエラーメッセージが表示されます。また、送信できても、配信不能となって戻ってきてしまうことがあります。この場合は、画像サイズを小さくしてから添付して送信するか、OneDriveにファイルを保存して、リンクを送信しましょう。　　参照▶Q 182, Q 183, Q 184

添付ファイルのサイズが大きすぎるとエラーメッセージが表示されます。

重要度 ★★★　添付ファイルの送信

Q 182 ファイルを圧縮してから添付したい！

A 右クリックして、＜送る＞からファイルを圧縮します。

Windowsでは、ファイルをZIP形式で圧縮する機能が標準で用意されています。圧縮したいファイルを右クリックして、＜送る＞から＜圧縮（zip形式）フォルダー＞をクリックし、圧縮したファイルをメールに添付します。複数のファイルを選択すると、まとめて圧縮することができます。

1 圧縮したいファイルを右クリックして、

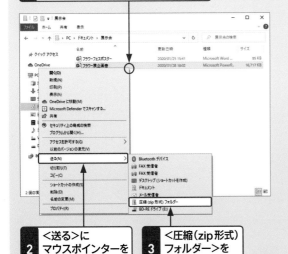

2 ＜送る＞にマウスポインターを合わせ、

3 ＜圧縮（zip形式）フォルダー＞をクリックすると、↗

4 ファイルが圧縮されます。

● 複数のファイルをまとめて圧縮する

1 Ctrlを押しながら複数のファイルを選択します。

2 いずれかを右クリックして、左の手順**2**、**3**と同様に操作すると、

3 複数のファイルがフォルダーにまとまって圧縮されます。

ファイル名には、最初のファイルの名前が付けられるので、必要に応じて変更します。

重要度 ★★★　添付ファイルの送信

Q 183 デジタルカメラの写真を自動縮小して送信したい！

A 画像を添付して、<ファイル>タブから設定します。

Outlookには、添付画像の自動縮小機能が用意されています。この機能を利用すると、大きなサイズのデジタルカメラの写真を最大でも1024×768ピクセルまで縮小して送信することができます。

参照▶Q 180

1 メールを作成して、デジタルカメラの写真を添付します。

2 <ファイル>タブをクリックして、

3 <このメッセージを送信するときに大きな画像のサイズを変更する>をクリックしてオンにします。

4 ここをクリックして<メッセージ>ウィンドウに戻り、メールを送信します。

重要度 ★★★　添付ファイルの送信

Q 184 大きなサイズのファイルを送信したい！

A OneDriveのファイルをリンクして送信します。

大きなサイズのファイルを送りたい場合は、OneDriveを利用すると便利です。OneDriveは、マイクロソフトが無償で提供しているオンラインストレージサービスで、インターネットを通してファイルを管理できる場所です。Outlookでは、OneDriveに保存されているファイルをリンクして送信することができます。

1 「https://onedrive.live.com」にアクセスして、共有するファイルを表示します。

2 共有するファイルのここをクリックしてオンにし、

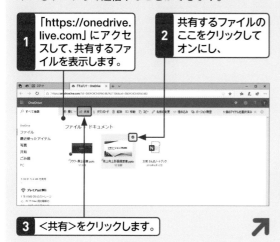

3 <共有>をクリックします。

4 ファイルの共有権限を指定して、

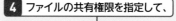

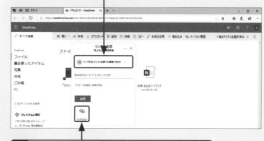

5 <リンクのコピー>（Outlook 2013では<リンクの取得>）をクリックします。

6 <コピー>をクリックして、

7 メールに貼り付けて送信します。

Outlookの基本 1

メールの受信と閲覧 2

メールの作成と送信 3

メールの整理と管理 4

メールの設定 5

連絡先 6

予定表 7

タスク 8

印刷 9

そのほかの便利機能 10

重要度 ★ ★ ★ HTML形式メールの作成

Q 185 作成中のメールを HTML形式にしたい！

A ＜メッセージ＞ウィンドウの ＜書式設定＞タブで変更します。

作成するメールをテキスト形式に設定している場合、送信するメールをHTML形式に切り替えたいときは、＜書式設定＞タブの＜HTML＞をクリックします。

参照▶Q 150

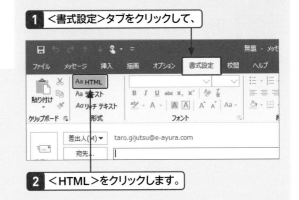

1 ＜書式設定＞タブをクリックして、

2 ＜HTML＞をクリックします。

重要度 ★ ★ ★ HTML形式メールの作成

Q 186 あいさつ文を挿入したい！

A ＜挿入＞タブの＜あいさつ文＞から 挿入します。

HTML形式のメールでは、Outlookに用意されているあいさつ文を挿入することができます。メッセージ欄にカーソルを移動し、＜挿入＞タブの＜あいさつ文＞（Outlook 2013では＜挨拶文＞）をクリックして、＜あいさつ文の挿入＞をクリックします。表示される＜あいさつ文＞ダイアログボックスで「月」を指定し、使用したいあいさつ文を指定します。

作成するメールをテキスト形式に設定している場合は、＜メッセージ＞ウィンドウでHTML形式に変更します。

参照▶Q 185

1 ＜メッセージ＞ウィンドウのメッセージ欄にカーソルを移動して、＜挿入＞タブをクリックします。

2 ＜あいさつ文＞をクリックして、

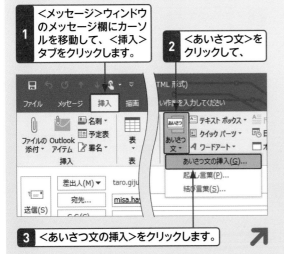

3 ＜あいさつ文の挿入＞をクリックします。

4 月を指定して、

5 月のあいさつ文と安否のあいさつ文をクリックし、

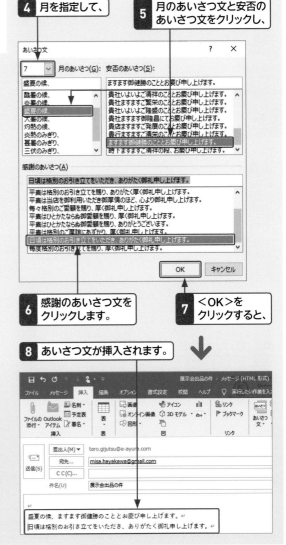

6 感謝のあいさつ文をクリックします。

7 ＜OK＞をクリックすると、

8 あいさつ文が挿入されます。

Q187 メールの文字サイズを変更したい！

A ＜書式設定＞タブの＜フォントサイズ＞で変更します。

HTML形式のメールでは、文字サイズを変更することができます。サイズを変更したい文字をドラッグして選択し、＜書式設定＞タブの＜フォントサイズ＞の一覧から選択します。

1 メールを作成して、サイズを変更したい文字をドラッグして選択します。

ご無沙汰しています。↵

ご承知のことと思いますが、星川先生がご勇退されること
倶楽部の顧問として長年お世話になったお礼と、今後の

2 ＜書式設定＞タブをクリックして、

3 ＜フォントサイズ＞のここをクリックし、

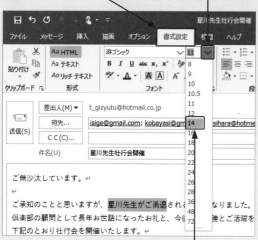

4 設定したい文字サイズをクリックすると、

5 選択した文字のサイズが変更されます。

ご無沙汰しています。↵

ご承知のことと思いますが、星川先生がご勇退され
倶楽部の顧問として長年お世話になったお礼と、今後の

Q188 メールのフォントを変更したい！

A ＜書式設定＞タブの＜フォント＞で変更します。

HTML形式のメールでは、フォントの種類を変更することができます。フォントを変更したい文字をドラッグして選択し、＜書式設定＞タブの＜フォント＞の一覧から選択します。

1 メールを作成して、フォントを変更したい文字をドラッグして選択します。

ご承知のことと思いますが、星川先生がご勇退され
倶楽部の顧問として長年お世話になったお礼と、今後の
下記のとおり壮行会を開催いたします。↵
お忙しいと思いますが、万障繰り合わせてご出席くださ

2 ＜書式設定＞タブをクリックして、

3 ＜フォント＞のここをクリックし、

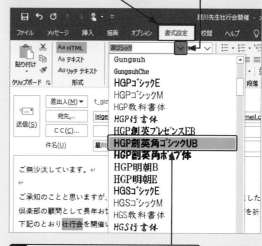

4 設定したいフォントをクリックすると、

5 選択した文字のフォントが変更されます。

ご承知のことと思いますが、星川先生がご勇退され
倶楽部の顧問として長年お世話になったお礼と、今後の
下記のとおり**壮行会**を開催いたします。↵
お忙しいと思いますが、万障繰り合わせてご出席くださ

1 Outlookの基本

2 メールの受信と閲覧

3 メールの作成と送信

4 メールの整理と管理

5 メールの設定

6 連絡先

7 予定表

8 タスク

9 印刷

10 そのほかの便利機能

重要度 ★★★　HTML形式メールの作成

Q 189 メールの文字の色を変更したい！

A <書式設定>タブの<フォントの色>で変更します。

HTML形式のメールでは、文字の色を変更することができます。色を変更したい文字をドラッグして選択し、<書式設定>タブの<フォントの色>の一覧から選択します。

1 メールを作成して、色を変更したい文字を[Ctrl]を押しながらドラッグして選択します。

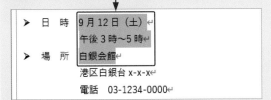

```
➤ 日　時　9月12日（土）↵
　　　　　　午後3時～5時↵
➤ 場　所　白銀会館↵
　　　　　　港区白銀台 x-x-x↵
　　　　　　電話　03-1234-0000↵
```

2 <書式設定>タブをクリックして、　**3** <フォントの色>のここをクリックし、

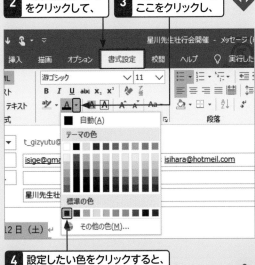

4 設定したい色をクリックすると、

5 選択した文字の色が変更されます。

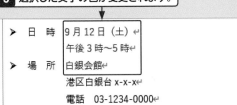

```
➤ 日　時　9月12日（土）↵
　　　　　　午後3時～5時↵
➤ 場　所　白銀会館↵
　　　　　　港区白銀台 x-x-x↵
　　　　　　電話　03-1234-0000↵
```

重要度 ★★★　HTML形式メールの作成

Q 190 メールの文字を装飾したい！

A <メッセージ>ウィンドウの<書式設定>タブで設定します。

HTML形式のメールでは、文字サイズやフォント、文字色を変更するほかに、太字や斜体、下線、蛍光ペンを設定したり、段落を箇条書きにしたり、段落番号を付けたり、文字配置を変更したりとさまざまな装飾を施すことができます。装飾したい文字列を選択し、<書式設定>タブにあるそれぞれのコマンドをクリックします。

太字　斜体　下線　蛍光ペンの色

文字の網かけ　囲み線　箇条書き　段落番号

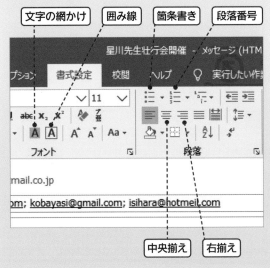

中央揃え　右揃え

Q 191 メールに画像を挿入したい！

A <挿入>タブの<画像>から挿入します。

HTML形式のメールでは、メールの本文に画像を挿入することができます。<挿入>タブの<画像>をクリックして、表示される<図の挿入>ダイアログボックスから画像を選択します。

1 画像を挿入したい位置をクリックして、<挿入>タブをクリックします。

2 <画像>をクリックして、

3 画像の保存先を指定します。

4 挿入したい画像をクリックして、

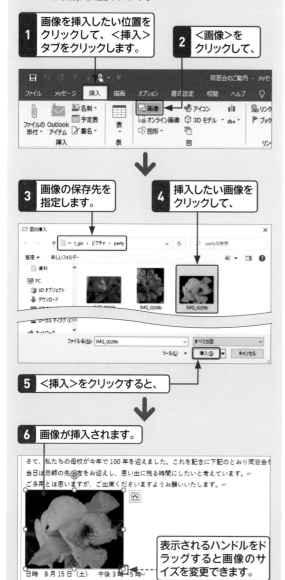

5 <挿入>をクリックすると、

6 画像が挿入されます。

さて、私たちの母校が今年で100年を迎えました。これを記念に下記のとおり同窓会を
当日は恩師の先生方をお迎えし、思い出に残る時間にしたいと考えています。
ご多用とは思いますが、ご出席くださいますようお願いいたします。

日時　8月15日（土）　午後3時〜5時

表示されるハンドルをドラッグすると画像のサイズを変更できます。

Q 192 挿入した画像の配置やスタイルを変更したい！

A <文字列の折り返し>を<行内>以外に設定します。

本文に挿入した写真は<文字列の折り返し>が<行内>になっているため、自由に移動ができません。移動できるようにするには、文字列の折り返しを行内以外に設定します。

また、写真に枠を付ける、周囲をぼかす、影を付けるなどのスタイルを設定することもできます。

1 写真をクリックして、<書式>タブをクリックし、

2 <文字列の折り返し>をクリックして、

3 <行内>以外（ここでは<前面>）をクリックします。

4 写真をドラッグして、自由な位置に配置できます。

ご多用とは思いますが、ご出席くださいますようお願いいたします。

〜5時

でにお願いします。

5 <クイックスタイル>をクリックすると、

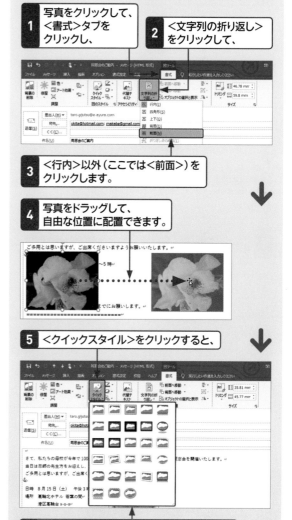

さて、私たちの母校が今年で100
当日は恩師の先生方をお迎えし、
ご多用とは思いますが、ご出席

日時　8月15日（土）　午後3
場所　高輪北ホテル　喜翆の間
　　　港区高輪台 x-x-x

6 写真にさまざまなスタイルを設定できます。

Outlookの基本 1
メールの受信と閲覧 2
メールの作成と送信 3
メールの整理と管理 4
メールの設定 5
連絡先 6
予定表 7
タスク 8
印刷 9
そのほかの便利機能 10

131

1 Outlookの基本

2 メールの受信と閲覧

3 メールの作成と送信

4 メールの整理と管理

5 メールの設定

6 連絡先

7 予定表

8 タスク

9 印刷

10 そのほかの便利機能

Q 193 文字にリンクを設定したい！

A ＜挿入＞タブの＜リンク＞から設定します。

HTML形式のメールでは、メールの文字や画像にリンクを設定することができます。リンクを設定する文字や画像を選択して、＜挿入＞タブの＜リンク＞（Outlook 2013では＜ハイパーリンク＞）をクリックし、リンク先を指定します。

1 リンクを設定する文字をドラッグして選択し、

2 ＜挿入＞タブをクリックして、

3 ＜リンク＞をクリックします。

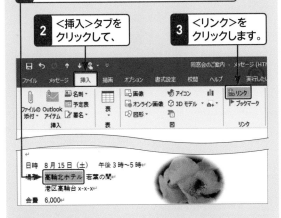

4 リンク先のURLを入力して（ここでは、架空のアドレスを入力しています）、

5 ＜OK＞をクリックすると、

6 文字にリンクが設定されます。

Q 194 背景の色を変更したい！

A ＜オプション＞の＜ページの色＞で変更します。

HTML形式のメールでは、メールの背景に色を付けることができます。＜オプション＞タブの＜ページの色＞をクリックして、色を選択します。文字が読みづらくならないように色を設定しましょう。

1 メッセージ欄にカーソルを移動して、＜オプション＞タブをクリックします。

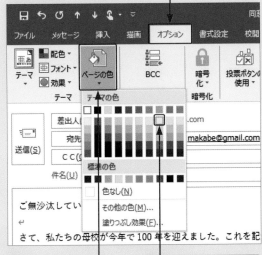

2 ＜ページの色＞をクリックして、

3 色をクリックすると、

4 メッセージ欄の背景に色が付きます。

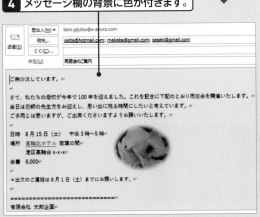

Q195 アイコンを挿入したい！

A ＜挿入＞タブの＜アイコン＞から挿入します。

Outlook 2019やMicrosoft 365では、HTML形式のメールの本文にアイコンを挿入することができます。さまざまなジャンルに分類されたSVG形式のアイコンが大量に用意されているので、目的に応じて利用できます。挿入したアイコンは、画像などと同様に大きさや色を変更したり、スタイルを設定したりできます。

1 アイコンを挿入したい位置をクリックして、＜挿入＞タブをクリックし、

2 ＜アイコン＞をクリックします。

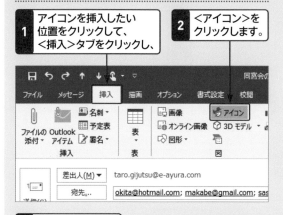

3 アイコンの分類をクリックして、

4 挿入するアイコンをクリックし、

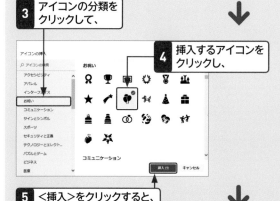

5 ＜挿入＞をクリックすると、

6 アイコンが挿入されます。

7 ＜レイアウトオプション＞をクリックして、

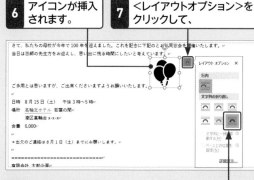

8 ＜文字列の折り返し＞で＜前面＞をクリックし、

9 アイコンをドラッグして、任意の位置に配置します。

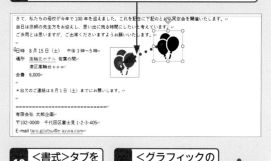

10 ＜書式＞タブをクリックして、

11 ＜グラフィックの塗りつぶし＞のここをクリックして、

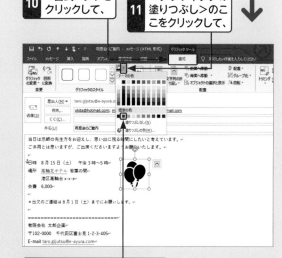

12 任意の色をクリックすると、

13 アイコンの色が変更されます。

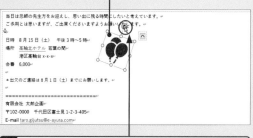

14 回転ハンドルをドラッグすると、アイコンが回転します。

1 Outlookの基本
2 メールの受信と閲覧
3 メールの作成と送信
4 メールの整理と管理
5 メールの設定
6 連絡先
7 予定表
8 タスク
9 印刷
10 そのほかの便利機能

Outlookの基本 1

メールの受信と閲覧 2

メールの作成と送信 3

メールの整理と管理 4

メールの設定 5

連絡先 6

予定表 7

タスク 8

印刷 9

そのほかの便利機能 10

重要度 ★★★　HTML形式メールの作成　❌2016 ❌2013

Q 196 手書きの文字やイラストを挿入したい！

A ＜描画＞タブのペンを利用して挿入します。

Outlook 2019やMicrosoft 365では、＜描画＞タブを利用して、指やデジタルペン、マウスを使ってHTML形式のメールに直接書き込みができます。書き込みには、鉛筆、ペン、蛍光ペンが利用でき、それぞれ太さや色を変更できます。また、ペンでは文字飾りも用意されています。Outlookでペンを利用するには、描画キャンバスを使用する必要があります。

なお、＜描画＞タブが表示されていない場合は、＜Outlookのオプション＞ダイアログボックスの＜リボンのユーザー設定＞で＜描画＞をオンにします。

1 描画キャンバスを挿入する位置をクリックして、＜描画＞タブをクリックし、

2 ＜描画キャンバス＞をクリックします。

3 描画キャンバスが挿入されるので、必要に応じてサイズを調整します。

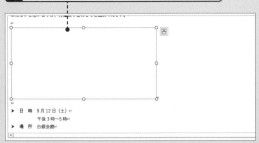

4 使用したいペンをクリックして、再度クリックし、

5 ペンの太さを選択して、

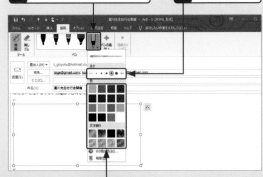

6 色あるいは文字飾りを選択します。

7 描画キャンバス内に直接書き込みます。

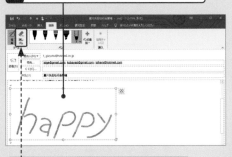

＜消しゴム＞をクリックして書き込みをクリックすると、消去できます。

8 ＜レイアウトオプション＞をクリックして、

9 ＜文字列の折り返し＞で＜背面＞をクリックし、

10 描画キャンバスをドラッグして、任意の位置に配置します。

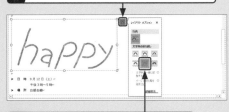

第**4**章

メールの整理と管理

Outlookの基本

1

メールの受信と閲覧

2

メールの作成と送信

3

メールの整理と管理

4

メールの設定

5

連絡先

6

予定表

7

タスク

8

印刷

9

そのほかの便利機能

10

重要度 ★★★ メールの削除

Q 197 受信したメールを削除したい！

A メールをクリックして、<削除>をクリックします。

メールを利用していると、<受信トレイ>や<送信済みアイテム>フォルダーにメールがたまっていきます。不要になったメールは、適宜削除しましょう。メールを削除するには、以下の2つの方法があります。削除したメールは、いったん<削除済みアイテム>フォルダーに移動されます。

● メールの一覧に表示されるアイコンから削除する

1 <受信トレイ>をクリックして、

2 削除したいメールにマウスポインターを合わせて、このアイコンをクリックすると、

3 メールが削除されます。

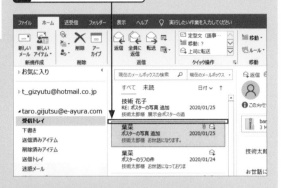

● <ホーム>タブの<削除>を利用する

1 <受信トレイ>をクリックして、

2 削除したいメールをクリックし、

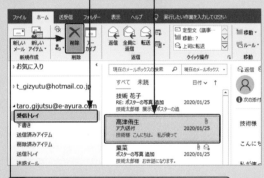

3 <ホーム>タブの<削除>をクリックすると、メールが削除されます。

重要度 ★★★ メールの削除

Q 198 複数のメールをまとめて削除したい！

A 複数のメールを選択して、<削除>をクリックします。

複数のメールをまとめて削除するには、削除するメールが飛び飛びにある場合は、Ctrl を押しながらクリックして、<ホーム>タブの<削除>をクリックします。メールが連続している場合は、選択したい最初のメールをクリックし、Shift を押しながら最後のメールをクリックして、同様に操作します。

1 削除したいメールを選択して、

2 <ホーム>タブの<削除>をクリックすると、選択したメールがまとめて削除されます。

Q 199 メールを完全に削除したい！

A1 ＜削除済みアイテム＞フォルダーから削除します。

＜削除済みアイテム＞フォルダーに移動したメールを完全に削除するには、＜削除済みアイテム＞からもう一度削除します。なお、完全に削除したメールは、もとに戻すことができないので注意しましょう。

1 ＜削除済みアイテム＞をクリックして、

2 完全に削除したいメールにマウスポインターを合わせて、このアイコンをクリックし、

3 ＜はい＞をクリックします。

A2 ＜削除済みアイテム＞フォルダーを空にします。

＜削除済みアイテム＞フォルダーの中をまとめて削除することもできます。以下の手順で操作します。

1 ＜ファイル＞タブをクリックします。

2 ＜ツール＞（Outlook 2013の場合は＜クリーンアップツール＞）をクリックして、

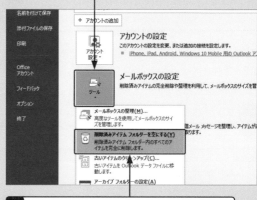

3 ＜削除済みアイテムフォルダーを空にする＞をクリックし、

4 ＜はい＞をクリックします。

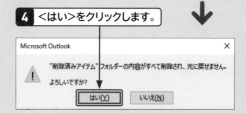

Q 200 送信トレイのメールが削除できない！

A Outlookをオフライン状態にして削除します。

メールがなんらかの原因で送信できずに＜送信トレイ＞に残ってしまい、「メッセージの送信は既に開始しています」のようなメッセージが表示され、＜送信トレイ＞から削除できない場合があります。この場合は、＜送受信＞タブをクリックして＜オフライン作業＞をクリックし、オフライン状態にすると、削除できるよう

になります。オフラインにしても削除できない場合は、Outlookを再起動して削除します。

Outlookをオフライン状態にするか、再起動すると、削除できます。

Outlookの基本 1
メールの受信と閲覧 2
メールの作成と送信 3
メールの整理と管理 4
メールの設定 5
連絡先 6
予定表 7
タスク 8
印刷 9
そのほかの便利機能 10

1 Outlookの基本
2 メールの受信と閲覧
3 メールの作成と送信
4 メールの整理と管理
5 メールの設定
6 連絡先
7 予定表
8 タスク
9 印刷
10 そのほかの便利機能

重要度 ★★★　メールの削除

Q 201 スレッドのメールを まとめて削除したい!

A1 <スレッドのクリーンアップ>を 実行します。

「スレッド」とは、同じ件名で返信し合うメールを1つにまとめて表示する機能のことです。スレッド内で最後に受信したメールにそれまでのやりとりがすべて表示されている場合、以前のメールが不要となります。<スレッドのクリーンアップ>を利用すると、この不要なメールをまとめて削除することができます。
削除されたメールは、<削除済みアイテム>フォルダーに移動されます。

参照 ▶ Q 133

1 スレッド内のメールをクリックして、

2 <ホーム>タブの<クリーンアップ>をクリックし、

3 <スレッドのクリーンアップ>をクリックします。

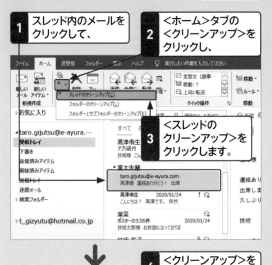

4 <クリーンアップ>をクリックすると、

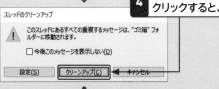

5 最新のメールが残り、以前のメールが削除されます。

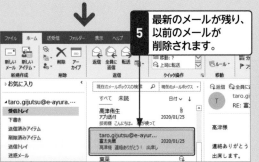

A2 スレッドを無視します。

<ホーム>タブの<無視>をクリックすると、指定したスレッドのメールと、今後受信する同じスレッドのメールをすべて削除することができます。

1 スレッド内のメールをクリックして、

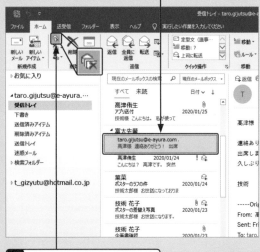

2 <ホーム>タブの<無視>をクリックします。

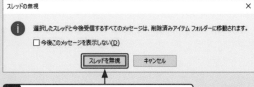

3 <スレッドを無視>をクリックすると、

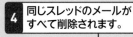

4 同じスレッドのメールがすべて削除されます。

5 今後、同じ件名や内容のメールは<削除済みアイテム>フォルダーに移動されます。

Q 202 優先受信トレイとは？

A ＜受信トレイ＞を＜優先＞タブと＜その他＞タブに分割する機能です。

「優先受信トレイ」とは、＜受信トレイ＞をタブと＜その他＞タブに分割する機能です。重要なメールを＜優先＞タブに、そのほかのメールを＜その他＞タブに自動的に振り分けてくれるようになります。優先受信トレイは、Outlook 2019のOutlook.comのアカウントと、Microsoft 365のみに搭載されています。

メールが意図しないタブに振り分けられている場合は、メールを移動して学習させます。メールをそれぞれのタブに移動するには、＜優先＞タブあるいは＜その他＞タブをクリックして、移動したいメールを右クリックし、移動先を指定します。

> 優先受信トレイは、Outlook 2019のOutlook.comのアカウントと、Microsoft 365に搭載されています。

1 ＜優先＞タブあるいは＜その他＞タブをクリックして、移動したいメールを右クリックし、

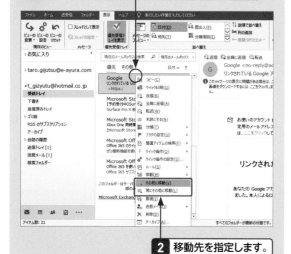

2 移動先を指定します。

Q 203 優先受信トレイを表示するには？

A ＜表示＞タブの＜優先受信トレイを表示＞をオンにします。

Outlook 2019のOutlook.comのアカウントとMicrosoft 365では、通常、優先受信トレイが有効になっています。＜すべて＞タブと＜未読＞タブが表示されていて、優先受信トレイが表示されていない場合は、＜表示＞タブをクリックして、＜優先受信トレイを表示＞をクリックしてオンにします。

1 ＜優先受信トレイを表示＞をオンにすると、

2 ＜優先＞タブと＜その他＞タブが表示されます。

Q 204 優先受信トレイを非表示にしたい！

A ＜表示＞タブの＜優先受信トレイを表示＞をオフにします。

優先受信トレイを表示したくない場合は、＜表示＞タブをクリックして、＜優先受信トレイを表示＞をクリックしてオフにします。＜優先＞タブと＜その他＞タブが＜すべて＞タブと＜未読＞タブに変更されます。

1 ＜優先受信トレイを表示＞をオフにすると、

2 ＜すべて＞タブと＜未読＞タブが表示されます。

1 Outlookの基本
2 メールの受信と閲覧
3 メールの作成と送信
4 メールの整理と管理
5 メールの設定
6 連絡先
7 予定表
8 タスク
9 印刷
10 そのほかの便利機能

1 Outlookの基本
2 メールの受信と閲覧
3 メールの作成と送信
4 メールの整理と管理
5 メールの設定
6 連絡先
7 予定表
8 タスク
9 印刷
10 そのほかの便利機能

重要度 ★ ★ ★　メールのアーカイブ　❌2013

Q 205 メールをアーカイブしたい！

A <アーカイブ>フォルダーに移動します。

メールなどのデータをまとめることを「アーカイブ」といいます。Outlook 2019／2016では、<ホーム>タブの<アーカイブ>をクリックすることで、メールを<アーカイブ>フォルダーに移動することができます。アーカイブは、古いメールを<受信トレイ>から削除はしたくないが、どこか別なところに保管しておきたいときに便利な機能です。

1 アーカイブするメールをクリックして、

2 <ホーム>タブの<アーカイブ>をクリックします。

3 <アーカイブ>フォルダーを作成していない場合は、このダイアログボックスが表示されます。

ワンクリックでアーカイブを設定

既存のアーカイブ フォルダーが見つかりませんでした。"アーカイブ" という名前の新しいフォルダーを作りますか？

アーカイブ フォルダーの作成　　既存のフォルダーの選択　　キャンセル

4 <アーカイブフォルダーの作成>をクリックすると、

5 <アーカイブ>フォルダーが作成され、

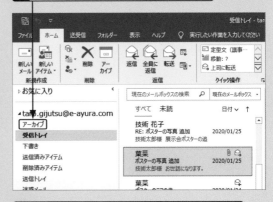

6 指定したメールが<アーカイブ>フォルダーに移動されます。

重要度 ★ ★ ★　メールのアーカイブ　❌2013

Q 206 アーカイブしたメールを確認するには？

A <アーカイブ>フォルダーをクリックします。

Outlook 2019／2016で<アーカイブ>フォルダーに移動したメールは、<アーカイブ>フォルダーをクリックすると、確認することができます。間違ってアーカイブしたメールを<受信トレイ>に戻すこともできます。

参照 ▶ Q 205, Q 209

1 <アーカイブ>フォルダーをクリックすると、

2 アーカイブしたメールを確認できます。

重要度 ★★★　フォルダー

Q 207

フォルダーって何？

A メールを分類して管理するための場所のことです。

「フォルダー」とは、メールを分類して管理するための場所のことです。特定の個人や特定の会社からのメール、メールマガジンなど、まとめておきたいメールをフォルダーに分けて整理しておくと、目的のメールが見つけやすくなります。

メールをフォルダーに分けて整理しておくと、目的のメールが見つけやすくなります。

重要度 ★★★　フォルダー

Q 208

フォルダーを作成したい！

A ＜フォルダー＞タブの＜新しいフォルダー＞から作成します。

Outlookでは、新しいフォルダーを作成してメールを分類することができます。メールが増えてきたらフォルダーを作成してメールを整理すると、目的のメールが探しやすくなります。フォルダー名は自由に付けられるので、どのようなメールをまとめたのか、すぐにわかるような名前を付けておきましょう。

1 ＜フォルダー＞タブをクリックして、

2 ＜新しいフォルダー＞をクリックします。

3 フォルダーに付ける名前を入力して、

4 フォルダーを作成する場所（ここでは＜受信トレイ＞）をクリックし、

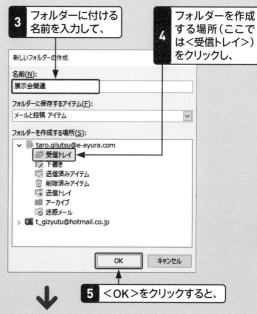

5 ＜OK＞をクリックすると、

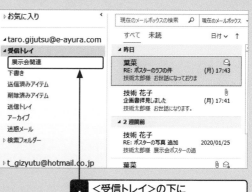

6 ＜受信トレイ＞の下に新しいフォルダーが作成されます。

Q 209 メールをフォルダーに移動したい！

A ドラッグで移動するか、＜ホーム＞タブの＜移動＞を利用します。

作成したフォルダーにメールを移動するには、移動したいメールを移動先のフォルダーにドラッグする方法と、＜ホーム＞タブの＜移動＞から移動先のフォルダーをクリックする方法の2つがあります。

複数のメールをまとめて移動したい場合は、Ctrl を押しながらメールをクリックして、フォルダーに移動します。連続した複数のメールを移動したい場合は、最初のメールをクリックし、Shift を押しながら最後のメールをクリックします。

● ドラッグ操作を利用する

1 新規に作成したフォルダーを表示して、

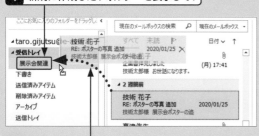

2 移動したいメールをクリックし、作成したフォルダーにドラッグします。

● ＜ホーム＞タブの＜移動＞を利用する

1 移動したいメールをクリックして、

2 ＜ホーム＞タブの＜移動＞をクリックし、

3 移動先のフォルダーをクリックします。

Q 210 フォルダーの場所を変更したい！

A ＜フォルダー＞タブの＜フォルダーの移動＞から変更します。

作成したフォルダーの場所は、自由に変更することができます。また、フォルダーの中にフォルダーを移動して階層構造にすることもできます。ここでは、＜受信トレイ＞の下に作成したフォルダーの1つを別のフォルダーの下に移動して階層構造にします。

1 新規に作成したフォルダーをクリックして、

2 ＜フォルダー＞タブをクリックし、

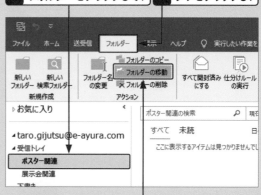

3 ＜フォルダーの移動＞をクリックします。

4 移動先のフォルダーをクリックして、

5 ＜OK＞をクリックすると、

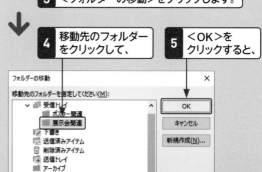

6 フォルダーが移動されます。

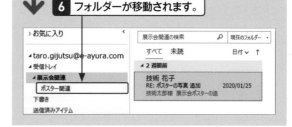

Q 211 フォルダー名を変更したい！

A ＜フォルダー＞タブの＜フォルダー名の変更＞をクリックします。

作成したフォルダーの名前は自由に変更することができます。フォルダーをクリックして＜フォルダー＞タブをクリックし、＜フォルダー名の変更＞をクリックします。フォルダー名が変更できるようになるので、新しい名前を入力します。

1 新規に作成したフォルダーをクリックして、 **2** ＜フォルダー＞タブをクリックし、

3 ＜フォルダー名の変更＞をクリックします。

4 フォルダー名が変更できるようになるので、

5 新しいフォルダー名を入力して Enter を押します。

Q 212 フォルダーを＜お気に入り＞に表示したい！

A ＜フォルダー＞タブの＜お気に入りに追加＞をクリックします。

＜お気に入り＞フォルダーは、Microsoft Edge やInternet Explorerのお気に入りと同様、頻繁に利用するフォルダーを表示して、すばやくアクセスするためのものです。自分で作成したフォルダーだけでなく、＜受信トレイ＞や＜送信済みアイテム＞なども＜お気に入り＞に表示することができます。

＜お気に入り＞の表示を解除したい場合は、再度＜フォルダー＞タブの＜お気に入りに追加＞（Outlook 2013では＜お気に入りに表示＞）をクリックします。

1 お気に入りに表示したいフォルダーをクリックして、 **2** ＜フォルダー＞タブをクリックし、

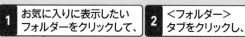

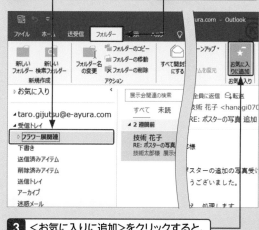

3 ＜お気に入りに追加＞をクリックすると、

4 ＜お気に入り＞にフォルダーが表示されます。

Outlookの基本 1
メールの受信と閲覧 2
メールの作成と送信 3
メールの整理と管理 4
メールの設定 5
連絡先 6
予定表 7
タスク 8
印刷 9
そのほかの便利機能 10

1 Outlookの基本

2 メールの受信と閲覧

3 メールの作成と送信

4 メールの整理と管理

5 メールの設定

6 連絡先

7 予定表

8 タスク

9 印刷

10 そのほかの便利機能

重要度 ★★★　フォルダー

Q 213 フォルダーを削除したい！

A ＜フォルダー＞タブの＜フォルダーの削除＞をクリックします。

作成したフォルダーは削除することができます。フォルダーをクリックして＜フォルダー＞タブをクリックし、＜フォルダーの削除＞をクリックします。削除したフォルダーは、いったん＜削除済みアイテム＞フォルダーに移動されます。

フォルダーを削除すると、その中にあるメールも削除されます。削除したくないメールがある場合は、あらかじめ別のフォルダーにメールを移動しておきましょう。

参照▶Q 209

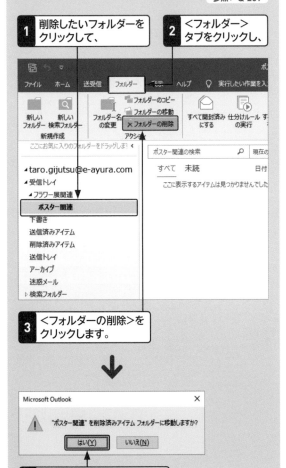

1 削除したいフォルダーをクリックして、

2 ＜フォルダー＞タブをクリックし、

3 ＜フォルダーの削除＞をクリックします。

Microsoft Outlook

⚠ "ポスター関連" を削除済みアイテム フォルダーに移動しますか？

はい(Y)　いいえ(N)

4 ＜はい＞をクリックすると、フォルダーが削除されます。

重要度 ★★★　フォルダー

Q 214 フォルダーを完全に削除したい！

A ＜削除済みアイテム＞フォルダーから削除します。

削除したフォルダーは、いったん＜削除済みアイテム＞フォルダーに移動されます。＜削除済みアイテム＞フォルダーに移動したフォルダーを完全に削除するには、＜削除済みアイテム＞フォルダーからもう一度削除します。

参照▶Q 213

1 ＜削除済みアイテム＞のここをクリックします。

2 削除したいフォルダーをクリックして、

3 ＜フォルダー＞タブをクリックし、

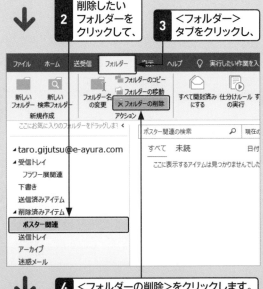

4 ＜フォルダーの削除＞をクリックします。

Microsoft Outlook

⚠ このフォルダーとその内容をすべて削除しますか？

はい(Y)　いいえ(N)

5 ＜はい＞をクリックすると、フォルダーが完全に削除されます。

Q 215 メールの仕分けとは？

A 仕分けルールを使って、メールを整理／管理する機能です。

毎日のように届くメールを＜受信トレイ＞に置いたままにしておくと、メールが大量になり、大切なメールを見落としたり、目的のメールを探すのに手間取ったりします。この場合は、メールを対象のフォルダーに移動することで、整理や管理がしやすくなります。

Outlookでは、仕分けルールを作成してメールを整理／管理することができます。仕分けルールを使用すると、指定した条件に一致するメールをフォルダーに移動したり、フラグを設定したり、新しいメールの通知ウィンドウを表示したり、音を鳴らしたりと、さまざまな処理を行うことができます。

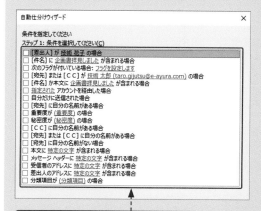

メールを仕分けする条件を指定します。

条件に一致した場合の処理を設定します。

● メールを指定したフォルダーへ移動する

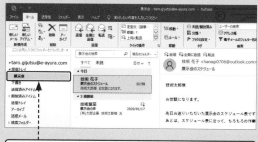

条件に一致するメールを指定したフォルダーに移動します。

● フラグを設定する

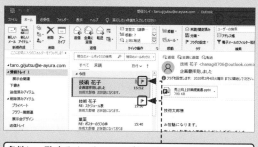

条件に一致するメールにフラグを設定して期限管理します。

● 新着メールを通知ウィンドウに表示する

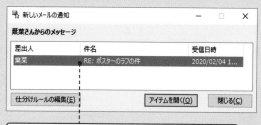

条件に一致するメールを＜新しいメールの通知＞ウィンドウに表示します。

● 分類項目を割り当てる

条件に一致するメールに分類項目を割り当てます。

1 Outlookの基本
2 メールの受信と閲覧
3 メールの作成と送信
4 メールの整理と管理
5 メールの設定
6 連絡先
7 予定表
8 タスク
9 印刷
10 そのほかの便利機能

1 Outlookの基本

2 メールの受信と閲覧

3 メールの作成と送信

4 メールの整理と管理

5 メールの設定

6 連絡先

7 予定表

8 タスク

9 印刷

10 そのほかの便利機能

重要度 ★★★ メールの仕分け

Q 216 特定のメールを 自動的に振り分けたい!

A <仕分けルールの作成>ダイアログ ボックスで設定します。

毎日たくさんのメールが届くようになると、大切なメールを見落としてしまうことがあります。この場合は、仕分けルールを作成して、メールを自動的にフォルダーに振り分けるように設定しておくとよいでしょう。
仕分けルールを作成する方法はいくつかあります。ここでは、<仕分けルールの作成>ダイアログボックスを使用して、指定した文字が件名に含まれるメールを特定のフォルダーに振り分けるルールを作成します。

1 <ホーム>タブの<ルール>をクリックして、

2 <仕分けルールの作成>をクリックします。

3 振り分ける条件を指定します。ここでは、<件名が次の文字を含む場合>をクリックしてオンにし、

4 仕分けする文字を入力します。

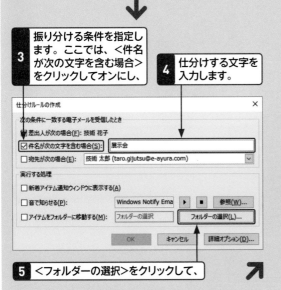

5 <フォルダーの選択>をクリックして、

6 <新規作成>をクリックします。

7 作成するフォルダー名を入力して、

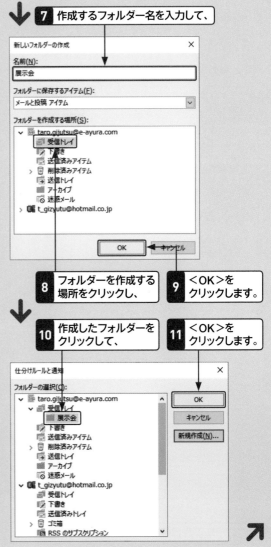

8 フォルダーを作成する場所をクリックし、

9 <OK>をクリックします。

10 作成したフォルダーをクリックして、

11 <OK>をクリックします。

1 Outlookの基本

2 メールの受信と閲覧

3 メールの作成と送信

4 メールの整理と管理

5 メールの設定

6 連絡先

7 予定表

8 タスク

9 印刷

10 そのほかの便利機能

12 フォルダー名が設定されたことを確認して、

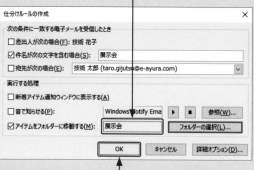

13 <OK>をクリックします。

↓

14 ここをクリックしてオンにし、

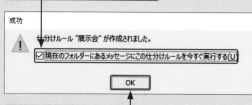

15 <OK>をクリックします。

↓

16 作成したフォルダーをクリックすると、

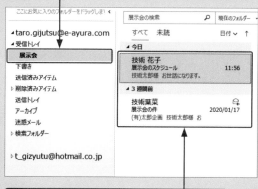

17 メールが自動的に振り分けられていることが確認できます。

● 振り分ける条件の指定

差出人を指定して振り分ける場合は、手順**3**で<差出人が次の場合>をクリックしてオンにします。この場合は、あらかじめ振り分けたいメールをクリックしてから<ホーム>タブの<ルール>をクリックして、<仕分けルールの作成>をクリックします。

<差出人が次の場合>を指定するときは、あらかじめ振り分けたいメールをクリックしてから操作を始めます。

● 実行する処理

振り分けるメールをフォルダーに移動するほかに、<新着アイテム通知ウィンドウに表示する>方法と、<音で知らせる>方法が選択できます。<音で知らせる>を選択した場合は<参照>をクリックして、音を選択します。

1 <音で知らせる>をクリックしてオンにし、

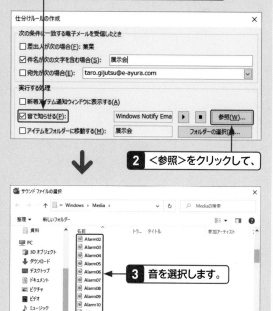

2 <参照>をクリックして、

↓

3 音を選択します。

1 Outlookの基本

2 メールの受信と閲覧

3 メールの作成と送信

4 メールの整理と管理

5 メールの設定

6 連絡先

7 予定表

8 タスク

9 印刷

10 そのほかの便利機能

重要度 ★★★ メールの仕分け

Q 217 特定のドメインからのメール を自動的に振り分けたい!

A <自動仕分けウィザード>で 設定します。

メールの仕分けルールには、Q 216で解説したように、メールの件名や差出人などで仕分けする方法のほかに、重要度やフラグ付きのメール、本文やメッセージヘッダー、差出人のアドレスなどに含まれる文字など、さまざまな条件を指定してメールを整理することができます。条件を細かく指定する場合は、<自動仕分けウィザード>で設定します。　**参照▶Q 216**

1 <ホーム>タブの<ルール>から<仕分けルールの作成>をクリックして、<仕分けルールの作成>ダイアログボックスを表示します。

2 <詳細オプション>をクリックすると、

3 <自動仕分けウィザード>が表示されます。

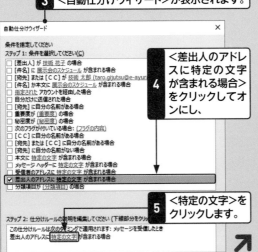

4 <差出人のアドレスに特定の文字が含まれる場合>をクリックしてオンにし、

5 <特定の文字>をクリックします。

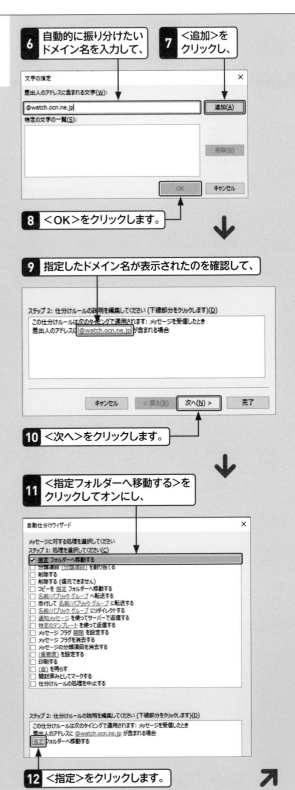

6 自動的に振り分けたいドメイン名を入力して、

7 <追加>をクリックし、

8 <OK>をクリックします。

9 指定したドメイン名が表示されたのを確認して、

10 <次へ>をクリックします。

11 <指定フォルダーへ移動する>をクリックしてオンにし、

12 <指定>をクリックします。

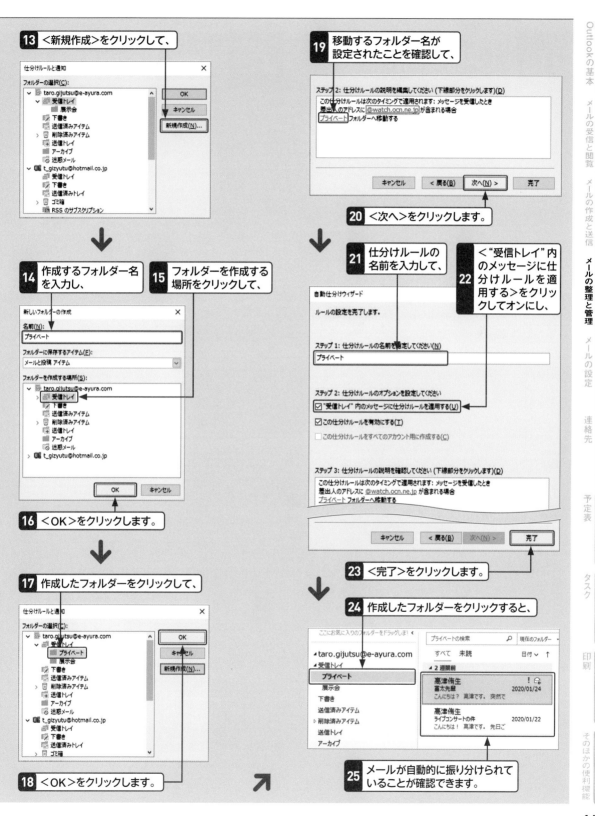

13 ＜新規作成＞をクリックして、

仕分けルールと通知 　　×
フォルダーの選択(C):
- taro.gijutsu@e-ayura.com
  - 受信トレイ
    - 展示会
  - 下書き
  - 送信済みアイテム
  - 削除済みアイテム
  - 送信トレイ
  - アーカイブ
  - 迷惑メール
- t_gizyutu@hotmail.co.jp
  - 受信トレイ
  - 下書き
  - 送信済みトレイ
  - ゴミ箱
  - RSS のサブスクリプション

OK　　キャンセル　　新規作成(N)...

14 作成するフォルダー名を入力し、

15 フォルダーを作成する場所をクリックして、

新しいフォルダーの作成　　×
名前(N):
プライベート
フォルダーに保存するアイテム(F):
メールと投稿 アイテム
フォルダーを作成する場所(S):
- taro.gijutsu@e-ayura.com
  - 受信トレイ
  - 下書き
  - 送信済みアイテム
  - 削除済みアイテム
  - 送信トレイ
  - アーカイブ
  - 迷惑メール
- t_gizyutu@hotmail.co.jp

OK　　キャンセル

16 ＜OK＞をクリックします。

17 作成したフォルダーをクリックして、

仕分けルールと通知　　×
フォルダーの選択(C):
- taro.gijutsu@e-ayura.com
  - 受信トレイ
    - プライベート
    - 展示会
  - 下書き
  - 送信済みアイテム
  - 削除済みアイテム
  - 送信トレイ
  - アーカイブ
  - 迷惑メール
- t_gizyutu@hotmail.co.jp
  - 受信トレイ
  - 下書き
  - 送信済みトレイ
  - ゴミ箱

OK　　キャンセル　　新規作成(N)...

18 ＜OK＞をクリックします。

19 移動するフォルダー名が設定されたことを確認して、

ステップ 2: 仕分けルールの説明を編集してください (下線部分をクリックします)(D)
この仕分けルールは次のタイミングで適用されます: メッセージを受信したとき
差出人のアドレスに @watch.ocn.ne.jp が含まれる場合
プライベート フォルダーへ移動する

キャンセル　　＜ 戻る(B)　　次へ(N) ＞　　完了

20 ＜次へ＞をクリックします。

21 仕分けルールの名前を入力して、

22 ＜"受信トレイ"内のメッセージに仕分けルールを適用する＞をクリックしてオンにし、

自動仕分けウィザード
ルールの設定を完了します。

ステップ 1: 仕分けルールの名前を指定してください(N)
プライベート

ステップ 2: 仕分けルールのオプションを設定してください
☑ "受信トレイ" 内のメッセージに仕分けルールを適用する(U)
☑ この仕分けルールを有効にする(T)
☐ この仕分けルールをすべてのアカウント用に作成する(C)

ステップ 3: 仕分けルールの説明を確認してください (下線部分をクリックします)(D)
この仕分けルールは次のタイミングで適用されます: メッセージを受信したとき
差出人のアドレスに @watch.ocn.ne.jp が含まれる場合
プライベート フォルダーへ移動する

キャンセル　　＜ 戻る(B)　　次へ(N) ＞　　完了

23 ＜完了＞をクリックします。

24 作成したフォルダーをクリックすると、

ここにお気に入りのフォルダーをドラッグします!
プライベートの検索　　現在のフォルダー
すべて　未読　　日付 ↑

▲taro.gijutsu@e-ayura.com
▲受信トレイ
　プライベート
　展示会
　下書き
　送信済みアイテム
▷ 削除済みアイテム
　送信トレイ
　アーカイブ

▲ 2 週間前
高津侑生
富太先輩　　　　　　2020/01/24
こんにちは？ 高津です。 突然で

高津侑生
ライブンサートの件　　2020/01/22
こんにちは！ 高津です。 先日ご

25 メールが自動的に振り分けられていることが確認できます。

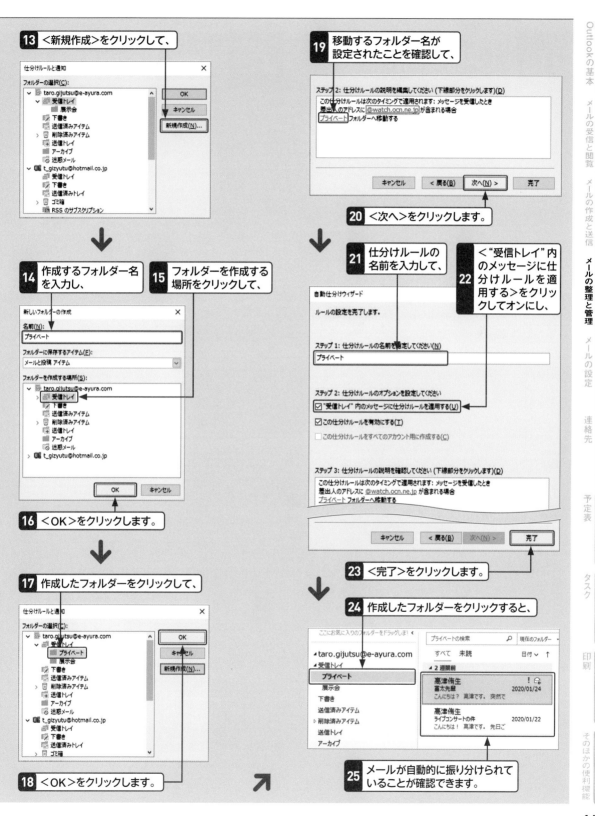

Outlookの基本　1
メールの受信と閲覧　2
メールの作成と送信　3
メールの整理と管理　4
メールの設定　5
連絡先　6
予定表　7
タスク　8
印刷　9
そのほかの便利機能　10

1 Outlookの基本
2 メールの受信と閲覧
3 メールの作成と送信
4 メールの整理と管理
5 メールの設定
6 連絡先
7 予定表
8 タスク
9 印刷
10 そのほかの便利機能

重要度 ★★★　メールの仕分け

Q 218 仕分けルールの テンプレートを利用したい!

A <自動仕分けウィザード>から 利用します。

仕分けルールをよりかんたんに設定したい場合は、テンプレートを利用します。

<ホーム>タブの<ルール>から<仕分けルールと通知の管理>をクリックし、<仕分けルールと通知>ダイアログボックスの<新しい仕分けルール>をクリックすると表示される<自動仕分けウィザード>には、よく使われるテンプレートが用意されています。

1 <仕分けルールと通知>ダイアログボックスを 表示して、

2 <新しい仕分けルール>をクリックすると、

3 <自動仕分けウィザード>が表示されます。

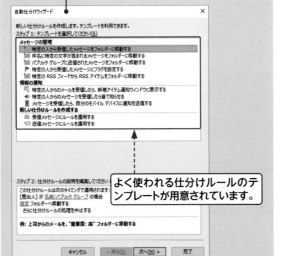

よく使われる仕分けルールのテンプレートが用意されています。

重要度 ★★★　メールの仕分け

Q 219 作成した仕分けルールを 変更したい!

A <ルール>の<仕分けルールと 通知の管理>から変更します。

作成した仕分けルールを変更したい場合は、<ホーム>タブの<ルール>から<仕分けルールと通知の管理>をクリックして<仕分けルールと通知>ダイアログボックスを表示します。変更したい仕分けルールをクリックして、<仕分けルールの説明>で下線部分をクリックして変更します。

それ以外のルールを変更したい場合は、<仕分けルールの変更>をクリックして、<仕分けルール設定の編集>をクリックし、<自動仕分けウィザード>ダイアログボックスを表示して設定し直します。

● <仕分けルールの説明>欄で変更する

1 作成したルールを クリックして、

2 <仕分けルールの説明> で下線部分を クリックして変更します。

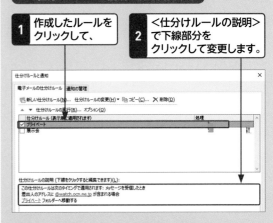

● <仕分けルールの変更>から変更する

1 <仕分けルールの 変更>をクリックして、

2 <仕分けルール設定 の編集>をクリックし、 ルールを変更します。

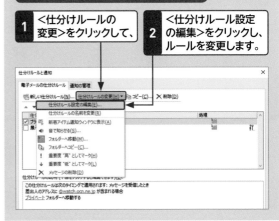

Q 220 仕分けルールの優先順位を変更したい！

A ＜ルール＞の＜仕分けルールと通知の管理＞から変更します。

仕分けルールを複数作成した場合、＜ホーム＞タブの＜ルール＞から＜仕分けルールと通知の管理＞をクリックすると、仕分けルールが一覧で表示されます。仕分けルールは、上から順に処理が行われます。優先順位を変更するには、以下の手順で操作します。

参照▶Q 216, Q 217

1 ＜ホーム＞タブの＜ルール＞をクリックして、

2 ＜仕分けルールと通知の管理＞をクリックします。

3 優先順位を入れ替えたいルールをクリックして、

4 これらをクリックすると、

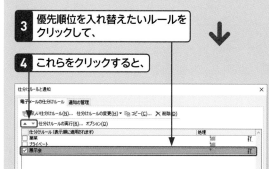

5 優先順位が入れ替わります。

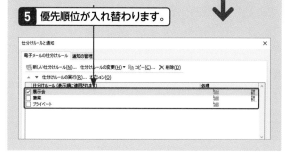

Q 221 仕分けルールを削除したい！

A ＜ルール＞の＜仕分けルールと通知の管理＞から削除します。

作成した仕分けルールを削除するには、＜ホーム＞タブの＜ルール＞から＜仕分けルールと通知の管理＞をクリックして、＜仕分けルールと通知＞ダイアログボックスから削除します。なお、作成したフォルダーは、別途削除する必要があります。

参照▶Q 216, Q 217

1 ＜ホーム＞タブの＜ルール＞をクリックして、

2 ＜仕分けルールと通知の管理＞をクリックします。

3 削除したいルールをクリックして、

4 ＜削除＞をクリックし、

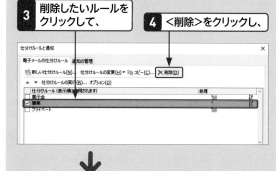

5 ＜はい＞をクリックします。

6 ＜仕分けルールと通知＞ダイアログボックスの＜OK＞をクリックします。

1 Outlookの基本
2 メールの受信と閲覧
3 メールの作成と送信
4 メールの整理と管理
5 メールの設定
6 連絡先
7 予定表
8 タスク
9 印刷
10 そのほかの便利機能

重要度 ★★★　分類項目

Q 222 分類項目とは？

A アイテムをグループ別に分けて管理するための機能です。

「分類項目」とは、メールなどのアイテムをグループ別に分けて管理するための機能です。仕事やプライベート、友人など、わかりやすい分類項目を用意して、受け取ったメールをそれぞれの項目に分類しておけば、目的のメールをすぐに探し出すことができます。分類項目には任意の名前や色を設定することができ、メール、予定表、連絡先、タスクで共通して利用することができます。

アイテムに分類項目を割り当てるとメールが管理しやすくなります。

重要度 ★★★　分類項目

Q 223 メールを分類分けしたい！

A <ホーム>タブの<分類>から分類項目を指定します。

Outlookでは、各アイテムをグループ別に管理できる「分類項目」機能が用意されています。メールを分類分けするには、分類分けしたいメールをクリックして、<ホーム>タブの<分類>から設定したい色をクリックします。
分類項目を解除する場合は、<ホーム>タブの<分類>から<すべての分類項目をクリア>をクリックします。

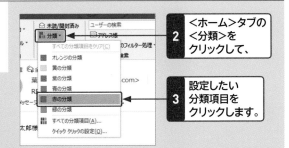

2 <ホーム>タブの<分類>をクリックして、

3 設定したい分類項目をクリックします。

4 はじめて利用する分類項目の場合は、このダイアログボックスが表示されるので、必要であれば名前を変更します。

5 <はい>をクリックすると、

6 メールが分類分けされます。

1 <受信トレイ>をクリックして、分類分けしたいメールをクリックし、

重要度 ★★★　分類項目

224 分類項目を 新規に作成したい！

A ＜ホーム＞タブの＜分類＞の ＜すべての分類項目＞から設定します。

分類項目では、あらかじめ6色の分類項目が用意され ていますが、新規に作成することもできます。設定した いメールをクリックして＜ホーム＞タブの＜分類＞を クリックし、＜すべての分類項目＞をクリックして設 定します。新規に作成する分類項目名には、どのような 項目なのかがわかりやすいように、具体的な名前を付 けます。

1 ＜受信トレイ＞をクリックして、分類項目を 設定したいメールをクリックし、

2 ＜ホーム＞タブの＜分類＞をクリックして、

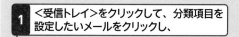

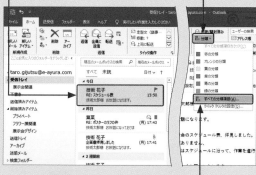

3 ＜すべての分類項目＞をクリックします。

4 ＜新規作成＞をクリックして、

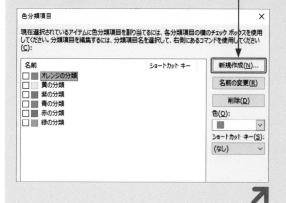

5 分類項目名を 入力します。

6 ここをクリックして、

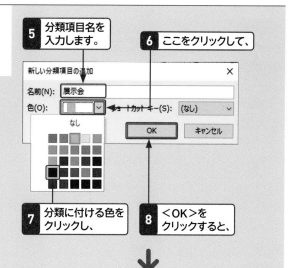

7 分類に付ける色を クリックし、

8 ＜OK＞を クリックすると、

9 作成した分類項目が表示されます。

10 ＜OK＞をクリックすると、

11 分類項目が設定されます。

重要度 ★★★　分類項目

Q 225 メールの分類分けを変更したい！

A <分類>から<すべての分類項目>をクリックして変更します。

分類分けを変更するには、分類分けしたメールをクリックして、<ホーム>タブの<分類>をクリックし、<すべての分類項目>をクリックすると表示される<色分類項目>ダイアログボックスを利用します。分類分けや項目の名前を変更したり、分類項目を削除したりすることができます。

> **1** 分類分けしたメールをクリックして、
>
> **2** <ホーム>タブの<分類>をクリックし、

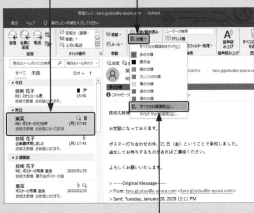

> **3** <すべての分類項目>をクリックします。

> 分類分けを変更する場合は、ここで設定します。

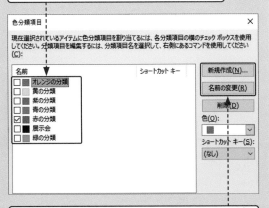

> 目的の分類項目がない場合は、<新規作成>や<名前の変更>をクリックして作成します。

重要度 ★★★　分類項目

Q 226 分類項目をすばやく設定したい！

A <クイッククリックの設定>を利用します。

クイッククリックに任意の分類項目を設定すると、分類の列をクリックするだけで、設定した分類項目が反映されるようになります。クイッククリックを設定するには、あらかじめ、ビューを<シングル>ビューに変更しておく必要があります。　参照▶Q 122

> あらかじめ、ビューを<シングル>ビューに変更しておきます。

> **1** <ホーム>タブの<分類>をクリックして、

> **2** <クイッククリックの設定>をクリックします。

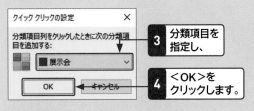

> **3** 分類項目を指定し、
>
> **4** <OK>をクリックします。

> **5** メールの分類列をクリックすると、クイッククリックに設定した分類項目が設定されます。

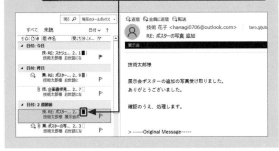

Q 227 メールサーバーにメールを残したい!

A ＜アカウント設定＞ダイアログボックスから設定を変更します。

会社と自宅など、POPアカウントのメールを2台のパソコンで利用している場合、片方のパソコンでメール受信後、サーバーからメールをすぐに削除するように設定してしまうと、もう片方のパソコンでメールを見ることができなくなってしまいます。このようなことを避けるためにも、ある程度の期間はサーバーにメールを残しておくようにします。

参照 ▶ Q 228

● Outlook 2019／2016の場合

1 ＜ファイル＞タブをクリックして、

2 ＜アカウント設定＞をクリックし、

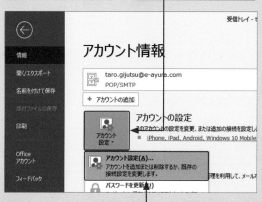

受信トレイ - t

アカウント情報

情報
開く/エクスポート
名前を付けて保存
添付ファイルの保存
印刷
Office アカウント
フィードバック

taro.gijutsu@e-ayura.com
POP/SMTP

＋ アカウントの追加

アカウントの設定
このアカウントの設定を変更、または追加の接続を設定し
iPhone、iPad、Android、Windows 10 Mobile

アカウント設定(A)...
アカウントを追加または削除するか、既存の接続設定を変更します。

パスワードを更新(U)

3 ＜アカウント設定＞をクリックします。

4 メールアカウントをクリックして、

5 ＜変更＞をクリックし、

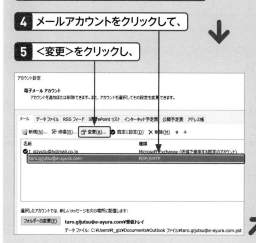

アカウント設定

電子メール アカウント
アカウントを追加または削除できます。また、アカウントを選択してその設定を変更できます。

メール　データ ファイル　RSS フィード　SharePoint リスト　インターネット予定表　公開予定表　アドレス帳

新規(N)...　修復(R)...　変更(A)...　既定に設定(D)　削除(M)

名前　　　　　　　　　　　　　種類
t_gizyutu@hotmail.co.jp　　　Microsoft Exchange (送信で使用する既定のアカウント)
taro.gijutsu@e-ayura.com　　POP/SMTP

選択したアカウントでは、新しいメッセージを次の場所に配信します:
フォルダーの変更(F)　taro.gijutsu@e-ayura.com¥受信トレイ
データ ファイル: C:¥Users¥t_giz¥Documents¥Outlook ファイル¥taro.gijutsu@e-ayura.com.pst

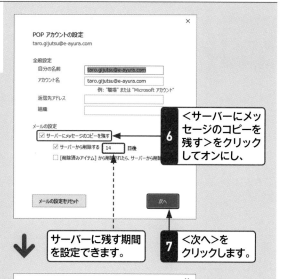

POP アカウントの設定
taro.gijutsu@e-ayura.com

全般設定
自分の名前　　　taro.gijutsu@e-ayura.com
アカウント名　　taro.gijutsu@e-ayura.com
　　　　　　　　例: "職場" または "Microsoft アカウント"
返信先アドレス
組織

メールの設定
☑ サーバーにメッセージのコピーを残す
　☑ サーバーから削除する　14　日後
　□ [削除済みアイテム] から削除されたら、サーバーから削除

メールの設定をリセット　　　　次へ

6 ＜サーバーにメッセージのコピーを残す＞をクリックしてオンにし、

サーバーに残す期間を設定できます。

7 ＜次へ＞をクリックします。

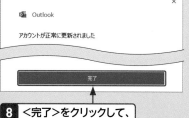

Outlook

アカウントが正常に更新されました

完了

8 ＜完了＞をクリックして、

9 ＜アカウント設定＞ダイアログボックスの＜閉じる＞をクリックします。

● Outlook 2013の場合

1 左の手順**5**のあとに表示される＜アカウントの変更設定＞ダイアログボックスで＜詳細設定＞をクリックします。

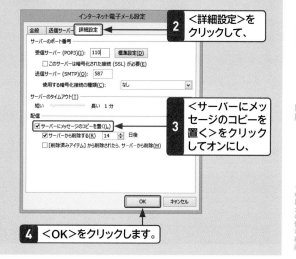

インターネット電子メール設定

全般　送信サーバー　詳細設定

サーバーのポート番号
受信サーバー (POP3)(I):　110　標準設定(D)
　□ このサーバーは暗号化された接続 (SSL) が必要(E)
送信サーバー (SMTP)(O):　587
使用する暗号化接続の種類(C):　なし

サーバーのタイムアウト(T)
短い　　　　　　長い　1 分

配信
☑ サーバーにメッセージのコピーを置く(L)
　☑ サーバーから削除する(R)　14　日後
　□ [削除済みアイテム] から削除されたら、サーバーから削除(M)

OK　キャンセル

2 ＜詳細設定＞をクリックして、

3 ＜サーバーにメッセージのコピーを置く＞をクリックしてオンにし、

4 ＜OK＞をクリックします。

Outlookの基本　1
メールの受信と閲覧　2
メールの作成と送信　3
メールの整理と管理　4
メールの設定　5
連絡先　6
予定表　7
タスク　8
印刷　9
そのほかの便利機能　10

1 Outlookの基本
2 メールの受信と閲覧
3 メールの作成と送信
4 メールの整理と管理
5 メールの設定
6 連絡先
7 予定表
8 タスク
9 印刷
10 そのほかの便利機能

重要度 ★★★　メールの管理

Q 228 メールをサーバーに残す期間を変更したい!

A <POPアカウントの設定>ダイアログボックスで変更します。

POPアカウントのメールをサーバーに残す期間は、<POPアカウントの設定>（Outlook 2013では<インターネット電子メール設定>）ダイアログボックスで変更することができます。日数は自由に設定できますが、期間が長すぎると、サーバーの容量が圧迫され、メールが受信できなくなったり、メールの受信に時間がかかってしまったりすることがあるので、注意が必要です。

参照 ▶ Q 227

ここで、サーバーから削除する日数を指定します。

重要度 ★★★　メールの管理

Q 229 メールを期限管理したい!

A フラグを設定します。

「明日までにメールを返信する」というように、メールに期限を付けて管理したい場合は、フラグを設定します。フラグを付けることで、メールを処理する期限を設定することができます。フラグは旗のアイコンで表示され、今日、明日、今週、来週など、期限ごとに色の異なるフラグが表示されます。

1 <受信トレイ>をクリックして、フラグを付けるメールをクリックし、

2 <ホーム>タブの<フラグの設定>をクリックして、

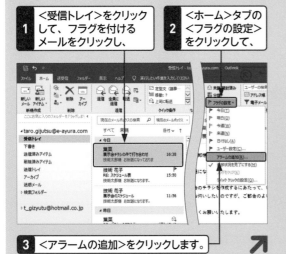

3 <アラームの追加>をクリックします。

4 フラグの内容を入力して、

5 開始日と期限を指定します。

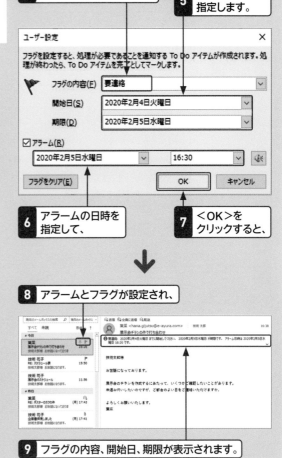

6 アラームの日時を指定して、

7 <OK>をクリックすると、

8 アラームとフラグが設定され、

9 フラグの内容、開始日、期限が表示されます。

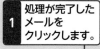

Q 230 期限管理した メールの処理を完了したい！

A <フラグの設定>から<進捗状況を 完了にする>をクリックします。

フラグを設定したメールの処理が終わったら、処理を
完了させます。処理が完了したメールをクリックして、
<ホーム>タブの<フラグの設定>から<進捗状況を
完了にする>をクリックするか、メールの右横にある
フラグアイコンをクリックします。
なお、間違えてフラグを付けてしまった場合は、手順
2で<フラグをクリア>をクリックすると、消去する
ことができます。　　　　　　　　　　**参照▶Q 229**

1 処理が完了した メールを クリックします。

2 <ホーム>タブの <フラグの設定>を クリックして、

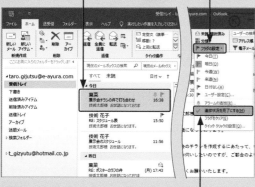

3 <進捗状況を完了にする>をクリックすると、

4 完了マークが表示されます。

Q 231 フォルダー内の 重複メールを削除したい！

A <フォルダー>タブの<フォルダー のクリーンアップ>を実行します。

<フォルダーのクリーンアップ>を実行すると、フォ
ルダー内の重複したメールを削除することができま
す。受信したメールが増えてきた場合は、フォルダーを
クリーンアップして、メールを整理しましょう。

1 整理したいフォルダーをクリックして、

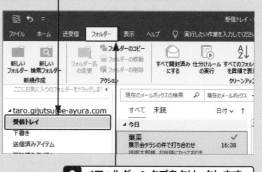

2 <フォルダー>タブをクリックします。

3 <フォルダーのクリーンアップ>を クリックして、

4 <フォルダーのクリーンアップ>を クリックし、

5 <フォルダーのクリーンアップ>をクリックします。

Outlookの基本 1
メールの受信と閲覧 2
メールの作成と送信 3
メールの整理と管理 4
メールの設定 5
連絡先 6
予定表 7
タスク 8
印刷 9
そのほかの便利機能 10

1 Outlookの基本

2 メールの受信と閲覧

3 メールの作成と送信

4 メールの整理と管理

5 メールの設定

6 連絡先

7 予定表

8 タスク

9 印刷

10 そのほかの便利機能

重要度 ★★★　メールの管理

Q 232 受信したはずのメールが消えてしまった？

A ＜削除済みアイテム＞や＜迷惑メール＞フォルダーを確認します。

受信したはずのメールが消えてしまった場合は、間違って削除したか、迷惑メールと判断されてしまったことが考えられます。＜削除済みアイテム＞や＜迷惑メール＞フォルダーをクリックして、確認します。やりとりしている古いメールのみ表示されない場合は、スレッドを確認してみてください。

また、Outlookに複数のメールアカウントを設定している場合は、別のメールアカウントの＜受信トレイ＞を探していることも考えられます。別のメールアカウントを確認してみましょう。　　　　参照▶Q 134

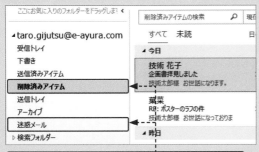

＜削除済みアイテム＞や＜迷惑メール＞フォルダーを表示して確認します。

重要度 ★★★　メールの管理

Q 233 既読のメールのみ消えてしまった！

A 既読のメールが非表示になっています。

メールを開封すると消えてしまう、といった場合は、「既読メールは表示しない」というフィルターがかかっていることが考えられます。この場合は、＜表示＞タブの＜ビューの変更＞からビューを＜コンパクト＞に設定したあと、＜表示＞タブの＜ビューのリセット＞をクリックします。また、＜表示＞タブの＜ビューの設定＞から＜フィルター＞をクリックして、＜すべてクリア＞をクリックすることでも、フィルターが解除されます。　　　　参照▶Q 234

＜ビューの変更＞を＜コンパクト＞に設定したあと、＜ビューのリセット＞をクリックします。

重要度 ★★★　メールの管理

Q 234 特定のフォルダーだけメールが見えない！

A なんらかの理由でフィルターが有効になっていると考えられます。

特定のフォルダー内の一部またはすべてのメールが表示されていない場合は、なんらかの理由でフィルターが有効になっていると考えられます。この場合は、＜表示＞タブの＜ビューの設定＞をクリックして、＜ビューの詳細設定＞ダイアログボックスを表示します。続いて、＜フィルター＞をクリックすると表示される＜フィルター＞ダイアログボックスで、＜すべてクリア＞をクリックすると、フィルターが解除されます。

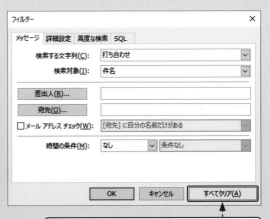

＜フィルター＞ダイアログボックスを表示して、＜すべてクリア＞をクリックします。

Q 235 迷惑メールとは？

A 一方的に送り付けられる広告や詐欺目的のメールのことです。

「迷惑メール」とは、ユーザーが望まないにもかかわらず、一方的に送られてくる広告などのメールや、詐欺目的のメールのことをいいます。「スパムメール」とも呼ばれます。

Outlookには、受信したメールが迷惑メールかどうかを判断し、自動で仕分けしてくれるフィルター機能が用意されています。迷惑メールと判断されたメールは、<迷惑メール>フォルダーに保存されます。なお、初期設定では、迷惑メールフィルターは機能していないので、有効にしておく必要があります。

参照 ▶ Q 236

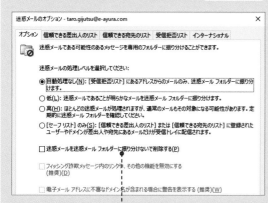

Outlookには、独自のメールフィルター機能が用意されています。

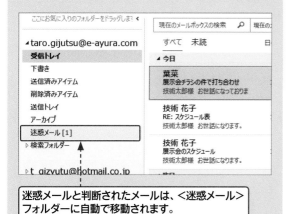

迷惑メールと判断されたメールは、<迷惑メール>フォルダーに自動で移動されます。

Q 236 迷惑メールフィルターを有効にしたい！

A <迷惑メールのオプション>ダイアログボックスで設定します。

Outlookには、迷惑メールを自動で振り分ける機能が用意されていますが、初期設定では<自動処理なし>に設定されているので、迷惑メールフィルターを有効にする必要があります。迷惑メールフィルターに関するオプションは、必要に応じて変更することができます。

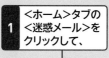

1 <ホーム>タブの<迷惑メール>をクリックして、

2 <迷惑メールのオプション>をクリックします。

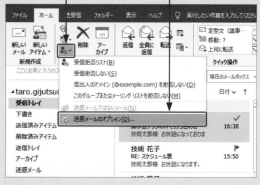

3 迷惑メールの処理レベル（ここでは<高>）をクリックしてオンにし、

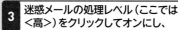

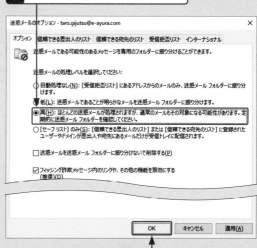

4 <OK>をクリックします。

重要度 ★★★ 迷惑メール

Q 237 迷惑メールの処理レベルとは？

A 迷惑メールかどうかを判断する基準です。

Outlookには、独自の迷惑メールフィルター機能が備わっており、以下の4種類の処理レベルが用意されています。処理レベルを変更することで、迷惑メールかどうかを判断する基準が変わります。

また、迷惑メールを＜迷惑メール＞フォルダーに移動しないですぐに削除したり、フィッシング詐欺メッセージ内のリンクや、そのほかの機能を無効にしたりすることもできます。

①自動処理なし

迷惑メールフィルターの自動適用はオフになり、「受信拒否リスト」に登録したメールのみ迷惑メールと判断します。

②低

明らかな迷惑メールのみ、迷惑メールと判断します。

③高

迷惑メールはほぼ処理されますが、通常のメールも迷惑メールと判断されてしまう可能性があります。

④セーフリストのみ

「信頼できる差出人のリスト」と「信頼できる宛先のリスト」から届いたメール以外は迷惑メールと判断します。

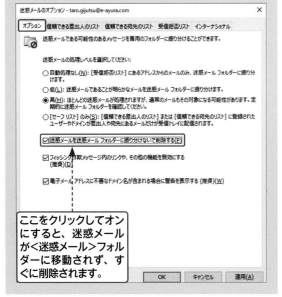

ここをクリックしてオンにすると、迷惑メールが＜迷惑メール＞フォルダーに移動されず、すぐに削除されます。

重要度 ★★★ 迷惑メール

Q 238 迷惑メールを確認したい！

A ＜迷惑メール＞フォルダーの中を確認します。

迷惑メールは、コンピューターウイルスの感染につながる危険性があるので、取り扱いには十分な注意が必要です。Outlookの迷惑メールフィルター機能を有効にすると、迷惑メールと判断されたメールは、＜迷惑メール＞フォルダーに自動で移動されます。迷惑メールを確認するには、＜迷惑メール＞フォルダーを表示します。

参照▶Q 236

1 ＜迷惑メール＞をクリックすると、

2 振り分けられた迷惑メールが表示されます。

「迷惑メールと認識されました」というメッセージがここに表示されます。

Q 239 迷惑メールが＜迷惑メール＞ に振り分けられなかった！

A ＜受信拒否リスト＞に登録します。

迷惑メールに記されていたURLにアクセスしたり、メールに添付されていたファイルを開いたりすると、ウイルスに感染したり、悪質な詐欺の被害にあったりする危険があります。迷惑メールが＜迷惑メール＞に振り分けられなかった場合は、以下の手順で＜受信拒否リスト＞に登録しましょう。

迷惑メールを受信拒否リストに登録すると、以降、そのメールアドレスから送信されたメールが迷惑メールとして扱われます。受信拒否リストは、＜迷惑メールのオプション＞ダイアログボックスの＜受信拒否リスト＞で確認できます。

1 ＜受信トレイ＞をクリックして、

2 迷惑メールをクリックします。

3 ＜ホーム＞タブの＜迷惑メール＞をクリックして、

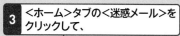

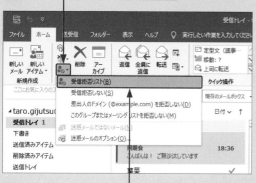

4 ＜受信拒否リスト＞をクリックし、

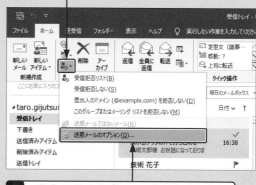

5 ＜OK＞をクリックします。

6 以降、選択したメールが迷惑メールとして扱われます。

● ＜受信拒否リスト＞を確認する

1 ＜ホーム＞タブの＜迷惑メール＞をクリックして、

2 ＜迷惑メールのオプション＞をクリックします。

3 ＜受信拒否リスト＞をクリックすると、

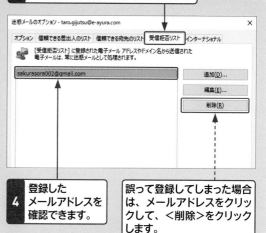

4 登録したメールアドレスを確認できます。

誤って登録してしまった場合は、メールアドレスをクリックして、＜削除＞をクリックします。

Outlookの基本 1
メールの受信と閲覧 2
メールの作成と送信 3
メールの整理と管理 4
メールの設定 5
連絡先 6
予定表 7
タスク 8
印刷 9
そのほかの便利機能 10

1 Outlookの基本
2 メールの受信と閲覧
3 メールの作成と送信
4 メールの整理と管理
5 メールの設定
6 連絡先
7 予定表
8 タスク
9 印刷
10 そのほかの便利機能

重要度 ★★★ 迷惑メール

Q 240 迷惑メールとして扱われた メールをもとに戻したい!

A <迷惑メール>から<迷惑メールではないメール>をクリックします。

知人からのメールや登録したメールマガジンなどが届いていない場合は、誤って迷惑メールとして扱われたことが考えられます。迷惑メールと判断された場合は、以下の手順で<受信トレイ>に戻します。<受信トレイ>に戻したメールは、<信頼できる差出人のリスト>に登録され、以降、そのメールアドレスから送信されたメールは迷惑メールとして扱われなくなります。信頼できる差出人のリストは、<迷惑メールのオプション>ダイアログボックスで確認できます。

1 <迷惑メール>をクリックして、

2 もとに戻したいメールをクリックします。

3 <ホーム>タブの<迷惑メール>をクリックして、

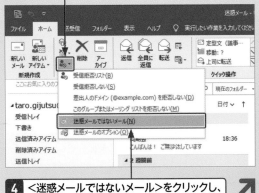

4 <迷惑メールではないメール>をクリックし、

5 ここをクリックしてオンにし、

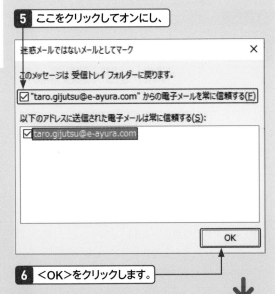

6 <OK>をクリックします。

7 <受信トレイ>をクリックすると、

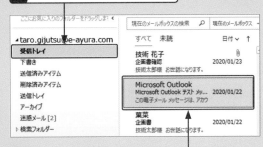

8 メールが<受信トレイ>に戻っていることが確認できます。

<受信トレイ>に戻したメールの差出人は、<信頼できる差出人のリスト>に登録されます。

第 5 章

メールの設定

1 Outlookの基本
2 メールの受信と閲覧
3 メールの作成と送信
4 メールの整理と管理
5 メールの設定
6 連絡先
7 予定表
8 タスク
9 印刷
10 そのほかの便利機能

重要度 ★ ★ ★　メールの送受信の設定

Q 241

10分おきにメールを 送受信するようにしたい!

A <Outlookのオプション>の <詳細設定>から設定します。

通常は、Outlookを起動すると自動的にメールの送受信が行われます。また、<すべてのフォルダーを送受信>をクリックすることでも、手動でメールを送受信できます。これらに加えて、一定の時間ごとに自動的にメールの送受信を行うことが可能です。時間の間隔は任意に設定できますが、短すぎるとネットワークの負荷が大きくなるので、注意が必要です。

なお、必要なときだけインターネットに接続している場合は、オフライン時の設定を行うことができます。

1 <ファイル>タブをクリックして、

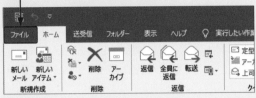

2 <オプション>をクリックします。

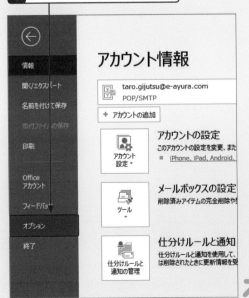

アカウント情報

taro.gijutsu@e-ayura.com
POP/SMTP

＋ アカウントの追加

アカウントの設定
このアカウントの設定を変更、また…
■ iPhone、iPad、Android、

メールボックスの設定
削除済みアイテムの完全削除や…

仕分けルールと通知
仕分けルールと通知を使用して、…
は削除されたときに更新情報を受…

3 <詳細設定>をクリックして、

4 <送受信>をクリックします。

5 ここをクリックして オンにし、

6 数値を「10」に設定して、

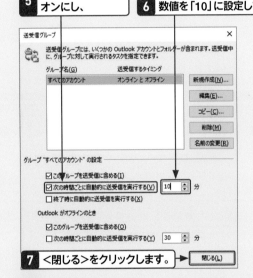

7 <閉じる>をクリックします。→ 閉じる(L)

8 <Outlookのオプション>ダイアログボックスの<OK>をクリックします。

● 必要なときだけインターネットに接続している場合

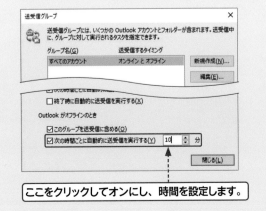

ここをクリックしてオンにし、時間を設定します。

1 Outlookの基本

2 メールの受信と閲覧

3 メールの作成と送信

4 メールの整理と管理

5 メールの設定

6 連絡先

7 予定表

8 タスク

9 印刷

10 そのほかの便利機能

重要度 ★ ★ ★　メールの送受信の設定

Q 242 メールの通知音を 鳴らさないようにしたい！

A <Outlookのオプション>の <メール>で設定します。

Outlookの初期設定では、メールの通知音が鳴るように設定されています。メールの通知音を鳴らしたくない場合は、<ファイル>タブから<オプション>をクリックして、<Outlookのオプション>ダイアログボックスを表示します。続いて、<メール>をクリックして、<音で知らせる>をクリックしてオフにします。

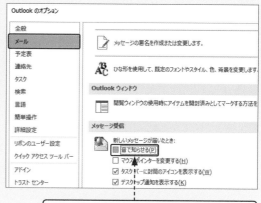

<音で知らせる>をクリックしてオフにします。

重要度 ★ ★ ★　メールの送受信の設定

Q 243 メールの通知音を 変更したい！

A <サウンド>ダイアログボックスで 設定します。

通知音を変更したいときは、<スピーカー>を右クリックして、<サウンド>をクリックすると表示される<サウンド>ダイアログボックスで設定します。
もし、通知音が鳴らない場合は、通知領域の<スピーカー>をクリックして、スピーカーのボリュームが最小になっていたり、ミュート（消音）になっていたりしないかを確認します。

1 <スピーカー>を右クリックして、

2 <サウンド>をクリックします。

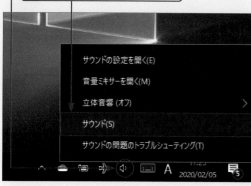

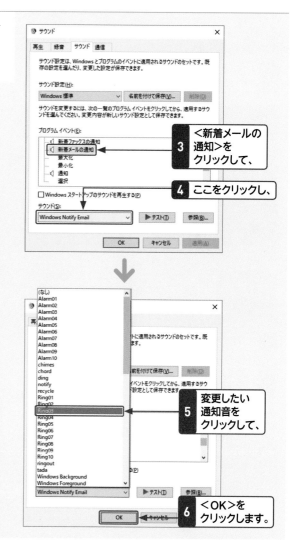

3 <新着メールの 通知>を クリックして、

4 ここをクリックし、

5 変更したい 通知音を クリックして、

6 <OK>を クリックします。

1 Outlookの基本
2 メールの受信と閲覧
3 メールの作成と送信
4 メールの整理と管理
5 メールの設定
6 連絡先
7 予定表
8 タスク
9 印刷
10 そのほかの便利機能

重要度 ★ ★ ★ 　メールアカウントの設定

Q 244 設定したメールアカウントの情報を変更したい!

A <アカウント設定>ダイアログボックスから設定します。

設定したメールアカウントの情報を変更したい場合は、以下の手順で<アカウント設定>ダイアログボックスを表示して、変更したいメールアカウントをクリックし、<変更>をクリックします。<アカウントの変更>ダイアログボックスが表示されるので、対象の情報を変更します。

なお、Outlook 2013の場合は、<ファイル>タブの<アカウント設定>から<アカウント設定>をクリックすると、手順**5**の<アカウント設定>ダイアログボックスが表示されます。

1 <ファイル>タブをクリックして、

2 <アカウント設定>をクリックし、

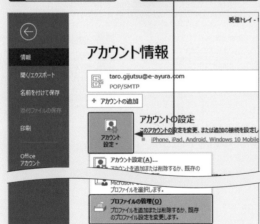

3 <プロファイルの管理>をクリックします。

4 <電子メールアカウント>をクリックして、

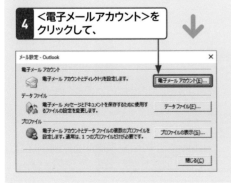

5 変更したいメールアカウントをクリックし、

6 <変更>をクリックします。

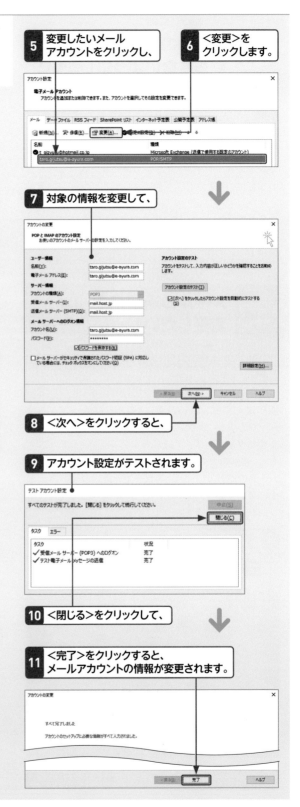

7 対象の情報を変更して、

8 <次へ>をクリックすると、

9 アカウント設定がテストされます。

10 <閉じる>をクリックして、

11 <完了>をクリックすると、メールアカウントの情報が変更されます。

1 Outlookの基本
2 メールの受信と閲覧
3 メールの作成と送信
4 メールの整理と管理
5 メールの設定
6 連絡先
7 予定表
8 タスク
9 印刷
10 そのほかの便利機能

重要度 ★★★ メールアカウントの設定

Q 245 パスワードを保存しないようにしたい!

A <アカウント設定>ダイアログボックスから設定します。

パスワードを保存するかどうかは、<アカウントの変更>ダイアログボックスで設定できます。Q 244の手順**1**～**6**を実行して、<アカウントの変更>ダイアログボックスを表示し、<パスワードを保存する>をクリックしてオフにすると、パスワードが保存されませ

ん。パスワードを保存しないようにした場合は、メールの送受信時に毎回パスワードを入力する必要があります。

参照 ▶ Q 021, Q 244

> <パスワードを保存する>をクリックしてオフにします。

重要度 ★★★ メールアカウントの設定

Q 246 <アカウントの変更>ダイアログボックスが表示できない!

A コントロールパネルの<ユーザーアカウント>から表示します。

Outlook 2016のバージョンやOfficeのインストール方法によっては、Q 244の方法で<アカウントの変更>ダイアログボックスが表示されない場合があります。その場合は、<コントロールパネル>を表示して、以下の手順で操作します。

1 <スタート>→<Windowsシステムツール>→<コントロールパネル>の順にクリックして、<コントロールパネル>を表示します。

2 <ユーザーアカウント>をクリックして、

3 <Mail（Microsoft Outlook 2016）>をクリックします。

4 <電子メールアカウント>をクリックして、

5 変更したいメールアカウントをクリックし、

6 <変更>をクリックすると、

7 <アカウントの変更>ダイアログボックスが表示されます。

1 Outlookの基本
2 メールの受信と閲覧
3 メールの作成と送信
4 メールの整理と管理
5 メールの設定
6 連絡先
7 予定表
8 タスク
9 印刷
10 そのほかの便利機能

Q 247 メールアカウントを追加したい!

A <アカウント情報>画面の<アカウントの追加>から追加します。

ビジネス用とプライベート用など、用途に応じて複数のメールアカウントを使い分けたい場合は、メールアカウントを追加します。追加したメールアカウントは、フォルダーウィンドウに表示されます。
ここでは、自動セットアップで設定を行います。手動でメールアカウントを設定する方法については、Q 029 を参照してください。

● Outlook 2019 / 2016の場合

1 <ファイル>タブをクリックして、

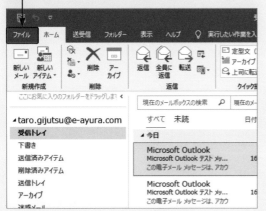

2 <アカウントの追加>をクリックします。

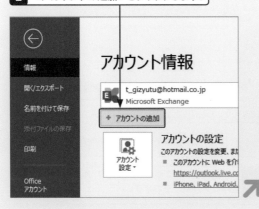

3 設定するメールアドレスを入力して、

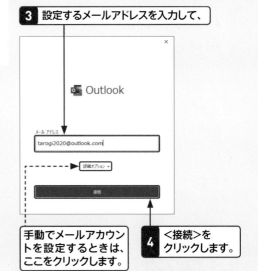

手動でメールアカウントを設定するときは、ここをクリックします。

4 <接続>をクリックします。

5 「アカウントが正常に追加されました」と表示されたことを確認して、

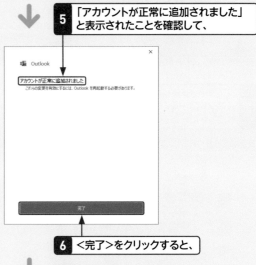

6 <完了>をクリックすると、

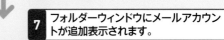

7 フォルダーウィンドウにメールアカウントが追加表示されます。

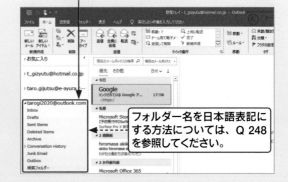

フォルダー名を日本語表記にする方法については、Q 248 を参照してください。

● Outlook 2013の場合

1 <ファイル>タブをクリックして、<アカウントの追加>をクリックします。

2 <電子メールアカウント>をクリックしてオンにし、

3 差出人として表示する名前とメールアドレスを入力します。

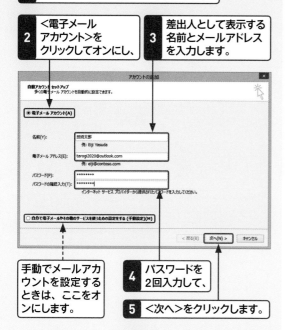

手動でメールアカウントを設定するときは、ここをオンにします。

4 パスワードを2回入力して、

5 <次へ>をクリックします。

6 <Windowsセキュリティ>ダイアログボックスが表示された場合は、

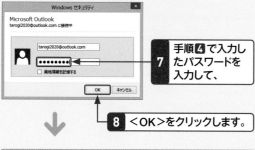

7 手順**4**で入力したパスワードを入力して、

8 <OK>をクリックします。

9 <完了>をクリックすると、メールアカウントが追加されます。

Q 248 アカウントを追加したらフォルダー名が英語表記になる！

A Outlook.live.comにアクセスして、表示言語とタイムゾーンを設定します。

Microsoftアカウントのメールアカウントを追加した際に、下図のようにフォルダー名が英語表記になっている場合があります。この場合は、「https://outlook.live.com」にアクセスしてOutlookを表示し、表示言語とタイムゾーンを設定します。

メールアカウントを追加した際に、フォルダー名が英語表記になっています。

1 「https://outlook.live.com」にアクセスします。

2 <言語>をクリックして、「日本語(日本)」を選択し、

3 <タイムゾーン>をクリックして、「(UTC＋09:00) Osaka、Sapporo、Tokyo」を選択し、

4 <保存>をクリックします。

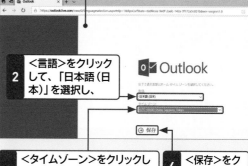

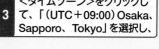

5 Outlookの画面に戻ると、日本語表記に変更されていることが確認できます。

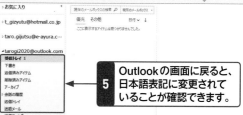

1 Outlookの基本
2 メールの受信と閲覧
3 メールの作成と送信
4 メールの整理と管理
5 メールの設定
6 連絡先
7 予定表
8 タスク
9 印刷
10 そのほかの便利機能

重要度 ★★★　メールアカウントの設定

Q 249 相手に表示される名前を変更したい！

A <アカウント設定>ダイアログボックスから変更します。

送信先に表示される差出人の名前は、メールアカウントを設定したときに入力したメールアドレスや名前が表示されます。
差出人の名前は、任意に変更することができます。ただし、変更できるのはPOPアカウントに限られます。

● Outlook 2019／2016の場合

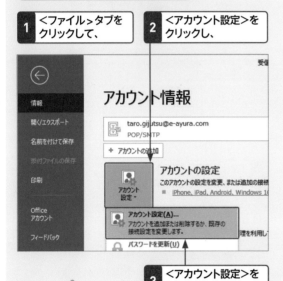

1 <ファイル>タブをクリックして、
2 <アカウント設定>をクリックし、
3 <アカウント設定>をクリックします。

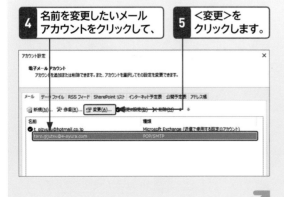

4 名前を変更したいメールアカウントをクリックして、
5 <変更>をクリックします。

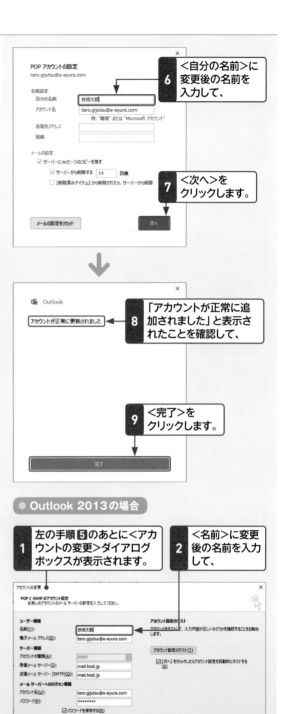

6 <自分の名前>に変更後の名前を入力して、
7 <次へ>をクリックします。

8 「アカウントが正常に追加されました」と表示されたことを確認して、
9 <完了>をクリックします。

● Outlook 2013の場合

1 左の手順5のあとに<アカウントの変更>ダイアログボックスが表示されます。
2 <名前>に変更後の名前を入力して、
3 <次へ>をクリックし、
4 <閉じる>→<完了>の順にクリックします。

250 メールアカウントを削除したい！

A <アカウント設定>
ダイアログボックスで削除します。

Outlookでは、複数のメールアカウントを設定して利用することができます。設定したメールアカウントが不要になった場合は、<アカウント設定>ダイアログボックスで削除することができます。

1 <ファイル>タブをクリックして、

2 <アカウント設定>をクリックし、

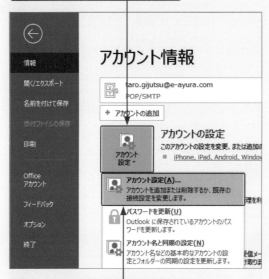

3 <アカウント設定>をクリックします。

4 削除したいメールアカウントをクリックして、

5 <削除>をクリックし、

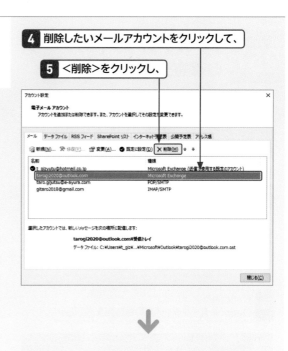

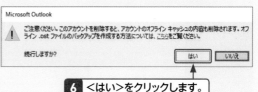

6 <はい>をクリックします。

7 メールアカウントが削除されたことを確認して、

8 <閉じる>をクリックします。

1 Outlookの基本
2 メールの受信と閲覧
3 メールの作成と送信
4 メールの整理と管理
5 メールの設定
6 連絡先
7 予定表
8 タスク
9 印刷
10 そのほかの便利機能

1 Outlookの基本

2 メールの受信と閲覧

3 メールの作成と送信

4 メールの整理と管理

5 メールの設定

6 連絡先

7 予定表

8 タスク

9 印刷

10 そのほかの便利機能

重要度 ★★★　メールアカウントの設定

Q 251 メールアカウントのデータの保存先を変更したい！

A データファイルの保存先を表示して、任意の場所に移動します。

Outlookに設定したメールアカウントのメールや連絡先などは、まとめて1つのOutlookデータファイル（.pst）として保存されています。このデータファイルの保存先は変更することができます。Outlookを終了してデータファイルの保存先を表示し、任意の場所に移動します。そのあとにOutlookを起動するとエラーメッセージが表示されるので、＜OK＞をクリックしてデータファイルの保存先を指定します。　参照▶Q 020

1 Outlookを終了して、Outlookデータファイルの保存先を表示し、

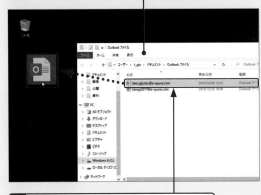

2 データファイルを任意の場所（ここでは、デスクトップ）に移動します。

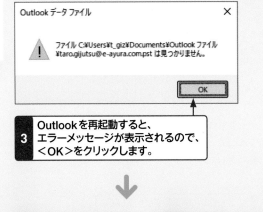

3 Outlookを再起動すると、エラーメッセージが表示されるので、＜OK＞をクリックします。

4 データファイルの新しい保存先を指定して、

5 Outlookデータファイルをクリックし、

6 ＜開く＞をクリックすると、

7 Outlookが起動します。

重要度 ★★★　メールアカウントの設定

Q 252 既定のメールアカウントを変更したい！

A ＜アカウント設定＞ダイアログボックスで変更します。

複数のメールアカウントを設定した場合、最初に設定したものが「既定のメールアカウント」になり、メールの送受信に使用されます。既定のメールアカウントを変更したい場合は、＜ファイル＞タブをクリックして、＜アカウント設定＞から＜アカウント設定＞をクリッ

クすると表示される＜アカウント設定＞ダイアログボックスで設定します。

1 既定にしたいメールアカウントをクリックして、

2 ＜既定に設定＞をクリックします。

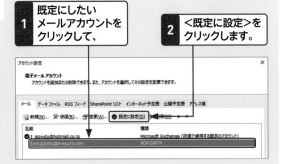

重要度 ★ ★ ★　メールアカウントの設定

Q 253 メールアカウントの 表示順を変更したい!

A フォルダーウィンドウで 順序を入れ替えます。

複数のメールアカウントを設定した場合、最初に設定 したメールアカウントがフォルダーウィンドウの上段 に表示されます。メールアカウントの表示順を変更し たい場合は、フォルダーウィンドウでメールアカウン ト名をドラッグします。ドラッグする際は、フォルダー を閉じておくと操作しやすいでしょう。

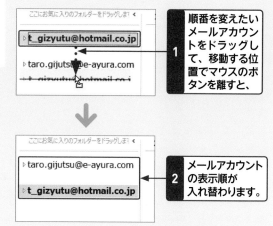

1 順番を変えたい メールアカウン トをドラッグし て、移動する位 置でマウスのボ タンを離すと、

2 メールアカウント の表示順が 入れ替わります。

重要度 ★ ★ ★　メールアカウントの設定

Q 254 複数のメールアカウントのメール を1つの受信トレイで見たい!

A <アカウント設定>の<フォルダー の変更>から設定します。

Outlookに複数のメールアカウントを設定すると、メー ルアカウントごとにフォルダーが作成され、それぞれ の<受信トレイ>にメールが配信されます。複数の メールアカウントのメールを1つの<受信トレイ>で 受信したい場合は、以下の手順で操作します。ただし、 この操作は、POPアカウントに限られます。
なお、以下の手順を実行しても、すでに受信済みのメー ルは自動的には移動しません。必要であればQ 255の 方法で移動します。

参照 ▶ Q 255

1 <ファイル>タブを クリックして、

2 <アカウント設定>を クリックし、

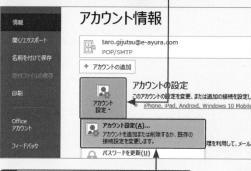

3 <アカウント設定>をクリックします。

4 配信先を変更したいメールアカウントを クリックして、

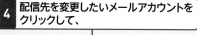

5 <フォルダーの変更>をクリックします。

6 配信先とするメールアカウントの <受信トレイ>をクリックして、

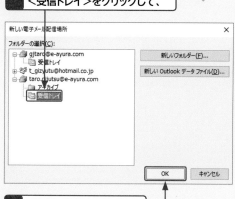

7 <OK>をクリックします。

Outlookの基本 1
メールの受信と閲覧 2
メールの作成と送信 3
メールの整理と管理 4
メールの設定 5
連絡先 6
予定表 7
タスク 8
印刷 9
そのほかの便利機能 10

1 Outlookの基本

2 メールの受信と閲覧

3 メールの作成と送信

4 メールの整理と管理

5 メールの設定

6 連絡先

7 予定表

8 タスク

9 印刷

10 そのほかの便利機能

重要度 ★ ★ ★　メールアカウントの設定

Q 255 別のメールアカウントに メールを移動したい!

A エクスポートとインポートを 利用します。

Outlookに複数のメールアカウントを設定している 場合や、同じメールアカウントを重複して設定してし まった場合などは、片方のメールアカウントからもう 一方のメールアカウントにメールをコピーすることが できます。一方のメールアカウントのデータファイル をエクスポート(書き出し)して、もう片方のメールア カウントにインポート(書き込み)します。

1 <ファイル>タブをクリックして、 <開く/エクスポート>をクリックし、

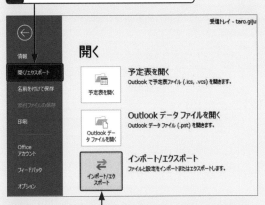

2 <インポート/エクスポート>をクリックします。

3 <ファイルにエクスポート>をクリックして、

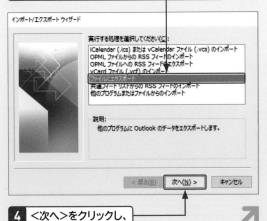

4 <次へ>をクリックし、

5 <Outlookデータファイル(.pst)>をクリックして、

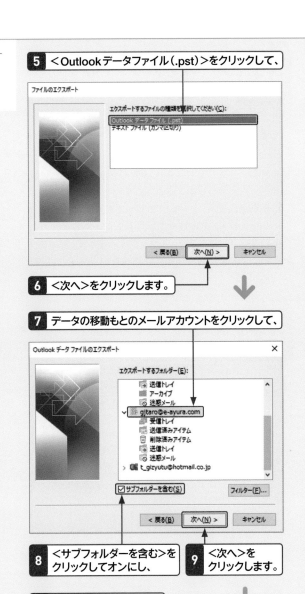

6 <次へ>をクリックします。

7 データの移動もとのメールアカウントをクリックして、

8 <サブフォルダーを含む>を クリックしてオンにし、

9 <次へ>を クリックします。

10 <参照>をクリックして、

11 移動先のメールアカウントをクリックし、

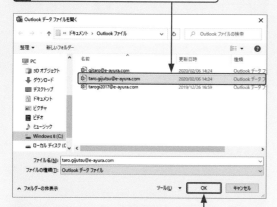

12 <OK>をクリックします。

13 重複した場合の処理方法をクリックしてオンにし、

14 <完了>をクリックすると、

15 メールがコピーされます。

Q 256 同じメールアドレスの 受信トレイが複数できた！

A 片方のメールアカウントを 削除します。

フォルダーウィンドウに同じメールアカウントが2つできたのは、同じメールアドレスを別々のメールアカウントとして設定してしまったためです。この場合は、重複したメールアカウントを削除します。

このとき、それぞれのメールアカウントにデータが残っている場合があります。あらかじめ、メールアカウントのデータを1つにまとめてから削除すると、メールデータを失わずにすみます。1つにまとめるには、データをエクスポートして、まとめるメールアカウントにインポートします。

参照 ▶ Q 250, Q 255

1 同じメールアドレスのメールアカウントが 重複した場合は、メールアカウントのデータを 1つにまとめてから、

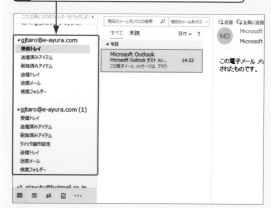

2 片方のメールアカウントを削除します。

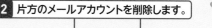

Outlookの基本 1
メールの受信と閲覧 2
メールの作成と送信 3
メールの整理と管理 4
メールの設定 5
連絡先 6
予定表 7
タスク 8
印刷 9
そのほかの便利機能 10

1 Outlookの基本
2 メールの受信と閲覧
3 メールの作成と送信
4 メールの整理と管理
5 メールの設定
6 連絡先
7 予定表
8 タスク
9 印刷
10 そのほかの便利機能

重要度 ★★★　メールアカウントの設定

Q 257 特定のメールアカウントの自動受信を一時的に止めたい!

A <送受信>タブの
<送受信グループ>から設定します。

複数のメールアカウントを設定している場合、特定の
メールアカウントの自動受信を一時的に止めることが
できます。<送受信>タブの<送受信グループ>から
<送受信グループの定義>をクリックして設定します。

1 <送受信>タブを
クリックして、

2 <送受信グループ>を
クリックし、

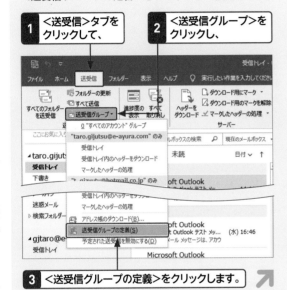

3 <送受信グループの定義>をクリックします。

4 <すべてのアカウント>を
クリックして、

5 <編集>を
クリックします。

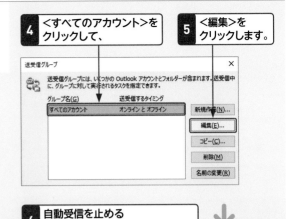

6 自動受信を止める
メールアカウントをクリックして、

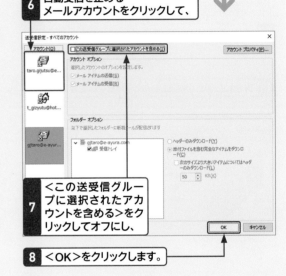

7 <この送受信グループ
に選択されたアカ
ウントを含める>をク
リックしてオフにし、

8 <OK>をクリックします。

重要度 ★★★　そのほかのメールの設定

Q 258 Outlookを既定の
メールソフトにするには?

A <Outlookのオプション>の
<全般>で設定します。

Webページ上のメールアドレスのリンクをクリック
したり、ExcelやWordのファイルをメールで送信した
りする場合は、既定のメールソフトが起動します。パソ
コンに複数のメールソフトをインストールしている
ときに、Outlookが既定のプログラムとして起動され
るようにするには、<Outlookのオプション>ダイア
ログボックスの<全般>(Outlook 2013では<基本設
定>)で設定します。

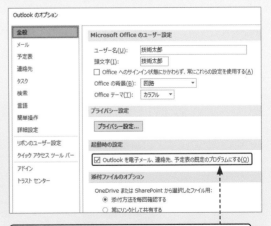

<Outlookを電子メール、連絡先、予定表の既定の
プログラムにする>をクリックしてオンにします。

Q 259 デスクトップ通知を 非表示にしたい！

A ＜Outlookのオプション＞の ＜メール＞で設定します。

初期設定では、メールを受信するとデスクトップ通知が表示され、メールの発信もとや件名などが確認できます。デスクトップ通知は数秒経てば自動的に閉じますが、わずらわしく感じる場合は非表示にすることができます。

1 ＜ファイル＞タブをクリックして、

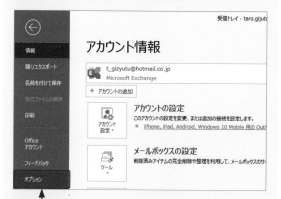

2 ＜オプション＞をクリックします。

3 ＜メール＞を クリックして、

4 ＜デスクトップ通知を 表示する＞をクリックして オフにし、

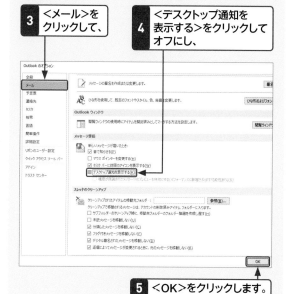

5 ＜OK＞をクリックします。

Q 260 デスクトップ通知を 設定したのに表示されない！

A 仕分けルールによって仕分けされた メールには表示されません。

仕分けルールによって自動的に振り分けられたメールの場合、デスクトップ通知は表示されません。自動的に振り分けられたメールに通知を表示したい場合は、仕分けルールを作成する際に、＜仕分けルールの作成＞ダイアログボックスの＜新着アイテム通知ウィンドウに表示する＞をクリックしてオンにします。

また、仕分けルールを変更する場合は、＜自動仕分けウィザード＞の処理を選択するダイアログボックスで、＜新着アイテム通知ウィンドウに通知メッセージを表示する＞をクリックしてオンにします。

参照 ▶ Q 216, Q 217

＜新着アイテム通知ウィンドウに表示する＞を クリックしてオンにします。

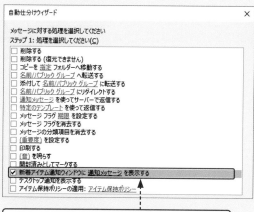

＜新着アイテム通知ウィンドウに通知メッセージを 表示する＞をクリックしてオンにします。

重要度 ★★★　そのほかのメールの設定

Q 261 クイック操作を利用したい！

A はじめて利用するときに
セットアップが必要です。

「クイック操作」とは、メールで頻繁に行っている操作、たとえば、上司にメールを転送する、チーム宛てにメールを転送する、などの操作の流れを登録して、1回のクリックで実行できるようにしたものです。

クイック操作には、よく利用する操作があらかじめ用意されていますが、新規に登録することもできます。あらかじめ用意されているクイック操作をはじめて実行するときは、セットアップを行う必要があります。

参照 ▶ Q 168

1 対象のメールを
クリックして、

2 <ホーム>タブの<クイック操作>から操作（ここでは<上司に転送>）をクリックします。

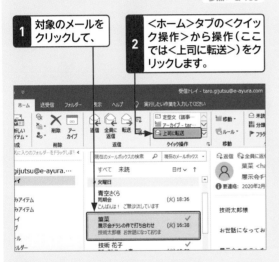

3 はじめて実行するときは、<初回使用時のセットアップ>が表示されます。

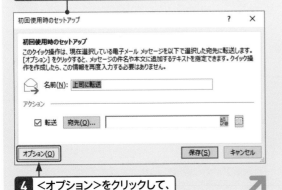

4 <オプション>をクリックして、

5 <宛先>に上司のアドレスを設定し、

ここをクリックして、件名や文章などを入力することもできます。

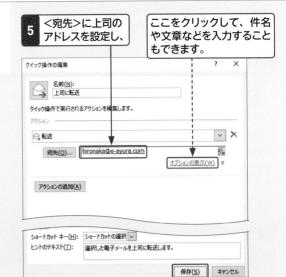

6 <保存>をクリックします。

7 メール画面に戻るので、<上司に転送>をクリックすると、

8 上司のアドレスが入力された転送用のメッセージウィンドウが表示されます。

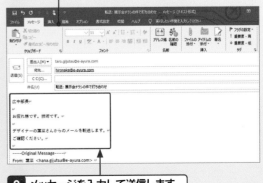

9 メッセージを入力して送信します。

重要度 ★★★　そのほかのメールの設定

Q 262

クイック操作を編集したい！

A **＜クイック操作の管理＞ダイアログボックスを表示して編集します。**

クイック操作は、内容を変更したり、コピーして利用したり、削除したりすることができます。＜ホーム＞タブの＜クイック操作＞の＜その他＞をクリックして、＜クイック操作の管理＞をクリックし、＜クイック操作の管理＞ダイアログボックスで設定します。

1 ＜ホーム＞タブの＜クイック操作＞の＜その他＞□をクリックして、

2 ＜クイック操作の管理＞をクリックします。

3 編集したいクイック操作をクリックして、

4 ＜編集＞をクリックします。

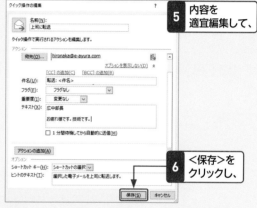

5 内容を適宜編集して、

6 ＜保存＞をクリックし、

7 ＜クイック操作の管理＞ダイアログボックスの＜OK＞をクリックします。

重要度 ★★★　そのほかのメールの設定

Q 263

作成中のメールの自動保存時間を変更したい！

A **＜Outlookのオプション＞の＜メール＞で設定します。**

初期設定では、メールを作成したまましばらく送信しないでいると、自動的に＜下書き＞フォルダーに保存されます。自動保存されるまでの時間は、初期設定では3分に設定されていますが、この時間は変更することができます。＜ファイル＞タブから＜オプション＞をクリックして、＜Outlookのオプション＞ダイアログボックスで設定します。

参照 ▶ Q 153

1 ＜メール＞をクリックして、

2 ここがオンになっていることを確認します。

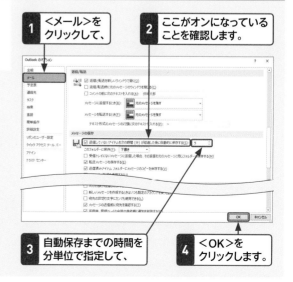

3 自動保存までの時間を分単位で指定して、

4 ＜OK＞をクリックします。

Q 264 メールの既定の書式を変更したい!

A <Outlookのオプション>の<メール>から設定します。

HTML形式での新規のメールや返信／転送メールなどで使用するフォントやスタイル、文字サイズ、文字色などの既定の書式は、<署名とひな形>ダイアログボックスで設定することができます。メール内で個別に書式を設定したい場合は、Q 187〜Q 190を参照してください。

1 <ファイル>タブの<オプション>をクリックして、<Outlookのオプション>ダイアログボックスを表示します。

2 <メール>をクリックして、

ここが<HTML形式>になっていることを確認します。

3 <ひな形およびフォント>をクリックし、

4 <新しいメッセージ>の<文字書式>をクリックします。

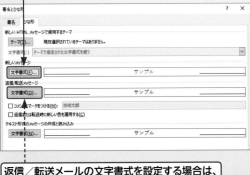

返信／転送メールの文字書式を設定する場合は、ここをクリックします。

5 フォントを設定して、

6 文字スタイルを設定し、

7 文字サイズを指定します。

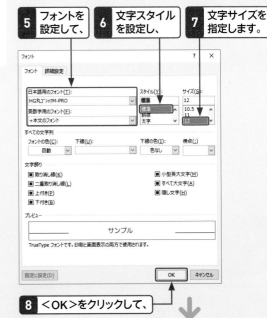

8 <OK>をクリックして、

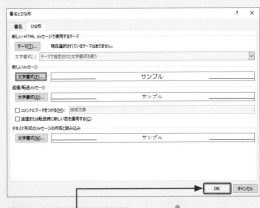

9 <OK>をクリックし、

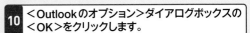

10 <Outlookのオプション>ダイアログボックスの<OK>をクリックします。

11 メールを作成すると、文字の書式が変更されていることが確認できます。

左端の見出し:
1 Outlookの基本
2 メールの受信と閲覧
3 メールの作成と送信
4 メールの整理と管理
5 メールの設定
6 連絡先
7 予定表
8 タスク
9 印刷
10 そのほかの便利機能

第 **6** 章

連絡先

1 Outlookの基本
2 メールの受信と閲覧
3 メールの作成と送信
4 メールの整理と管理
5 メールの設定
6 連絡先
7 予定表
8 タスク
9 印刷
10 そのほかの便利機能

重要度 ★ ★ ★ 連絡先の基本

Q 265

<連絡先>画面の構成を知りたい!

A 下図で各部の名称と機能を確認しましょう。

<連絡先>画面では、相手の名前や勤務先、メールアドレス、電話番号、住所などの情報を登録して、ビューで一覧表示することができます。また、<メール>画面と連携して、登録したメールアドレスを宛先にしてメールを作成したり、受信メールの差出人を連絡先に登録したりすることもできます。

連絡先を登録するときは、<ホーム>タブの<新しい連絡先>をクリックして、<連絡先>ウィンドウを表示します。

● <連絡先>の画面構成

フォルダーウィンドウ
連絡先のフォルダーが表示されます。新しいフォルダーを作成して追加することもできます。

検索ボックス
連絡先を検索します。Microsoft 365ではタイトルバーに表示されます。

リボン
コマンドをタブとボタンで整理して表示します。

インデックス
クリックすると、その文字で姓のフリガナが始まる連絡先が表示されます。

ビュー
連絡先が一覧で表示されます。ビューの表示方法は8種類あります。

閲覧ウィンドウ
登録した連絡先の連絡先情報が表示されます。

ここをクリックすると、<連絡先>画面に切り替わります（機能名で表示されている場合は、Q 045参照）。

また、連絡先を編集するときは、ビューが＜連絡先＞形式の場合は閲覧ウィンドウの名前の下にある •••• をクリックして、＜Outlookの連絡先の編集＞（Outlook 2016／2013では＜Outlook（連絡先）＞）をクリック、それ以外のビューの場合は連絡先をダブルクリックすると、＜連絡先＞ウィンドウが表示されます。

参照 ▶ Q 274

● ＜連絡先＞ウィンドウの画面構成

名前
名前を登録します。フリガナは自動で登録されますが、あとから修正することもできます。

顔写真
顔写真を登録できます。

勤務先
勤務先名、部署、役職などを登録します。

メールアドレス
メールアドレスを登録します。最大3つまで登録できます。

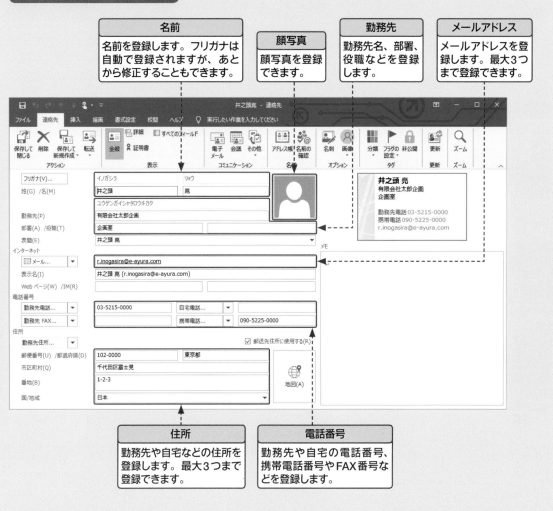

住所
勤務先や自宅などの住所を登録します。最大3つまで登録できます。

電話番号
勤務先や自宅の電話番号、携帯電話番号やFAX番号などを登録します。

1 Outlookの基本
2 メールの受信と閲覧
3 メールの作成と送信
4 メールの整理と管理
5 メールの設定
6 連絡先
7 予定表
8 タスク
9 印刷
10 そのほかの便利機能

1 Outlookの基本
2 メールの受信と閲覧
3 メールの作成と送信
4 メールの整理と管理
5 メールの設定
6 連絡先
7 予定表
8 タスク
9 印刷
10 そのほかの便利機能

重要度 ★★★ 連絡先の基本

Q 266 連絡先のさまざまなビュー（表示形式）を知りたい！

A 8種類のビュー（表示形式）があります。

連絡先のビューには、標準で8種類の表示形式が用意されおり、目的に合わせて使い分けることができます。初期設定のビューは＜連絡先＞です。ここでは、8種類のビューを一覧で紹介します。

ビューは自由にカスタマイズすることができます。＜ホーム＞タブの＜現在のビュー＞の＜その他＞をクリックして、＜ビューの管理＞をクリックすると表示される＜すべてのビューの管理＞ダイアログボックスから操作します。

● ビューを切り替える

1 ＜ホーム＞タブの＜現在のビュー＞の＜その他＞をクリックして、

2 表示される一覧からビューを切り替えます。

● ＜連絡先＞形式

ビューに顔写真と名前が表示され、閲覧ウィンドウに連絡先情報が表示されます。

● ＜名刺＞形式

名前、会社名、電話番号、メールアドレスなどが名刺のような形式で表示されます。

● ＜連絡先カード＞形式

名前、郵便番号、住所、電話番号、メールアドレスなどがコンパクトに表示されます。

● <カード>形式

<連絡先カード>形式にプラスして、会社名、役職、複数の住所や電話番号などが表示されます。

● <一覧>形式

勤務先単位でグループ化して、氏名や役職、部署、電話番号などが表示されます。

● <電話>形式

勤務先電話番号やFAX番号、自宅電話番号、携帯電話番号が表形式で表示されます。

● <地域別>形式

連絡先が国や地域別にグループ化して表示されます。

● <分類項目別>形式

連絡先に割り当てた分類項目別にグループ化して一覧表示されます。

● ビューをカスタマイズする

<新規作成>や<コピー>、<変更>などをクリックすると、ビューをカスタマイズすることができます。

Outlookの基本 1
メールの受信と閲覧 2
メールの作成と送信 3
メールの整理と管理 4
メールの設定 5
連絡先 6
予定表 7
タスク 8
印刷 9
そのほかの便利機能 10

1 Outlookの基本

2 メールの受信と閲覧

3 メールの作成と送信

4 メールの整理と管理

5 メールの設定

6 連絡先

7 予定表

8 タスク

9 印刷

10 そのほかの便利機能

Q 267 連絡先を登録したい!

A <ホーム>タブの<新しい連絡先>をクリックして登録します。

連絡先には、相手の名前やメールアドレス、電話番号、住所などを入力して管理することができます。ビジネスで利用する場合は、これらに加えて、勤務先名や部署、役職、勤務先の住所や電話番号なども登録することができます。

なお、メールアドレスと住所は最大3つまで、電話番号は複数登録できます。連絡先に登録した情報はあとから自由に変更することができます。

1 <ホーム>タブの<新しい連絡先>をクリックします。

2 姓と名を入力してカーソルを移動すると、

3 フリガナと表題が自動的に登録されます。

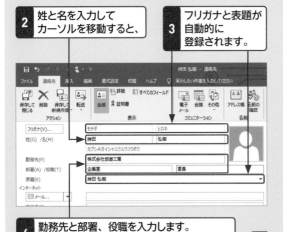

4 勤務先と部署、役職を入力します。勤務先のフリガナは自動的に登録されます。

5 メールアドレスを入力してカーソルを移動すると、

6 表示名が登録されます。

7 電話番号を入力して、

8 住所を入力します。

9 ここをクリックして、<日本>を選択し(国名は省略可)、

10 <連絡先>タブの<保存して閉じる>をクリックします。

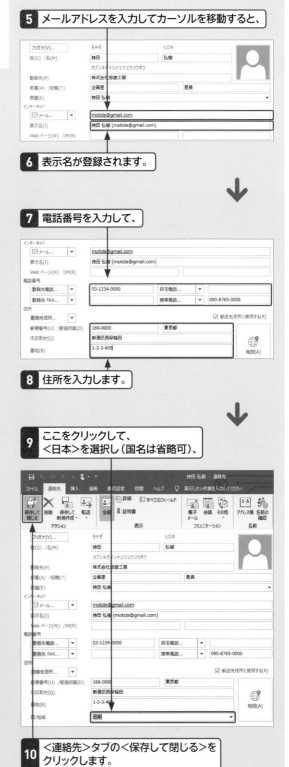

Q 268

メールの差出人を連絡先に登録したい！

A 差出人のメールを＜連絡先＞にドラッグします。

メールの差出人を連絡先に登録するには、＜受信トレイ＞を表示して、登録したい差出人のメールをナビゲーションバーの＜連絡先＞にドラッグします。差出人の名前と表題、メールアドレス、表示名が入力された＜連絡先＞ウィンドウが表示されるので、必要に応じて情報を編集します。フリガナは自動的には登録されないので、手動で入力します。

なお、この方法で連絡先を登録すると、画面右の＜メモ＞にメールの内容が登録されます。必要がなければ削除しておきましょう。

1 ＜受信トレイ＞をクリックして、

2 登録したい差出人のメールをクリックします。

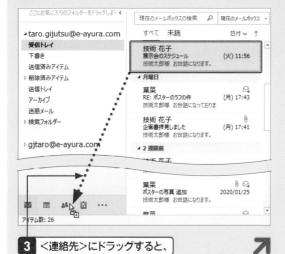

3 ＜連絡先＞にドラッグすると、

---

4 差出人の名前とメールアドレスなどが入力された＜連絡先＞ウィンドウが表示されます。

メールの内容が表示されます。

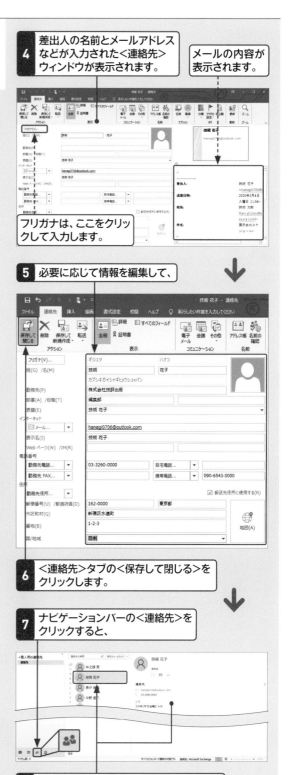

フリガナは、ここをクリックして入力します。

5 必要に応じて情報を編集して、

6 ＜連絡先＞タブの＜保存して閉じる＞をクリックします。

7 ナビゲーションバーの＜連絡先＞をクリックすると、

8 連絡先が登録されたことが確認できます。

1 Outlookの基本
2 メールの受信と閲覧
3 メールの作成と送信
4 メールの整理と管理
5 メールの設定
6 連絡先
7 予定表
8 タスク
9 印刷
10 そのほかの便利機能

重要度 ★★★ 連絡先の登録

Q 269 同じ勤務先の人の連絡先をすばやく登録したい！

A <新しいアイテム>から<同じ勤務先の連絡先>をクリックします。

特定の勤務先と同じ勤務先の人の連絡先を作成する場合は、その勤務先の情報が入力された状態で<連絡先>ウィンドウを開くことができます。会社名や電話番号、勤務先住所などを入力する手間を省くことができるので効率的です。

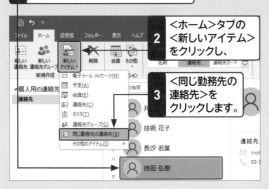

1 勤務先が同じ連絡先をクリックして、

2 <ホーム>タブの<新しいアイテム>をクリックし、

3 <同じ勤務先の連絡先>をクリックします。

重要度 ★★★ 連絡先の登録

Q 270 連絡先の表示名とは？

A メールの宛先に表示される名前です。

<連絡先>ウィンドウの<インターネット>にある<表示名>は、メールを送信する際や相手がメールを受信した際に、宛先に表示される名前です。Outlookの<連絡先>ウィンドウでは、姓名とメールアドレスを入力すると、自動的に表示名が登録されます。

返信 全員に返信 転送

技術 花子 <hanagi0706@outlook.com>
展示会のスケジュール

表示名は、メールを送信する際や相手がメールを受信した際に、宛先に表示されます。

重要度 ★★★ 連絡先の登録

Q 271 フリガナを修正したい！

A <連絡先>ウィンドウの<フリガナ>をクリックして修正します。

<連絡先>ウィンドウに姓と名や勤務先を入力すると、フリガナは自動的に登録されますが、違う読みで入力した場合は、修正する必要があります。また、メールの差出人を連絡先に登録した場合は、姓と名のフリガナは自動的には登録されないので、手動で入力する必要があります。 参照 ▶ Q 268, Q 274

<連絡先>ウィンドウを表示しています。

<フリガナ>が登録されていません。

1 <連絡先>ウィンドウの<フリガナ>をクリックして、

2 フリガナを入力（あるいは修正）し、

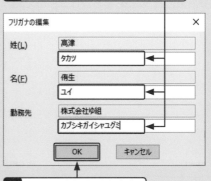

フリガナの編集

姓(L) 高津
タカツ

名(E) 侑生
ユイ

勤務先 株式会社ゆ組
カブシキガイシャユグミ

OK キャンセル

3 <OK>をクリックします。

Q 272 メールアドレスを複数登録したい！

A ＜メール＞の右側にあるコマンドをクリックして登録します。

連絡先にはメールアドレスを最大3つまで登録することができます。＜連絡先＞ウィンドウの＜メール＞の右側にある ▾ をクリックして、表示される一覧から切り替えて登録します。

参照▶Q 274

＜連絡先＞ウィンドウを表示しています。

1 ＜メール＞のここをクリックして、

2 ＜メール2＞（Outlook 2013では＜電子メール2＞）をクリックします。

3 2つ目のメールアドレスを入力して、カーソルを移動すると、

4 表示名が自動的に登録されます。

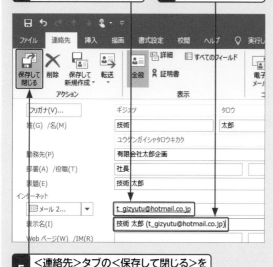

5 ＜連絡先＞タブの＜保存して閉じる＞をクリックします。

Q 273 電話番号の項目名を変更したい！

A 項目名の右側にあるコマンドをクリックして変更します。

連絡先には各種電話番号を複数登録することができます（表示は4箇所）。登録する項目名は、＜連絡先＞ウィンドウの＜電話番号＞のそれぞれの項目の右側にある ▾ をクリックして、表示される一覧から変更することができます。

参照▶Q 274

＜連絡先＞ウィンドウを表示しています。

1 電話番号のこれらをクリックして、

2 表示される一覧から登録したい電話番号の項目名をクリックします。

Outlookの基本

メールの受信と閲覧

メールの作成と送信

メールの整理と管理

メールの設定

連絡先

予定表

タスク

印刷

そのほかの便利機能

1
2
3
4
5
6
7
8
9
10

189

Q 274 連絡先を編集したい！

A 連絡先をダブルクリックして編集します。

登録した連絡先を編集するには、ビューに表示された連絡先をダブルクリックするか、閲覧ウィンドウの［・・・］をクリックして、＜Outlookの連絡先の編集＞をクリックし、表示される＜連絡先＞ウィンドウで編集します。

Outlook 2016／2013の場合は、ビューに表示された連絡先をダブルクリックするか、閲覧ウィンドウの＜編集＞をクリックすると、簡易編集画面が表示されます。また、＜ソースの表示＞の＜Outlook連絡先＞をクリックすると、＜連絡先＞ウィンドウが表示されます。

● Outlook 2019の場合

1 編集したい連絡先をダブルクリックして、

ここをクリックして、＜Outlookの連絡先の編集＞をクリックしても＜連絡先＞ウィンドウが表示されます。

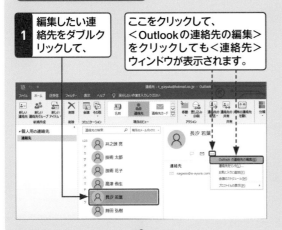

2 連絡先の情報を編集します。

3 ＜詳細＞をクリックすると、

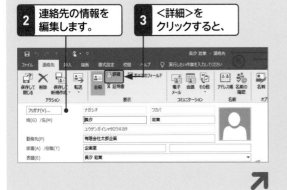

4 より詳細な情報を編集することができます。

5 ＜保存して閉じる＞をクリックすると、連絡先が編集されます。

● Outlook 2016／2013の場合

1 編集したい連絡先をダブルクリックするか、閲覧ウィンドウの＜編集＞をクリックします。

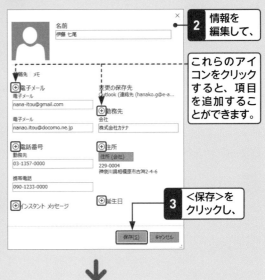

2 情報を編集して、

これらのアイコンをクリックすると、項目を追加することができます。

3 ＜保存＞をクリックし、

4 ＜閉じる＞をクリックすると、

5 連絡先が編集されます。

Q 275 連絡先を削除したい！

A 連絡先をクリックして、＜ホーム＞タブの＜削除＞をクリックします。

連絡先が不要になった場合は、＜ホーム＞タブの＜削除＞で削除することができます。削除した連絡先は、＜削除済みアイテム＞に移動されるので、メールと同様、もとに戻すこともできます。＜削除済みアイテム＞から削除すると、完全に削除されます。

参照▶Q 441, Q 442

1 削除したい連絡先をクリックして、

2 ＜ホーム＞タブの＜削除＞をクリックすると、

3 連絡先が削除されます。

Q 276 連絡先に顔写真を登録したい！

A ＜画像＞をクリックして、＜写真の追加＞をクリックします。

連絡先では、顔写真を登録することもできます。顔写真を登録することで、その相手がひと目で確認できます。＜連絡先＞ウィンドウの顔写真のアイコンをクリックするか、＜連絡先＞タブの＜画像＞（Outlook 2013では＜写真＞）をクリックして＜写真の追加＞をクリックし、写真を選択します。

参照▶Q 274

＜連絡先＞ウィンドウを表示しています。

1 ＜連絡先＞タブの＜画像＞をクリックして、

2 ＜写真の追加＞をクリックします。

ここをクリックしても手順**3**のダイアログボックスが表示されます。

3 写真の保存先を指定して、

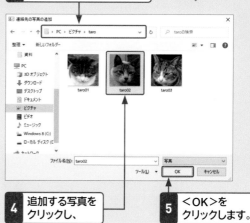

4 追加する写真をクリックし、

5 ＜OK＞をクリックします。

Outlookの基本 1
メールの受信と閲覧 2
メールの作成と送信 3
メールの整理と管理 4
メールの設定 5
連絡先 6
予定表 7
タスク 8
印刷 9
そのほかの便利機能 10

重要度 ★★★　連絡先の登録

Q 277

連絡先をCSV形式で作成してまとめて登録したい！

A テキストファイル（カンマ区切り）形式でインポートします。

Excelなどで作成したCSV形式のファイルをOutlookに取り込むことができます。CSV形式とは、名前や電話番号、メールアドレスなどがカンマ区切りで入力されたテキストファイルで、Outlookやはがき宛名作成ソフトなどで利用することができます。

ここでは、Excelで作成した住所録のCSV形式のファイルをOutlookにインポートします。OutlookからCSV形式で保存した連絡先のファイルも同様の方法でインポートすることができます。

参照 ▶ Q 278

ここでは、このCSV形式のファイルをインポートします。

データがカンマ「,」で区切って入力されています。

1 ＜ファイル＞タブ→＜開く／エクスポート＞→＜インポート／エクスポート＞の順にクリックします。

2 ＜他のプログラムまたはファイルからのインポート＞をクリックして、

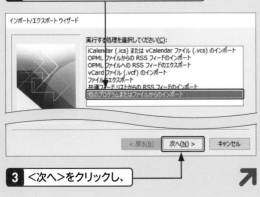

3 ＜次へ＞をクリックし、

4 ＜テキストファイル（カンマ区切り）＞をクリックして、

5 ＜次へ＞をクリックします。

6 ＜参照＞をクリックして、

7 ファイルの保存先を指定し、

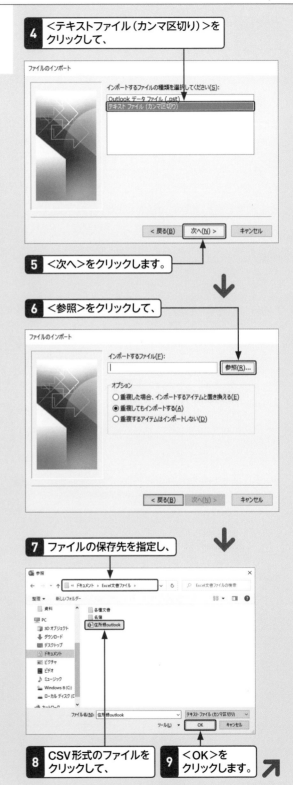

8 CSV形式のファイルをクリックして、

9 ＜OK＞をクリックします。

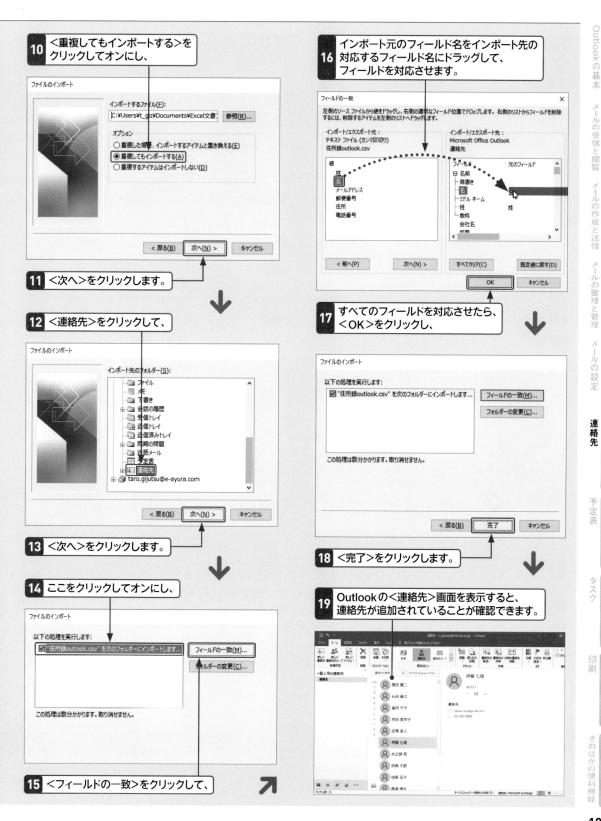

10 <重複してもインポートする>をクリックしてオンにし、

11 <次へ>をクリックします。

12 <連絡先>をクリックして、

13 <次へ>をクリックします。

14 ここをクリックしてオンにし、

15 <フィールドの一致>をクリックして、

16 インポート元のフィールド名をインポート先の対応するフィールド名にドラッグして、フィールドを対応させます。

17 すべてのフィールドを対応させたら、<OK>をクリックし、

18 <完了>をクリックします。

19 Outlookの<連絡先>画面を表示すると、連絡先が追加されていることが確認できます。

Outlookの基本　1

メールの受信と閲覧　2

メールの作成と送信　3

メールの整理と管理　4

メールの設定　5

連絡先　6

予定表　7

タスク　8

印刷　9

そのほかの便利機能　10

1 Outlookの基本

2 メールの受信と閲覧

3 メールの作成と送信

4 メールの整理と管理

5 メールの設定

6 連絡先

7 予定表

8 タスク

9 印刷

10 そのほかの便利機能

重要度 ★★★　連絡先の登録

Q 278 連絡先をCSV形式で書き出したい！

A テキストファイル（カンマ区切り）形式でエクスポートします。

Outlookに登録した連絡先は、CSV形式のファイルとして保存することができます。連絡先をCSV形式で保存しておくと、パソコンが故障したり、Outlookを再インストールした場合に、連絡先をもとに戻すことができます。また、Outlookだけでなく、ほかのメールソフトやはがき宛名作成ソフトなどでも利用することができます。

参照 ▶ Q 277

1 ＜ファイル＞タブ→＜開く／エクスポート＞→＜インポート／エクスポート＞の順にクリックします。

2 ＜ファイルにエクスポート＞をクリックして、

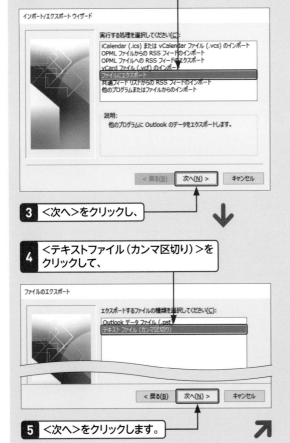

3 ＜次へ＞をクリックし、

4 ＜テキストファイル（カンマ区切り）＞をクリックして、

5 ＜次へ＞をクリックします。

6 ＜連絡先＞をクリックして、

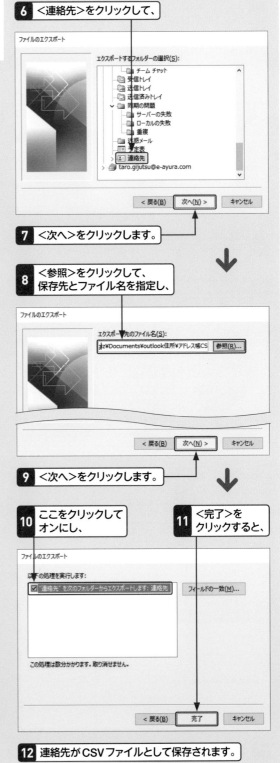

7 ＜次へ＞をクリックします。

8 ＜参照＞をクリックして、保存先とファイル名を指定し、

9 ＜次へ＞をクリックします。

10 ここをクリックしてオンにし、

11 ＜完了＞をクリックすると、

12 連絡先がCSVファイルとして保存されます。

Q 279 連絡先の表示形式を変更したい！

A <ホーム>タブの<現在のビュー>で変更します。

初期設定では、連絡先の表示形式は<連絡先>が設定されています。そのほかに、名刺、連絡先カード、カードなど、8種類のビューが用意されています。それぞれ情報の表示方法が異なるので、目的に応じて使い分けることができます。

参照▶Q 266

1 <ホーム>タブの<現在のビュー>の<その他>をクリックして、

2 表示したい形式（ここでは<一覧>）をクリックすると、

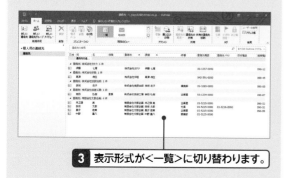

3 表示形式が<一覧>に切り替わります。

Q 280 グループ表示を切り替えたい！

A <表示>タブの<並べ替え>グループで切り替えます。

連絡先の表示形式を一覧、地域別、分類項目別、電話にした場合、<表示>タブの<並べ替え>グループの<その他>をクリックして、グループ化の表示／非表示を切り替えることができます。また、<展開／折りたたみ>をクリックすると、グループを折りたたんだり、展開したりすることができます。

1 <表示>タブをクリックして、

2 <並べ替え>の<その他>をクリックすると、

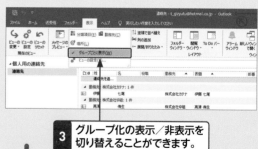

3 グループ化の表示／非表示を切り替えることができます。

4 <展開／折りたたみ>をクリックすると、

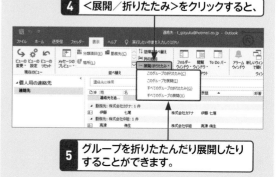

5 グループを折りたたんだり展開したりすることができます。

1 Outlookの基本
2 メールの受信と閲覧
3 メールの作成と送信
4 メールの整理と管理
5 メールの設定
6 連絡先
7 予定表
8 タスク
9 印刷
10 そのほかの便利機能

1 Outlookの基本
2 メールの受信と閲覧
3 メールの作成と送信
4 メールの整理と管理
5 メールの設定
6 連絡先
7 予定表
8 タスク
9 印刷
10 そのほかの便利機能

重要度 ★★★ 連絡先の表示

Q 281 連絡先の表示順を 並べ替えたい!

A <表示>タブの<ビューの設定>を クリックして変更します。

連絡先の表示順を並べ替えるには、<表示>タブ の<ビューの設定>をクリックすると表示される <ビューの詳細設定>ダイアログボックスの<並べ替 え>から設定します。<並べ替え>をクリックして、 <並べ替え>ダイアログボックスの<最優先される フィールド>で優先順を指定します。

ここでは<名刺>形式で表示しています。

初期設定では、名前のフリガナ順に
並んでいます。

1 <表示>タブをクリックして、

2 <ビューの設定>をクリックし、

3 <並べ替え>をクリックします。

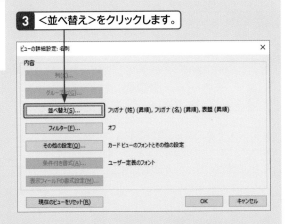

4 ここをクリックして、

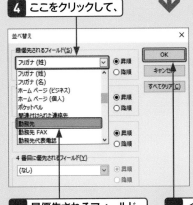

5 最優先されるフィールド （ここでは<勤務先>）を クリックし、

6 <OK>を クリックします。

7 <ビューの詳細設定> ダイアログボックスの <OK>をクリックすると、

8 勤務先の名前順に並べ替えられます。

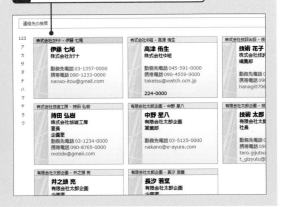

重要度 ★★★　連絡先の表示

Q 282

連絡先の一覧表示を 五十音順にしたい！

A 連絡先に「件名」を追加して フリガナを入力します。

連絡先の＜一覧＞形式では、勤務先のグループごとに 連絡先が表示されており、グループ内では「姓」「名」の 漢字コード順に並んでいます。この表示を五十音順に したい場合は、「姓」の前に「件名」フィールドを追加し て、そこにフリガナを入力して並べ替えます。

参照 ▶ Q 279, Q 280

連絡先を＜一覧＞形式で表示します。 ここではグループ化を解除しています。

1 ＜表示＞タブをクリックして、

2 ＜列の追加＞をクリックします。

3 ＜すべての連絡先フィールド＞を選択して、

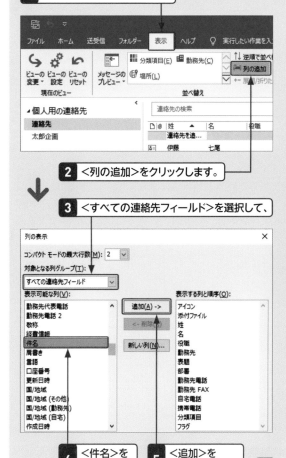

4 ＜件名＞を クリックし、

5 ＜追加＞を クリックします。

6 ＜上へ＞を クリックして、

7 追加した「件名」の位置を 「姓」の上まで移動し、

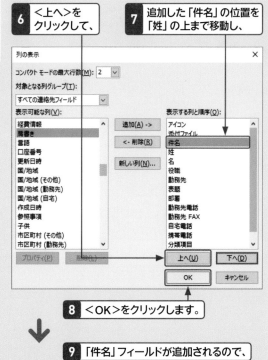

8 ＜OK＞をクリックします。

9 「件名」フィールドが追加されるので、

10 フリガナを直接入力して、

11 「件名」の項目欄をクリックすると、 姓の五十音順に並べ替えられます。

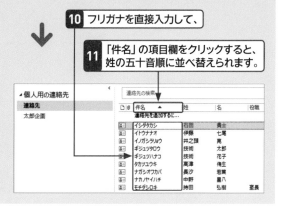

Q 283

重要度 ★★★　連絡先の表示

表示形式が＜名刺＞のとき姓名が逆になっている！

A ＜名刺の編集＞ダイアログボックスで修正します。

連絡先の表示形式を＜名刺＞にしたときに、姓と名が逆に表示されることがあります。この場合は、以下の手順で＜名刺の編集＞ダイアログボックスを表示して修正します。

参照 ▶ Q 274

1 姓名が逆になっている連絡先の＜連絡先＞ウィンドウを表示します。

姓名が逆に表示されています。

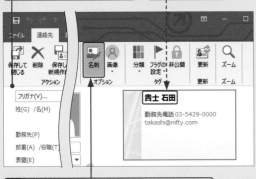

2 ＜連絡先＞タブの＜名刺＞をクリックして、

3 姓名を修正します。

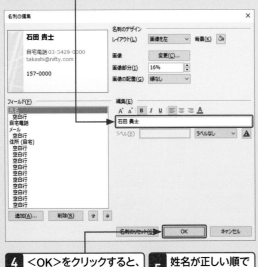

4 ＜OK＞をクリックすると、

5 姓名が正しい順で表示されます。

Q 284

重要度 ★★★　連絡先の表示

すべての表示形式を同じにしたい！

A ＜ホーム＞タブの＜現在のビュー＞から設定します。

Outlookでは連絡先のビューをカスタマイズすることができますが、新しく作成したフォルダーには、カスタマイズしたビューが適用されません。すべてのビューを同じ設定にしたい場合は、以下の手順で操作します。

参照 ▶ Q 304

1 ＜ホーム＞タブの＜現在のビュー＞の＜その他＞をクリックして、

2 ＜現在のビューを他の連絡先フォルダーに適用する＞をクリックします。

3 適用したい連絡先のフォルダーをクリックして、

4 ＜OK＞をクリックします。

重要度 ★★★　　連絡先の表示

Q 285
連絡先の表示方法を
変更したい！

A ＜Outlookのオプション＞の
＜連絡先＞で設定します。

連絡先の氏名と表題の表示方法は変更することができ
ます。＜Outlookのオプション＞ダイアログボックスの
＜連絡先＞で設定します。表題には、かっこ付きで勤務
先を表示するとわかりやすくなります。

1 ＜ファイル＞タブから＜オプション＞を
クリックして、＜Outlookのオプション＞
ダイアログボックスを表示します。

2 ＜連絡先＞を
クリックして、

3 ここをクリックし、

4 表示方法（ここでは＜姓 名＞を）
クリックします。

5 ここをクリックして、

6 表示方法（ここでは
＜姓 名（勤務先）＞）をクリックし、

7 ＜OK＞をクリックします。

8 連絡先を登録して、表示方法が
変更されたことを確認します。

フリガナ(V)...	ササキ		ユメ
姓(G) /名(M)	佐崎		由夢
	カブシキガイシャタンセイシャ		
勤務先(P)	株式会社丹青社		
部署(A) /役職(T)			
表題(E)	佐崎 由夢 (株式会社丹青社)		
インターネット			

重要度 ★★★　　連絡先の表示

Q 286
連絡先の表示形式を
もとに戻したい！

A ＜表示＞タブの＜ビューのリセット＞
をクリックします。

連絡先の表示形式や並べ替えの変更などを行って、も
との状態がわからなくなってしまった場合は、ビュー
を初期設定に戻すことができます。＜表示＞タブの
＜ビューのリセット＞をクリックして、＜はい＞をク
リックします。

1 ＜表示＞タブをクリックして、

2 ＜ビューのリセット＞をクリックし、

ビュー "連絡先" を元のビューに戻してよろしいですか?

3 ＜はい＞をクリックします。　はい(Y)　いいえ(N)

Outlookの基本 1
メールの受信と閲覧 2
メールの作成と送信 3
メールの整理と管理 4
メールの設定 5
連絡先 6
予定表 7
タスク 8
印刷 9
そのほかの便利機能 10

重要度 ★★★　連絡先の表示

Q 287 連絡先の詳細情報を確認したい!

A <連絡先>ウィンドウを表示して確認します。

連絡先に登録した詳細な情報を確認するには、ビューを<連絡先>形式にして、連絡先をダブルクリックします。Outlook 2016／2013の場合は、閲覧ウィンドウの<ソースの表示>の<Outlook連絡先>をクリックします。<連絡先>ウィンドウが表示されるので、そこで詳細情報を確認することができます。

1 連絡先をダブルクリックすると、

2 <連絡先>ウィンドウが表示され、詳細情報を確認することができます。

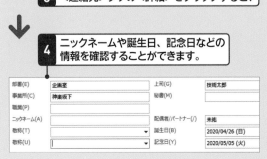

3 <連絡先>タブの<詳細>をクリックすると、

4 ニックネームや誕生日、記念日などの情報を確認することができます。

重要度 ★★★　連絡先の表示

Q 288 連絡先を検索したい!

A1 <連絡先の検索>ボックスで検索します。

<連絡先の検索>ボックスを利用すると、名前だけでなく、電話番号や会社名などを入力して連絡先を検索することができます。なお、Microsoft 365では検索ボックスはタイトルバーにあります。

1 <連絡先の検索>ボックスに、連絡先の一部を入力すると、

2 検索結果が表示されます。

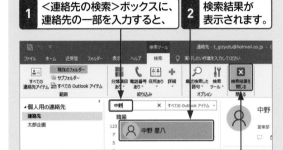

3 ここをクリックすると、検索結果が閉じます。

A2 <ホーム>タブの<ユーザーの検索>ボックスで検索します。

<ホーム>タブの<ユーザーの検索>ボックスを利用すると、名前または名前の一部を入力して連絡先を検索することができます。

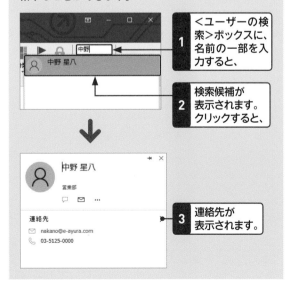

1 <ユーザーの検索>ボックスに、名前の一部を入力すると、

2 検索候補が表示されます。クリックすると、

3 連絡先が表示されます。

Q 289 連絡先とアドレス帳の違いを知りたい！

A アドレス帳は、メールを作成するときに使用されるツールです。

「連絡先」は、個人の名前や勤務先、メールアドレス、電話番号、住所などのさまざまな情報を登録して管理するツールです。「アドレス帳」は、連絡先に登録されている名前やメールアドレスを一覧表示したもので、おもにメールを作成するときに使用されるツールです。アドレス帳を使用することで、相手のメールアドレスをかんたんに入力することができます。

なお、＜連絡先＞画面からアドレス帳を確認したいときは、＜ホーム＞タブの＜アドレス帳＞をクリックします。

「連絡先」は、個人の名前や勤務先、メールアドレス、電話番号、住所などのさまざまな情報を登録して管理するツールです。

「アドレス帳」は、おもにメールを作成するときに使用されるツールです。

Q 290 アドレス帳の並び順がおかしい！

A アドレス帳は、「件名」フィールドの漢字コード順で並んでいます。

アドレス帳は、連絡先には初期設定で表示されない「件名」フィールドの漢字コード順に並んでいます。件名は、連絡先の「姓」と「名」から自動的に構成されたものです。アドレス帳を五十音順に並べ替えたいときは、連絡先を＜一覧＞形式にして並べ替えます。

参照▶ Q 282

アドレス帳は、漢字のコード順に並んでいます。

Q 291 アドレス帳にフリガナ欄が表示されない！

A Outlookにはフリガナ欄は表示されません。

Outlookのアドレス帳では、フリガナ欄は表示されません。フリガナ欄を表示したい場合は、連絡先を＜一覧＞形式にして「件名」フィールドを追加し、「件名」フィールドにフリガナを入力します。

参照▶ Q 282

アドレス帳にフリガナ欄を表示したい場合は、連絡先で追加します。

Outlookの基本　1

メールの受信と閲覧　2

メールの作成と送信　3

メールの整理と管理　4

メールの設定　5

連絡先　6

予定表　7

タスク　8

印刷　9

そのほかの便利機能　10

1 Outlookの基本
2 メールの受信と閲覧
3 メールの作成と送信
4 メールの整理と管理
5 メールの設定
6 連絡先
7 予定表
8 タスク
9 印刷
10 そのほかの便利機能

重要度 ★★★ アドレス帳

Q 292 アドレス帳に連絡先のデータが表示されない！

A1 「Outlookアドレス帳」がインストールされているか確認します。

アドレス帳に連絡先のデータが表示されない場合は、「Outlook アドレス帳」がインストールされていないことが考えられます。＜ファイル＞タブをクリックして、＜アカウント設定＞から＜アカウント設定＞をクリックすると表示される＜アカウント設定＞ダイアログボックスで確認します。インストールされていない場合は、インストールします。

1 ＜ファイル＞タブをクリックして、

2 ＜アカウント設定＞をクリックし、

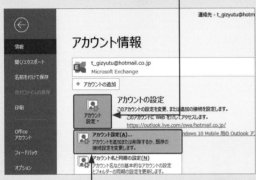

3 ＜アカウント設定＞をクリックします。

4 ＜アドレス帳＞をクリックして、

5 「Outlookアドレス帳」が表示されているかどうかを確認します。

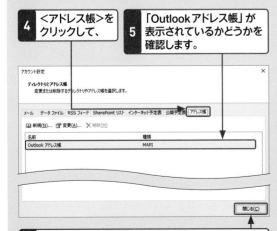

6 表示されている場合は、＜閉じる＞をクリックして、次ページの操作を行います。

● 「Outlook アドレス帳」が表示されていない場合

1 「Outlook アドレス帳」が表示されていない場合は、＜新規＞をクリックして、

2 ＜その他のアドレス帳＞をクリックし、

3 ＜次へ＞をクリックします。

4 ＜Outlook アドレス帳＞をクリックして、

5 ＜次へ＞をクリックします。

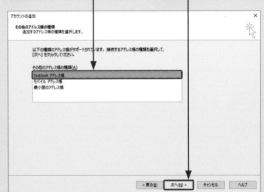

6 表示される画面の指示に従って操作し、Outlookを再起動します。

A2 アドレス帳で連絡先を 1つずつ表示して確認します。

連絡先の＜アドレス帳＞で、登録してあるアドレス帳を1つずつ表示して確認することで、問題が解決する場合があります。

1 アドレス帳を表示して、 **2** ここをクリックし、

3 登録済みの連絡先（ここでは「連絡先」）をクリックすると、

4 ＜連絡先＞に登録してあるデータが表示されます。

5 ここをクリックして、

6 登録済みの連絡先（ここでは「太郎企画」）をクリックすると、

7 「太郎企画」に登録してあるデータが表示されます。

A3 アドレス帳で使用する 連絡先のフォルダーを指定します。

連絡先のフォルダーがアドレス帳に表示されていないことが考えられます。以下の手順で操作して、アドレス帳で使用するフォルダーを指定します。

1 連絡先のフォルダーをクリックして、 **2** ＜フォルダー＞タブをクリックし、

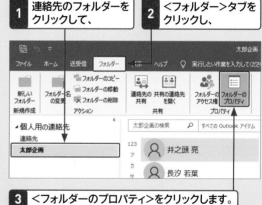

3 ＜フォルダーのプロパティ＞をクリックします。

4 ＜Outlookアドレス帳＞をクリックして、

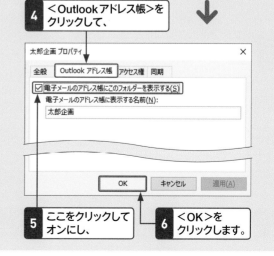

5 ここをクリックしてオンにし、 **6** ＜OK＞をクリックします。

Outlookの基本 1
メールの受信と閲覧 2
メールの作成と送信 3
メールの整理と管理 4
メールの設定 5
連絡先 6
予定表 7
タスク 8
印刷 9
そのほかの便利機能 10

1 Outlookの基本
2 メールの受信と閲覧
3 メールの作成と送信
4 メールの整理と管理
5 メールの設定
6 連絡先
7 予定表
8 タスク
9 印刷
10 そのほかの便利機能

重要度 ★★★　アドレス帳

Q 293 アドレス帳で連絡先を検索したい！

A <名前のみ>か<その他のフィールド>を指定して検索します。

アドレス帳では、名前やメールアドレス、電話番号、住所などの情報を入力して連絡先を検索することができます。

アドレス帳を開き、<名前のみ>あるいは<その他のフィールド>をクリックしてオンにし、検索ボックスにキーワードを入力すると、アドレス帳で連絡先が検索されます。Enter を押すと、該当する連絡先が<連絡先>ウィンドウで表示されます。

> ここでは、名前を指定して検索します。

1 <アドレス帳>を表示して、

2 <名前のみ>をクリックしてオンにします。

3 検索する名前を入力すると、連絡先が検索されます。Enter を押すと、

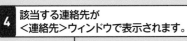

4 該当する連絡先が<連絡先>ウィンドウで表示されます。

重要度 ★★★　アドレス帳

Q 294 表示するアドレス帳を固定したい！

A <ツール>タブの<オプション>で設定します。

Outlookの初期設定では、メールを送信するためにアドレス帳を開いたとき、どの連絡先を表示するかは、自動選択になっています。

頻繁に使う連絡先が最初に表示されるようにするには、アドレス帳を表示して、<ツール>をクリックし、<オプション>をクリックすると表示される<アドレス>ダイアログボックスで設定します。

1 アドレス帳を表示して、<ツール>をクリックし、

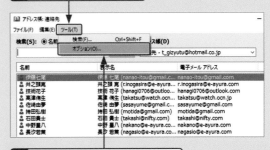

2 <オプション>をクリックします。

3 既定で表示したいアドレス帳を指定して、

4 <OK>をクリックします。

1 Outlookの基本

2 メールの受信と閲覧

3 メールの作成と送信

4 メールの整理と管理

5 メールの設定

6 連絡先

7 予定表

8 タスク

9 印刷

10 そのほかの便利機能

重要度 ★ ★ ★ 　アドレス帳

Q 295 アドレス帳から連絡先の データを削除したい!

A 削除したい連絡先を右クリックして、 <削除>をクリックします。

アドレス帳から連絡先のデータを削除したいときは、削除したい連絡先を右クリックして、<削除>をクリックします。アドレス帳から連絡先を削除しても、<連絡先>からは削除されません。また、アドレス帳から削除した連絡先は、<削除済みアイテム>フォルダーには移動されずにそのまま削除されます。

1 削除したい連絡先を右クリックして、 　 2 <削除>をクリックし、

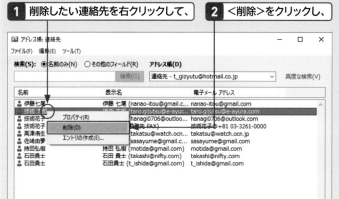

3 <はい>をクリックします。

重要度 ★ ★ ★ 　アドレス帳

Q 296 アドレス帳に連絡先が 重複して登録されている!

A Outlookの仕様です。

アドレス帳に同じ連絡先が重複して登録されるのは、勤務先FAX番号が入力されていたり、メールアドレスが複数入力されていたりするためです。これは、Outlookの仕様なので、変更することはできません。どうしても気になる場合は、連絡先で勤務先FAX番号を削除するか、メールアドレスの登録を1つにすると、重複して登録されなくなります。

勤務先FAX番号を入力したり、メールアドレスを複数入力すると、連絡先が重複して登録されます。

重要度 ★ ★ ★ 　グループ

Q 297 連絡先をグループで 管理したい!

A メールアドレスを グループ化します。

同じ部署やプロジェクトのメンバー、プライベートでよく連絡を取り合う仲間などにまとめてメールを送りたいときは、あらかじめ複数のメールアドレスを1つの名前のグループにまとめておきます。複数のメールアドレスをグループ化することで、グループのメンバー全員に同じメールを送信することができます。

参照▶Q 298

複数の連絡先へ一度にメールを送りたいときは、連絡先グループを作成します。

205

1 Outlookの基本
2 メールの受信と閲覧
3 メールの作成と送信
4 メールの整理と管理
5 メールの設定
6 連絡先
7 予定表
8 タスク
9 印刷
10 そのほかの便利機能

重要度 ★★★　グループ

Q 298 連絡先グループを作成したい！

A ＜ホーム＞タブの＜新しい連絡先グループ＞から作成します。

連絡先グループを作成するには、＜ホーム＞タブの＜新しい連絡先グループ＞をクリックして、以下の手順で操作します。連絡先グループを作成しておくと、毎回複数の連絡先を選択したり、入力したりする手間を省くことができます。

1 ＜ホーム＞タブの＜新しい連絡先グループ＞をクリックして、

2 ＜名前＞欄に新しいグループの名前を入力します。

3 ＜連絡先グループ＞タブの＜メンバーの追加＞をクリックして、

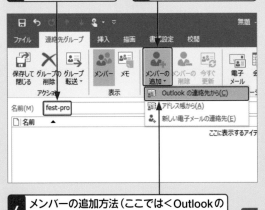

4 メンバーの追加方法（ここでは＜Outlookの連絡先から＞）をクリックします。

5 Ctrl を押しながらグループのメンバーをクリックして、

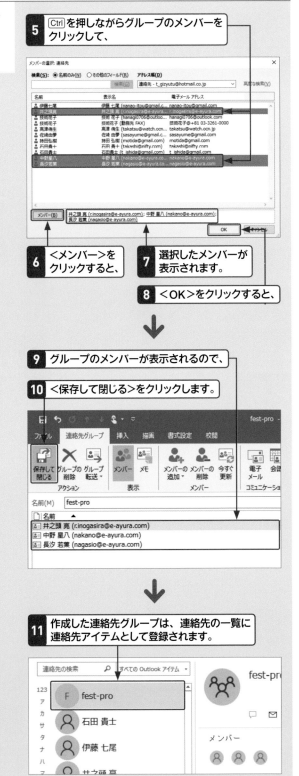

6 ＜メンバー＞をクリックすると、

7 選択したメンバーが表示されます。

8 ＜OK＞をクリックすると、

9 グループのメンバーが表示されるので、

10 ＜保存して閉じる＞をクリックします。

11 作成した連絡先グループは、連絡先の一覧に連絡先アイテムとして登録されます。

重要度 ★★★　グループ

Q 299 連絡先グループに メンバーを追加したい!

A <連絡先グループ>ウィンドウを 表示して追加します。

作成した連絡先グループにメンバーを追加するには、連絡先グループをダブルクリックします。<連絡先グループ>ウィンドウが表示されるので、<連絡先グループ>タブの<メンバーの追加>からメンバーを追加します。メンバーを追加したら、<今すぐ更新>をクリックして、保存して閉じます。

参照 ▶ Q 298

1 連絡先グループをダブルクリックします。

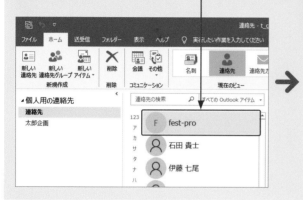

2 <連絡先グループ>タブの <メンバーの追加>をクリックして、

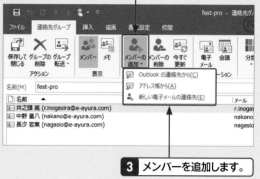

3 メンバーを追加します。

重要度 ★★★　グループ

Q 300 連絡先グループの メンバーを削除したい!

A <連絡先グループ>ウィンドウを 表示して削除します。

連絡先グループからメンバーを削除するには、連絡先グループをダブルクリックします。<連絡先グループ>ウィンドウが表示されるので、削除したいメンバーをクリックして、<連絡先グループ>タブの<メンバーの削除>をクリックします。グループからメンバーを削除しても連絡先からは削除されません。

1 連絡先グループをダブルクリックして、

2 削除したい メンバーを クリックし、

3 <連絡先グループ>タブの <メンバーの削除>を クリックします。

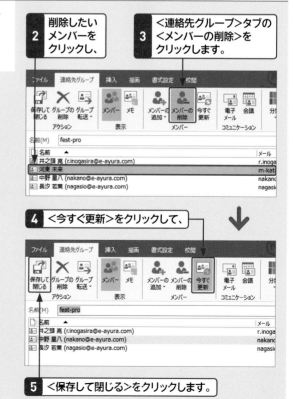

4 <今すぐ更新>をクリックして、

5 <保存して閉じる>をクリックします。

1 Outlookの基本
2 メールの受信と閲覧
3 メールの作成と送信
4 メールの整理と管理
5 メールの設定
6 連絡先
7 予定表
8 タスク
9 印刷
10 そのほかの便利機能

重要度 ★★★ グループ

Q 301 連絡先グループを宛先にして メールを送信したい!

A 宛先に連絡先グループを 指定してメールを送信します。

連絡先グループを宛先に指定してメールを送信するには、<メール>画面から操作する方法、<連絡先>画面から操作する方法、<連絡先グループ>ウィンドウから操作する方法の3つがあります。

なお、<宛先>に連絡先グループを指定すると、グループのほかのメンバーに、グループ全員のメールアドレスが知られてしまいます。これを避けるには、手順 **4** で<BCC>をクリックします。その場合、宛先には自分のメールアドレスを入力します。

参照 ▶ Q157

● <メール>画面から宛先を指定する

1 <メール>画面で<新しい電子メール>をクリックして、<メッセージ>ウィンドウを表示します。

2 <宛先>をクリックして、

3 連絡先グループをクリックし、

4 <宛先>をクリックすると、

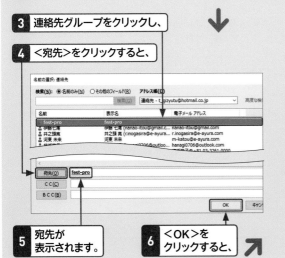

5 宛先が 表示されます。

6 <OK>を クリックすると、

7 <宛先>に連絡先グループが入力されます。

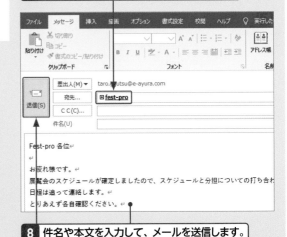

Fest-pro 各位

お疲れ様です。

展覧会のスケジュールが確定しましたので、スケジュールと分担についての打ち合わ
日程は追って連絡します。
とりあえず各自確認ください。

8 件名や本文を入力して、メールを送信します。

● <連絡先>画面から宛先を指定する

1 対象の連絡先グループを クリックして、

2 このアイコンを クリックすると、

3 <宛先>に連絡先グループが入力された <メッセージ>ウィンドウが表示されます。

● <連絡先グループ>ウィンドウから指定する

1 対象の<連絡先 グループ>ウィンドウ を表示して、

2 <連絡先グループ> タブの<電子メール> をクリックすると、

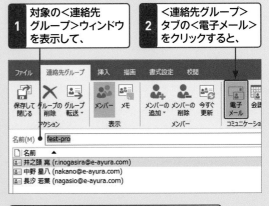

3 <宛先>に連絡先グループが入力された <メッセージ>ウィンドウが表示されます。

Outlookの基本 1
メールの受信と閲覧 2
メールの作成と送信 3
メールの整理と管理 4
メールの設定 5
連絡先 6
予定表 7
タスク 8
印刷 9
そのほかの便利機能 10

重要度 ★★★　グループ

Q 302
連絡先グループが作成できない!

A Outlookデータファイル (.pst)を作成して、既定に設定します。

Outlookに設定している既定のメールアカウントがOutlook.com、hotmail.com、live.comなどのMicrosoftアカウントのメールアカウントの場合、<新しい連絡先グループ>が表示されなかったり、利用不可になっている場合があります。この場合は、Outlookデータファイル (.pst)を作成し、そのファイルを既定に設定します。

1 <ファイル>タブの<アカウント設定>から<アカウント設定>をクリックします。

2 <データファイル>をクリックして、

3 <追加>をクリックします。

4 データファイル名を入力して（ファイル名は任意）、

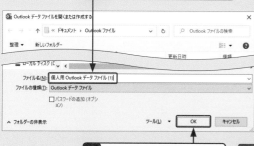

5 <OK>をクリックします。

6 新しく作成したデータファイルをクリックして、

7 <既定に設定>をクリックし、

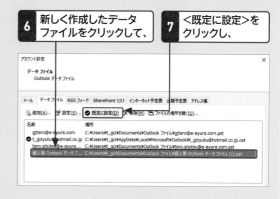

メール配信場所

⚠ 既定のOutlookデータファイルには、To Doバーに表示される予定表や、お気に入り、共有フォルダー、RSSフィードの設定が含まれます。メッセージの保存場所は変わりません。

既定のOutlookデータファイルを変更しますか?

はい(Y)　いいえ(N)

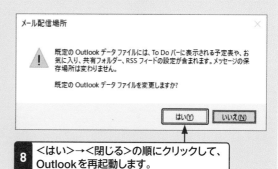

8 <はい>→<閉じる>の順にクリックして、Outlookを再起動します。

重要度 ★★★　グループ

Q 303
連絡先グループを削除したい!

A グループをクリックして<ホーム>タブの<削除>をクリックします。

連絡先グループが不要になったときは、連絡先グループをクリックして<ホーム>タブの<削除>をクリックします。あるいは、連絡先グループをダブルクリックして<連絡先グループ>ウィンドウを表示し、<連絡先グループ>タブの<グループの削除>をクリックして、<はい>をクリックしても削除できます。

1 連絡先グループをクリックして、

2 <ホーム>タブの<削除>をクリックします。

Q 304 連絡先をフォルダーで管理したい！

重要度 ★★★　フォルダー

A 新しいフォルダーを作成します。

連絡先の数が多くなってきた場合は、関連するグループごとにフォルダーを作成して連絡先を管理すると、目的の連絡先が探しやすくなります。新しくフォルダーを作成した場合は、フォルダーのプロパティで、アドレス帳にフォルダーを表示させるように設定します。

参照 ▶ Q 292

1 ＜フォルダー＞タブをクリックして、

2 ＜新しいフォルダー＞をクリックします。

3 フォルダーに付ける名前を入力して、

4 ＜連絡先 アイテム＞を選択します。

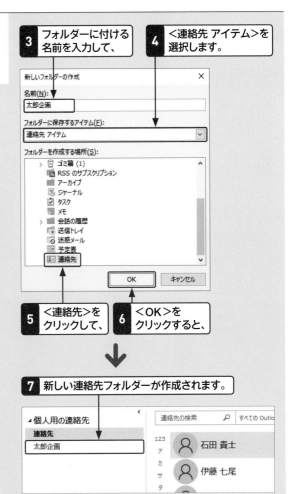

5 ＜連絡先＞をクリックして、

6 ＜OK＞をクリックすると、

7 新しい連絡先フォルダーが作成されます。

Q 305 連絡先フォルダーが作成できない！

重要度 ★★★　フォルダー

A ＜連絡先＞を右クリックして、＜フォルダーの作成＞をクリックします。

Outlookに設定している既定のメールアカウントがOutlook.com、hotmail.com、live.comなどのMicrosoftアカウントのメールアカウントの場合、＜新しいフォルダー＞が利用不可になっている場合があります。この場合は、＜連絡先＞を右クリックして、＜フォルダーの作成＞をクリックすると、＜新しいフォルダーの作成＞ダイアログボックスが表示されます。

参照 ▶ Q 304

1 ＜連絡先＞を右クリックして、

2 ＜フォルダーの作成＞をクリックします。

1 Outlookの基本
2 メールの受信と閲覧
3 メールの作成と送信
4 メールの整理と管理
5 メールの設定
6 連絡先
7 予定表
8 タスク
9 印刷
10 そのほかの便利機能

重要度 ★★★ フォルダー

Q306 連絡先をフォルダーに移動したい！

A ドラッグで移動するか、＜ホーム＞タブの＜移動＞を利用します。

新規に作成したフォルダーに連絡先を移動するには、移動したい連絡先をフォルダーにドラッグする方法と、＜ホーム＞タブの＜移動＞から移動先のフォルダーをクリックする方法の2つがあります。

● ドラッグ操作を利用する

1 移動したい連絡先をクリックして、

2 移動先のフォルダーにドラッグします。

● ＜ホーム＞タブの＜移動＞を利用する

1 移動したい連絡先をクリックして、

2 ＜ホーム＞タブの＜移動＞をクリックし、

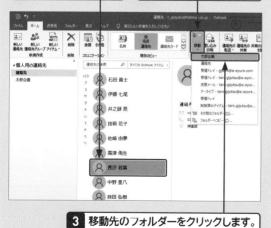

3 移動先のフォルダーをクリックします。

重要度 ★★★ フォルダー

Q307 連絡先のフォルダーを削除したい！

A ＜フォルダー＞タブの＜フォルダーの削除＞をクリックします。

連絡先のフォルダーが不要になった場合は、削除したいフォルダーをクリックして、＜フォルダー＞タブの＜フォルダーの削除＞をクリックし、＜はい＞をクリックします。削除したフォルダーは、いったん＜削除済みアイテム＞フォルダーに移動されます。

フォルダーを削除すると、その中に登録されている連絡先も削除されます。削除したくない連絡先がある場合は、あらかじめ＜連絡先＞フォルダーに移動しておきましょう。

参照 ▶ Q 306

1 削除したいフォルダーをクリックして、

2 ＜フォルダー＞タブをクリックし、

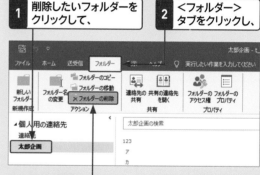

3 ＜フォルダーの削除＞をクリックします。

4 ＜はい＞をクリックすると、

5 フォルダーが削除されます。

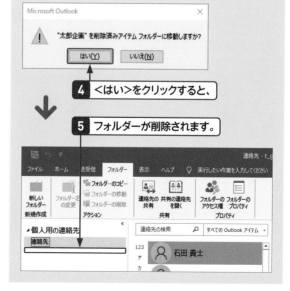

1 Outlookの基本
2 メールの受信と閲覧
3 メールの作成と送信
4 メールの整理と管理
5 メールの設定
6 連絡先
7 予定表
8 タスク
9 印刷
10 そのほかの便利機能

重要度 ★ ★ ★ 　分類項目

Q 308 連絡先を分類分けしたい！

A <ホーム>タブの<分類>から
分類項目を指定します。

分類項目では、あらかじめ6色の分類項目が用意され
ていますが、新規に作成することもできます。ここで
は既存の分類項目の名前を変更して設定します。作成
した分類項目は、メールなどOutlook全体で共通して利
用可能です。

参照 ▶ Q 224

1 分類項目を設定したい連絡先をクリックして、

2 <ホーム>タブの<分類>をクリックし、

3 任意の分類項目をクリックします。

4 はじめて利用する分類項目の場合は、
このダイアログボックスが表示されるので、
分類項目名を入力して、

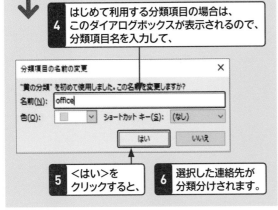

5 <はい>を
クリックすると、

6 選択した連絡先が
分類分けされます。

重要度 ★ ★ ★ 　分類項目

Q 309 分類項目ごとに連絡先を表示したい！

A 連絡先を<分類項目別>ビューで
表示します。

連絡先に分類項目を追加しておけば、連絡先を特定の
項目でグループ化することができます。<ホーム>タ
ブの<現在のビュー>の<その他>をクリックして、
一覧から<分類項目別>をクリックします。

参照 ▶ Q 308

1 <ホーム>タブの<現在のビュー>の
<その他>をクリックして、

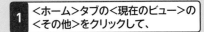

2 <分類項目別>をクリックすると、

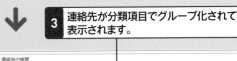

3 連絡先が分類項目でグループ化されて
表示されます。

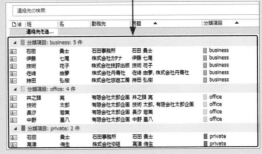

Outlookの基本 | 1
メールの受信と閲覧 | 2
メールの作成と送信 | 3
メールの整理と管理 | 4
メールの設定 | 5
連絡先 | 6
予定表 | 7
タスク | 8
印刷 | 9
そのほかの便利機能 | 10

重要度 ★★★ 　分類項目

Q 310

連絡先の分類分けを変更したい！

A ＜分類＞から＜すべての分類項目＞をクリックして変更します。

分類分けを変更するには、分類分けを変更したい連絡先をクリックして、＜ホーム＞タブの＜分類＞をクリックし、＜すべての分類項目＞をクリックします。＜色分類項目＞ダイアログボックスが表示されるので、設定されている分類項目を別の分類項目に変更します。　　　　　　　　　　　　　　　参照 ▶ Q 308

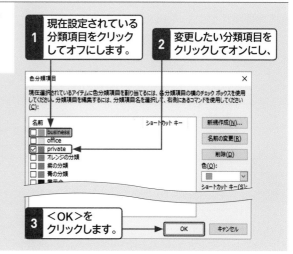

1 現在設定されている分類項目をクリックしてオフにします。

2 変更したい分類項目をクリックしてオンにし、

3 ＜OK＞をクリックします。

重要度 ★★★ 　分類項目

Q 311

分類分けを解除したい！

A ＜分類＞から＜すべての分類項目をクリア＞をクリックします。

特定の分類分けを解除したいときは、連絡先のビューを＜分類項目別＞に変更して、分類分けを解除したい連絡先を選択し、＜ホーム＞タブの＜分類＞から＜すべての分類項目をクリア＞をクリックします。連絡先に設定したすべての分類分けを解除したいときは、すべての連絡先を選択して、同様に操作します。

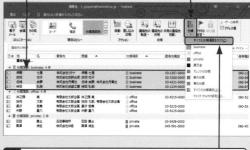

1 分類分けを解除したい連絡先を選択して、

2 ＜ホーム＞タブの＜分類＞をクリックし、

3 ＜すべての分類項目をクリア＞をクリックします。

重要度 ★★★ 　連絡先の活用

Q 312

連絡先情報をメールで送信したい！

A ＜連絡先＞ウィンドウの＜転送＞から送信します。

Outlookでは、連絡先の情報をファイルにして、メールに添付して送信することができます。添付ファイルは、Outlook形式とインターネット形式（vCard形式）が選択できます。Outlook形式で送信する場合は、受信する人もOutlookを使用している必要があります。

参照 ▶ Q 313, Q 314

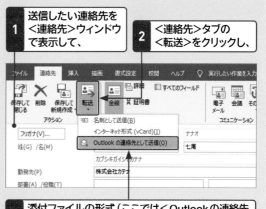

1 送信したい連絡先を＜連絡先＞ウィンドウで表示して、

2 ＜連絡先＞タブの＜転送＞をクリックし、

3 添付ファイルの形式（ここでは＜Outlookの連絡先として送信＞）をクリックして、メールに添付します。

1 Outlookの基本
2 メールの受信と閲覧
3 メールの作成と送信
4 メールの整理と管理
5 メールの設定
6 連絡先
7 予定表
8 タスク
9 印刷
10 そのほかの便利機能

重要度 ★★★　連絡先の活用

Q 313 Outlook形式とは？

A Outlookで利用できる
ファイル形式です。

Outlook形式は、Outlookの連絡先のファイル保存形式
です。Outlook形式で送信する場合は、受信者がOutlook
を使用している必要があります。

参照▶Q 312

● Outlook形式でファイルを添付した場合

	差出人(M)	t_gizyutu@hotmail.co.jp
送信(S)	宛先...	
	C C (C)...	
	件名(U)	FW: 伊藤七尾
	添付ファイル(T)	伊藤七尾 Outlook アイテム

重要度 ★★★　連絡先の活用

Q 314 vCard形式とは？

A メールの宛先に表示される
名前です。

vCard（.vcf）形式は、一般的な連絡先の保存形式で、連
絡先情報を共有するためのインターネット標準のファ
イルです。Outlook以外のソフトを使用している人とア
ドレス帳を共有する場合に利用します。

参照▶Q 312

● vCard形式でファイルを添付した場合

	差出人(M)	t_gizyutu@hotmail.co.jp
送信(S)	宛先...	
	C C (C)...	
	件名(U)	FW: 伊藤七尾
	添付ファイル(T)	伊藤七尾.vcf 3 KB

重要度 ★★★　連絡先の活用

Q 315 送られてきた連絡先情報を連絡先に登録したい！

A 添付ファイルをクリックして、
＜開く＞をクリックします。

メールに添付されてきた連絡先情報を連絡先に登録す
るには、添付ファイルの ▼ をクリックして＜開く＞を
クリックするか、添付ファイルをダブルクリックしま
す。＜連絡先＞ウィンドウが表示されるので、内容を確
認して、保存します。なお、添付ファイルをクリックす
ると、＜連絡先＞ウィンドウをすぐに表示せずに、閲覧
ウィンドウで情報を確認することができます。

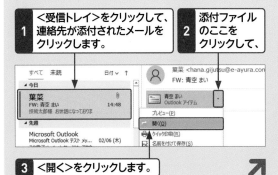

1 ＜受信トレイ＞をクリックして、連絡先が添付されたメールをクリックします。

2 添付ファイルのここをクリックして、

3 ＜開く＞をクリックします。

4 ＜連絡先＞ウィンドウが表示されるので、登録情報を確認して、

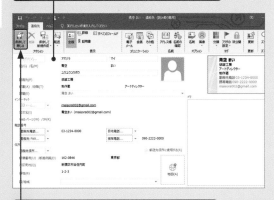

5 ＜連絡先＞タブの＜保存して閉じる＞をクリックします。

● 閲覧ウィンドウで情報を確認する場合

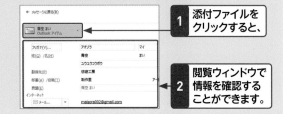

1 添付ファイルをクリックすると、

2 閲覧ウィンドウで情報を確認することができます。

第 **7** 章

予定表

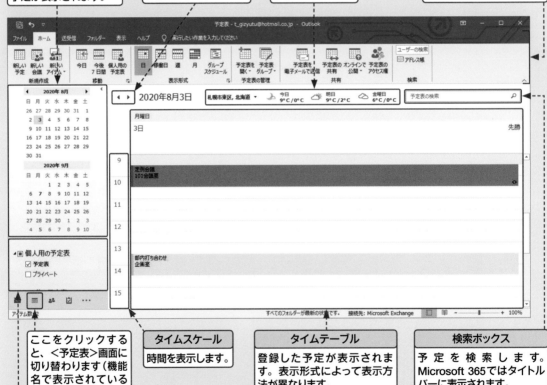

1 Outlookの基本
2 メールの受信と閲覧
3 メールの作成と送信
4 メールの整理と管理
5 メールの設定
6 連絡先
7 予定表
8 タスク
9 印刷
10 そのほかの便利機能

重要度 ★ ★ ★　予定表の基本

Q 316

＜予定表＞画面の構成を知りたい！

＜予定表＞画面では、件名や場所、開始時刻や終了時刻などの情報を登録してスケジュールを管理することができます。予定表には日単位、週単位、月単位などの表示形式（ビュー）が用意されており、必要に応じて切り替えて使用できます。また、予定表を追加して、複数の予定表を用途に合わせて使い分けることも可能です。予定を登録するときは＜予定＞ウィンドウや＜イベント＞ウィンドウで設定します。

A　下図で各部の名称と機能を確認しましょう。

● ＜予定表＞の画面構成

カレンダーナビゲーター
2カ月分のカレンダーが表示されます。日付をクリックすると、その日の予定が表示されます。

戻る／進む
タイムテーブルに表示する月や週、日を前後に移動します。

天気予報
設定した地域の天気予報が表示されます。

リボン
コマンドをタブとボタンで整理して表示します。

ここをクリックすると、＜予定表＞画面に切り替わります（機能名で表示されている場合は、Q 045参照）。

予定表
表示できる予定表の一覧が表示されます。

タイムスケール
時間を表示します。

タイムテーブル
登録した予定が表示されます。表示形式によって表示方法が異なります。

検索ボックス
予定を検索します。Microsoft 365ではタイトルバーに表示されます。

Outlookの基本 1

メールの受信と閲覧 2

メールの作成と送信 3

メールの整理と管理 4

メールの設定 5

連絡先 6

予定表 7

タスク 8

印刷 9

そのほかの便利機能 10

● <予定>ウィンドウの画面構成

件名	場所	開始時刻
予定のタイトルを入力します。	予定が行われる場所を入力します。	予定の開始時刻を指定します。

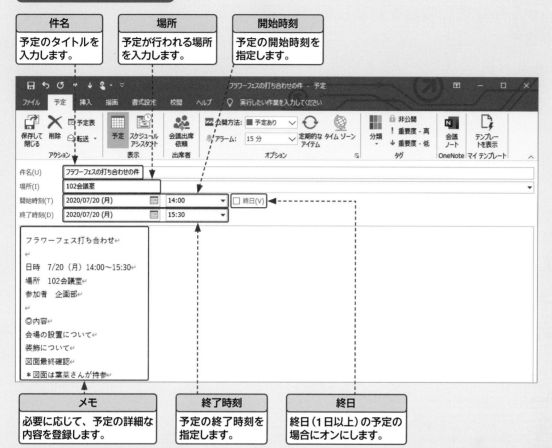

メモ	終了時刻	終日
必要に応じて、予定の詳細な内容を登録します。	予定の終了時刻を指定します。	終日（1日以上）の予定の場合にオンにします。

● <イベント>ウィンドウの画面構成

1日以上を必要とする予定や、1日を対象とする記念日などを登録します。

開始日と終了日だけが指定できます。開始時刻／終了時刻は指定できません。	あらかじめ<終日>がオンになっています。

1 Outlookの基本

2 メールの受信と閲覧

3 メールの作成と送信

4 メールの整理と管理

5 メールの設定

6 連絡先

7 予定表

8 タスク

9 印刷

10 そのほかの便利機能

重要度 ★★★　予定表の基本

Q 317 予定表に祝日を追加したい!

A <Outlookのオプション>の<予定表>で祝日を追加します。

Outlookの初期設定では、予定表に祝日が表示されていません。祝日を追加するには、<Outlookのオプション>ダイアログボックスの<予定表>で設定します。祝日は終日の予定として登録され、通常の予定と同様に変更や削除を行うことができます。

参照▶Q 318

Outlookの初期設定では、予定表に祝日が表示されていません。

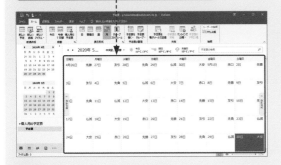

1 <ファイル>タブから<オプション>をクリックして、<Outlookのオプション>ダイアログボックスを表示します。

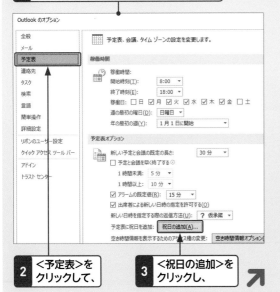

2 <予定表>をクリックして、

3 <祝日の追加>をクリックし、

4 <日本>をクリックしてオンにし、

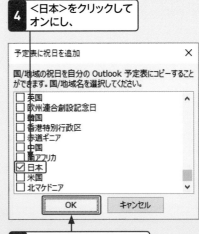

5 <OK>をクリックします。

Microsoft Outlook
予定表に祝日が追加されました。
OK

6 <OK>をクリックして、

7 <Outlookのオプション>ダイアログボックスの<OK>をクリックすると、

8 祝日が表示されます。

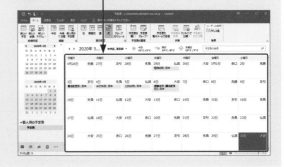

Q 318 登録された祝日を変更したい!

A ＜予定＞ウィンドウを表示して変更します。

祝日は、名称や日付が変更になる場合があります。この場合は、祝日をダブルクリックすると表示される＜予定＞ウィンドウで変更することができます。

ここでは、祝日の表記を変更します。

1 変更したい祝日をダブルクリックします。

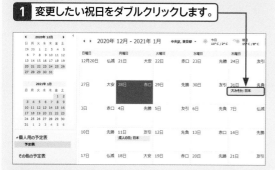

2 ＜件名＞を変更して、

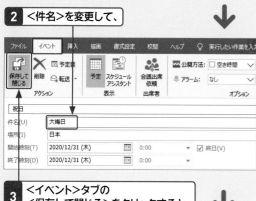

3 ＜イベント＞タブの＜保存して閉じる＞をクリックすると、

4 祝日の表記が変更されます。

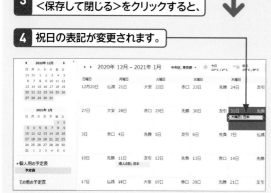

Q 319 間違って登録した祝日をまとめて削除したい!

A ビューを＜一覧＞にして削除します。

間違えてほかの国の祝日を登録してしまった場合などは、＜表示＞タブの＜ビューの変更＞から＜一覧＞をクリックし、表示を＜一覧＞ビューにすると、まとめて削除することができます。項目名の＜場所＞をクリックして、並べ替えを行ってから削除すると効率的です。

1 削除する祝日をまとめて選択し、

2 ＜ホーム＞タブの＜削除＞をクリックします。

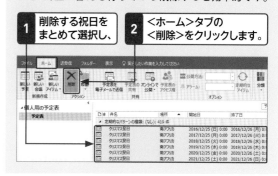

Q 320 旧暦や六曜、干支を表示したい!

A ＜Outlookのオプション＞の＜予定表＞で設定します。

カレンダーとして使う場合に、旧暦や干支の情報も表示できると便利です。Outlookでは、旧暦、六曜、干支のいずれかを表示することができます。＜ファイル＞タブから＜オプション＞をクリックすると表示される＜Outlookのオプション＞ダイアログボックスの＜予定表＞で、暦の種類を選択します。

1 ここをクリックして、

2 いずれかをクリックします。

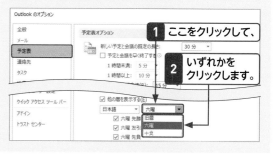

1 Outlookの基本
2 メールの受信と閲覧
3 メールの作成と送信
4 メールの整理と管理
5 メールの設定
6 連絡先
7 予定表
8 タスク
9 印刷
10 そのほかの便利機能

重要度 ★★★ 予定表の基本

Q 321 稼働日と稼働時間を設定したい！

A <Outlookのオプション>の<予定表>で設定します。

Outlookでは、土日を除いた就業日を「稼働日」、就業時間を「稼働時間」と呼びます。予定表を仕事で利用する際に、稼働日や稼働時間を設定しておくと、土日や稼働時間以外の時間帯と区別されるので、予定表が見やすくなります。なお、開始時刻や終了時刻の一覧から選択できる時刻は30分単位です。そのほかの時刻にしたい場合は、ボックスに直接入力します。

● 稼働日と稼働時間を設定する

1 <ファイル>タブから<オプション>をクリックして、<Outlookのオプション>ダイアログボックスを表示します。

2 <予定表>をクリックして、 **3** ここをクリックし、

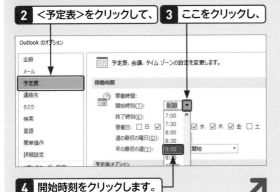

4 開始時刻をクリックします。

5 同様に終了時刻を指定して、

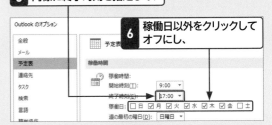

6 稼働日以外をクリックしてオフにし、

7 <OK>をクリックします。

● 稼働日を表示する

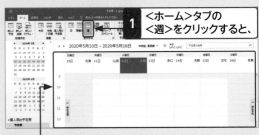

1 <ホーム>タブの<週>をクリックすると、

2 土日と就業時間以外の部分がグレー表示になり、稼働時間の背景は白く表示されます。

3 <稼働日>をクリックすると、

4 稼働日に設定した月〜金曜日のみが表示されます。

重要度 ★★★ 予定表の基本

Q 322 予定表はいつまで使える？

A 期限はありますが、気にしなくても大丈夫です。

Outlookのカレンダーは、100年以上先まで対応しているので、とくに期限を気にする必要はありません（9767年まで表示されます）。ただし、Outlookのバージョンによって変わる場合もあります。一般的には、1年間程度の予定表として利用するとよいでしょう。

重要度 ★★★ 予定表の基本

Q 323 予定表は日記帳として使える？

A プライベートな日記帳の使用にはおすすめしません。

予定表は、あくまでスケジュール管理のために利用するものです。自動整理の設定を有効にしている場合、古い予定は整理されてしまうことがあります。記録が消えてはいけないプライベートな日記帳のような使い方は、しないほうがよいでしょう。

参照 ▶ Q 445

重要度 ★★★　予定表の基本

Q 324

タイムスケールの表示単位を変更したい！

A <表示>タブの
<タイムスケール>で変更します。

「タイムスケール」は、予定表に表示されるグリッド（罫線）です。初期設定では30分間隔で設定されていますが、この間隔は、5分～60分の間で変更することができます。<表示>タブの<タイムスケール>から設定します。

1 <表示>タブをクリックして、

2 <タイムスケール>をクリックし、

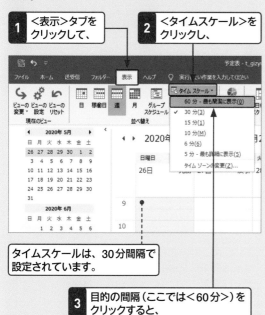

タイムスケールは、30分間隔で設定されています。

3 目的の間隔（ここでは<60分>）をクリックすると、

↓

4 タイムスケールの間隔が60分単位に変更されます。

重要度 ★★★　予定表の基本

Q 325

週の始まりを月曜日にしたい！

A <Outlookのオプション>の
<予定表>で設定します。

予定表の初期設定では、日曜日から週が始まっていますが、別の曜日に変更することができます。<Outlookのオプション>ダイアログボックスの<予定表>で設定します。

1 <ファイル>タブから<オプション>をクリックして、<Outlookのオプション>ダイアログボックスを表示します。

2 <予定表>をクリックして、

3 ここをクリックし、

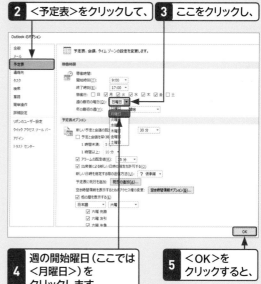

4 週の開始曜日（ここでは<月曜日>）をクリックします。

5 <OK>をクリックすると、

↓

6 週の開始曜日が月曜日に変更されます。

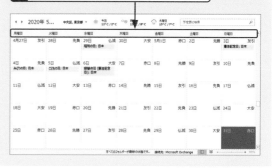

重要度 ★★★　予定の登録／確認／編集

Q 326 新しい予定を登録したい！

A ＜予定＞ウィンドウを表示して登録します。

新しい予定を登録するには、カレンダーで予定を登録したい日付をクリックして、＜ホーム＞タブの＜新しい予定＞をクリックします。日付が入力された状態で＜予定＞ウィンドウが表示されるので、必要な項目を入力します。また、表示形式が＜日＞や＜週＞の場合に、登録したい時間をダブルクリックすると、時刻が入力された状態で＜予定＞ウィンドウが表示されます。

1 予定を登録する日付をクリックして、

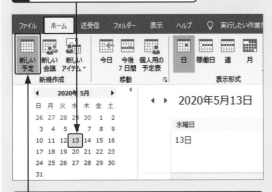

2 ＜ホーム＞タブの＜新しい予定＞をクリックします。

3 件名と場所を入力して、

4 ＜開始時刻＞のここをクリックし、

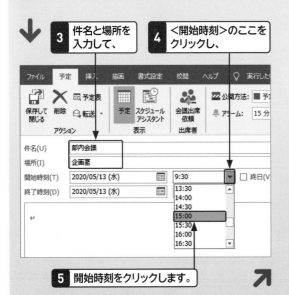

5 開始時刻をクリックします。

6 ＜終了時刻＞のここをクリックして、

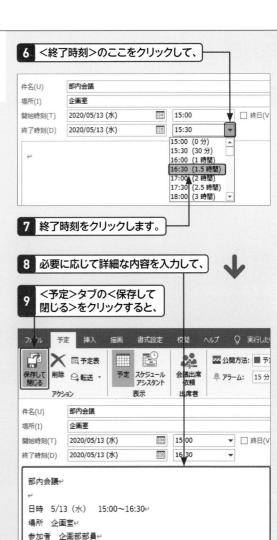

7 終了時刻をクリックします。

8 必要に応じて詳細な内容を入力して、

9 ＜予定＞タブの＜保存して閉じる＞をクリックすると、

10 予定が登録されます。

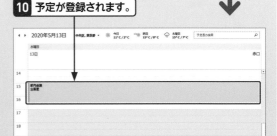

Q 327 終日の予定を登録したい！

A ＜ホーム＞タブの＜新しい予定＞をクリックして登録します。

終日の予定とは、時刻を設定しない丸一日の予定のことです。朝から夜まで丸一日かけて行われる予定は「終日」として登録します。

なお、Outlookの初期設定では、祝日と予定の色がすべて同じ色で表示されます。ひと目で区別がつくように、色分けしておくとよいでしょう。

参照▶ Q 366

1 予定を登録する日付をクリックして、

2 ＜ホーム＞タブの＜新しい予定＞をクリックします。

3 件名と場所を入力し、

4 ＜終日＞をクリックしてオンにします。

5 ＜イベント＞タブの＜保存して閉じる＞をクリックすると、

6 終日の予定が登録されます。

Q 328 複数日にわたる予定を登録したい！

A 予定表で複数日を選択してから予定を作成します。

複数日にわたる予定を登録するには、予定表で開始日から終了日をドラッグして選択し、＜ホーム＞タブの＜新しい予定＞をクリックします。複数日が指定された状態で＜イベント＞ウィンドウが表示されるので、必要な項目を入力します。

1 予定表をドラッグして複数日を選択し、

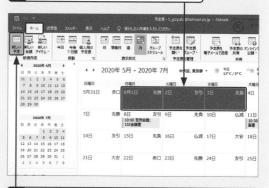

2 ＜ホーム＞タブの＜新しい予定＞をクリックします。

3 件名、場所を入力し、

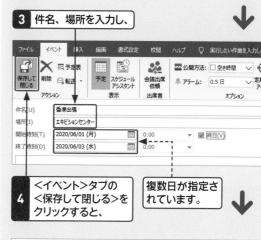

4 ＜イベント＞タブの＜保存して閉じる＞をクリックすると、

複数日が指定されています。

5 複数日の予定が登録されます。

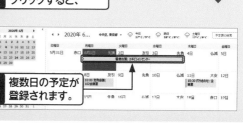

1 Outlookの基本
2 メールの受信と閲覧
3 メールの作成と送信
4 メールの整理と管理
5 メールの設定
6 連絡先
7 予定表
8 タスク
9 印刷
10 そのほかの便利機能

重要度 ★ ★ ★　予定の登録／確認／編集

Q 329 登録した予定をいろいろな表示形式で確認したい！

A　予定表の表示形式を切り替えて確認します。

予定表には、日単位、週単位、月単位などの表示形式（ビュー）が用意されており、<ホーム>タブの<表示形式>で切り替えることができます。クリックするだけでかんたんに切り替えることができるので、用途に応じて使い分けるとよいでしょう。

1 <ホーム>タブの<日>をクリックすると、

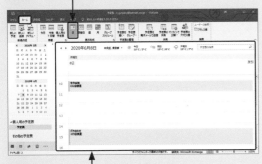

2 予定が1日単位で確認できます。

3 <週>をクリックすると、

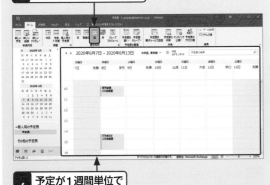

4 予定が1週間単位で確認できます。

重要度 ★ ★ ★　予定の登録／確認／編集

Q 330 登録した予定の詳細を確認したい！

A　予定をダブルクリックして、<予定>ウィンドウを表示します。

予定表には件名と場所だけが表示されます。詳しい内容を確認したい場合は、予定をクリックして<予定>タブの<開く>をクリックするか、予定をダブルクリックして、<予定>あるいは<イベント>ウィンドウを表示します。ダブルクリックする際の予定表の表示形式はどの形式でもかまいません。

1 詳細を確認したい予定をクリックして、

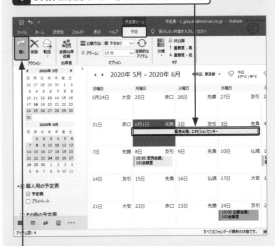

2 <予定>タブの<開く>をクリックすると、

3 登録した予定の詳しい内容が確認できます。

Q 331 表示月を切り替えて予定を確認したい!

A 予定表の左上にある<進む>／<戻る>をクリックして確認します。

数か月前や数か月先の予定を確認したい場合は、予定表の表示月を切り替えます。予定表の年月の左側に表示されている<進む> ▶ をクリックすると、月が順に進みます。<戻る> ◀ をクリックすると前の月が順に表示されます。

また、カレンダーナビゲーターの月の左右にある<進む> ▶ や<戻る> ◀ をクリックしても同様です。

1 <進む>をクリックすると、

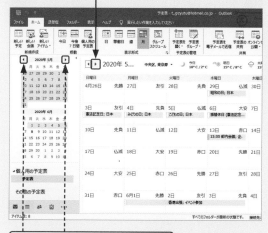

これらをクリックしても、表示月を切り替えることができます。

2 翌月が表示されます。

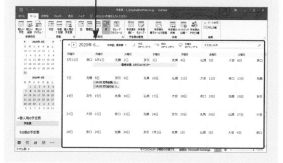

Q 332 指定した日付の予定を確認したい!

A <指定の日付へ移動>ダイアログボックスを表示して日付を指定します。

任意の日付を表示したいときは、予定表の日付のいずれかを右クリックして、<指定の日付へ移動>をクリックし、日付を指定します。必要に応じて予定表の表示形式を指定することもできます。

1 予定表のいずれかを右クリックして、

2 <指定の日付へ移動>をクリックします。

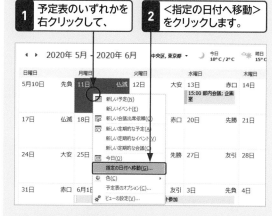

3 ここをクリックして、

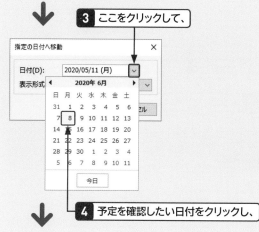

4 予定を確認したい日付をクリックし、

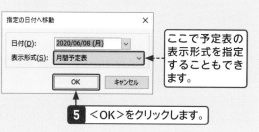

ここで予定表の表示形式を指定することもできます。

5 <OK>をクリックします。

Q 333

登録した予定を変更したい！

A ＜予定＞ウィンドウを表示して変更します。

登録した予定は、あとから変更することができます。予定をクリックして＜予定＞タブの＜開く＞をクリックするか、予定をダブルクリックして、＜予定＞ウィンドウを表示します。予定を変更したら、＜予定＞タブの＜保存して閉じる＞をクリックすると、変更が反映されます。

ここでは、予定の日付と時刻を変更します。

1 内容を変更したい予定をクリックして、

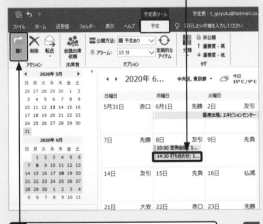

2 ＜予定＞タブの＜開く＞をクリックします。

3 日付を指定し直して、　　**4** 時刻を変更し、

5 ＜予定＞タブの＜保存して閉じる＞をクリックすると、

6 予定が変更されます。

Q 334

登録した予定をコピーしたい！

A Ctrl を押しながら予定をドラッグします。

同じ予定を登録する場合は、新たに予定を追加登録するよりも、コピーするほうが効率的です。Outlookには、コピーや貼り付けのコマンドが用意されていないので、Ctrl を利用します。予定をクリックして、Ctrl を押しながら、目的の日付にドラッグします。

また、ショートカットキーのコピー＆ペーストでも複製できます。予定をクリックして Ctrl を押しながら C を押し、目的の場所で Ctrl を押しながら V を押します。

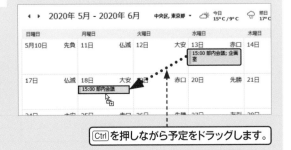

Ctrl を押しながら予定をドラッグします。

Q 335 登録した予定を ほかの日時に移動したい！

A ドラッグ操作で移動します。

登録した予定は、<予定>ウィンドウで変更できます
が、日付や時刻だけの変更であれば、予定表内でドラッ
グするだけでかんたんに変更することができます。

参照▶Q 333

● 日付を変更する

1 予定をクリックして、

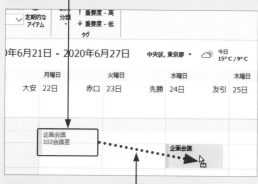

2 移動したい日付の時間帯へドラッグします。

● 時刻の範囲を変更する

1 予定をクリックして、上下の枠にマウスポインター
を合わせ、ポインターがこの形になった状態で、

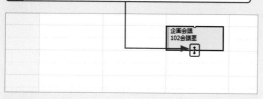

2 ドラッグすると、時刻を変更することが
できます。

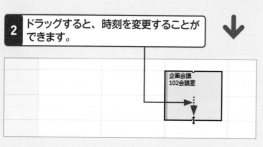

Q 336 登録した予定を削除したい！

A <予定>タブの <削除>をクリックします。

登録した予定を削除するには、予定をクリックして、
<予定>タブの<削除>をクリックします。また、予定
を右クリックして表示されるメニューから<削除>を
クリックしても削除できます。

削除した予定は<削除済みアイテム>フォルダーに移
動されるので、間違って削除してしまった場合は、もと
に戻すことができます。

参照▶Q 441

1 削除したい予定をクリックして、

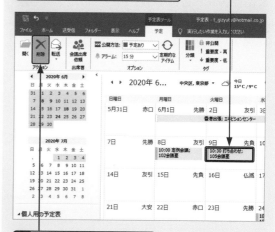

2 <予定>タブの<削除>を
クリックすると、

3 予定が削除されます。

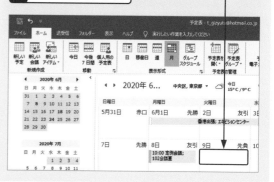

Outlookの基本　1

メールの受信と閲覧　2

メールの作成と送信　3

メールの整理と管理　4

メールの設定　5

連絡先　6

予定表　7

タスク　8

印刷　9

そのほかの便利機能　10

Q 337 定期的な予定を登録したい！

A ＜予定＞ウィンドウで＜定期的な アイテム＞をクリックして設定します。

定期的な予定とは、毎週月曜日の朝9時から朝礼を行う、毎週水曜日に部内ミーティングを行う、といった同じパターンで繰り返す予定のことです。

繰り返して実施される予定があらかじめわかっている場合は、定期的な予定として登録しておくと便利です。

> ここでは、「隔週水曜の午前9時30分から1時間、定例会議を行う」という予定を登録します。

1 ＜ホーム＞タブの＜新しい予定＞をクリックして、

2 予定内容を入力し、開始日と時刻を指定して、

3 ＜予定＞タブの＜定期的なアイテム＞をクリックします。

4 ＜週＞をクリックしてオンにし、

5 間隔を「2」週ごとに指定します。

6 ＜水曜日＞をクリックしてオンにし、

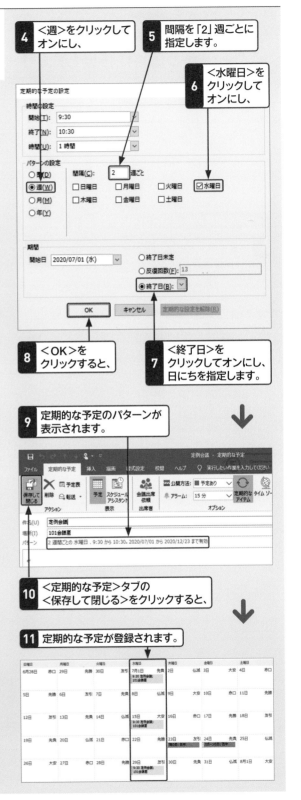

8 ＜OK＞をクリックすると、

7 ＜終了日＞をクリックしてオンにし、日にちを指定します。

9 定期的な予定のパターンが表示されます。

10 ＜定期的な予定＞タブの＜保存して閉じる＞をクリックすると、

11 定期的な予定が登録されます。

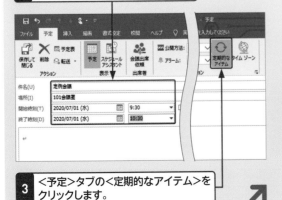

Q 338 定期的な予定を変更したい！

A <定期的な予定の設定> ダイアログボックスで変更します。

登録した定期的な予定はいつでも変更することができます。定期的な予定をクリックして、<定期的なアイテム>をクリックし、変更します。　　参照▶Q 337

ここでは、「隔週水曜の定例会議」を「毎月の第1月曜」に変更します。

1 定期的な予定をクリックして、

2 <定期的な予定>タブの<定期的なアイテム>をクリックします。

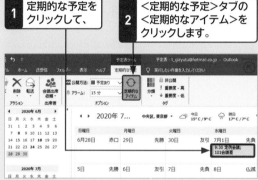

3 <月>をクリックしてオンにし、

4 <曜日>をクリックしてオンにして、

5 「1」を入力して、<第1>と<月曜日>を選択します。

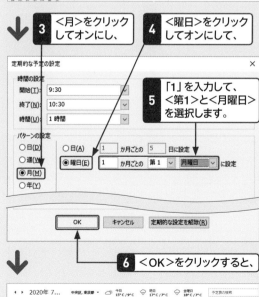

6 <OK>をクリックすると、

7 定期的な予定が、毎月の第1週の月曜日に変更されます。

Q 339 定期的な予定を解除したい！

A <定期的な予定の設定> ダイアログボックスで解除します。

定期的な予定を解除したいときは、<定期的な予定の設定>ダイアログボックスを表示して、<定期的な設定を解除>をクリックします。定期的な予定を解除すると、繰り返しの予定が取り消されて、開始日の予定のみが残ります。　　参照▶Q 338

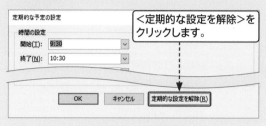

<定期的な設定を解除>をクリックします。

Q 340 登録した定期的な予定を削除したい！

A <削除>から<定期的なアイテムを削除>をクリックします。

定期的な予定そのものを削除するには、定期的な予定をクリックして、<定期的な予定>タブの<削除>をクリックし、<定期的なアイテムを削除>をクリックします。

1 定期的な予定をクリックして、

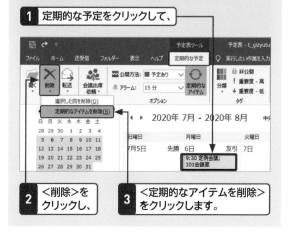

2 <削除>をクリックし、

3 <定期的なアイテムを削除>をクリックします。

重要度 ★★★　定期的な予定の登録

Q 341

定期的な予定の特定の日を削除したい！

A ＜削除＞から＜選択した回を削除＞をクリックします。

定期的な予定が祝日といっしょになったときなど、特定の日だけ予定を取り消したいという場合があります。このような場合は、取り消したい予定をクリックして、＜定期的な予定＞タブの＜削除＞をクリックし、＜選択した回を削除＞をクリックします。

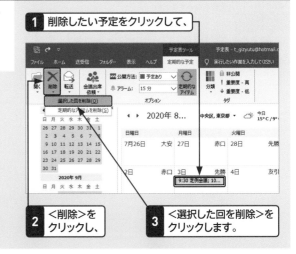

1 削除したい予定をクリックして、

2 ＜削除＞をクリックし、

3 ＜選択した回を削除＞をクリックします。

重要度 ★★★　定期的な予定の登録

Q 342

定期的な終日の予定を登録したい！

A ＜定期的な予定の設定＞ダイアログボックスで設定します。

社員研修会や社員旅行など毎年恒例で行うイベントは、あらかじめ定期的なアイテムとして登録しておくと、毎回登録する手間が省けて便利です。ここでは、すでに登録した終日の予定を定期的な終日の予定として登録します。

参照 ▶ Q 327

複数日にわたる終日の予定を「毎年7月の1日」として登録します。

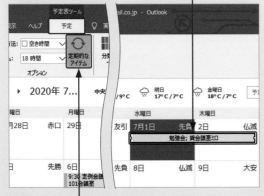

1 登録した終日の予定をクリックして、

2 ＜予定＞タブの＜定期的なアイテム＞をクリックします。

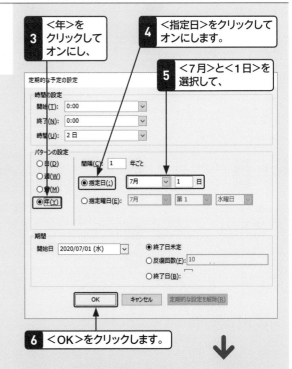

3 ＜年＞をクリックしてオンにし、

4 ＜指定日＞をクリックしてオンにします。

5 ＜7月＞と＜1日＞を選択して、

6 ＜OK＞をクリックします。

7 次の年の7月の予定表を表示すると、定期的な終日の予定が登録されていることが確認できます。

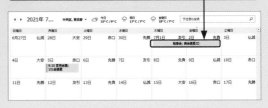

重要度 ★★★　終日の予定

Q343 終日の予定が 1日多く表示されている？

A 終日は0時〜翌日の0時の 指定になります。

登録した予定にマウスポインターを合わせると、ポップアップが表示されます。終日の予定の場合、ポップアップには、開始が午前0時、終了が午後11時59分ではなく、翌日の午前0時の表示になります。1日の予定の場合は問題ありませんが、複数日を設定している場合は、1日多く予定されているように見間違う場合が

あります。これはOutlookの仕様なので、変更できません。見間違えると困るような場合は、時刻を入れて登録しましょう。

終日の予定にマウスポインターを合わせると、ポップアップには開始が「0:00」、終了が「0:00」と表示されます。

重要度 ★★★　終日の予定

Q344 登録した終日の予定を 時刻入りに変更したい！

A ＜予定＞ウィンドウで＜終日＞を オフにし、時刻を指定します。

終日は丸一日の予定ですが、Q343で説明したように時間の指定が「0:00」から「0:00」となり、複数日にわたる終日の予定を登録していると、1日多く勘違いしてしまうことがあります。このような場合は、終日の予定を時刻入りの予定に変更するとよいでしょう。

参照 ▶ Q343

1 終日の予定をクリックして、

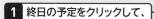

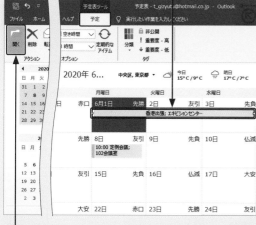

2 ＜予定＞タブの＜開く＞をクリックします。

3 ＜終日＞をクリックしてオフにし、

4 開始時刻と終了時刻を指定します。

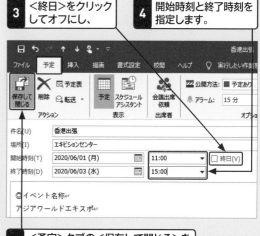

5 ＜予定＞タブの＜保存して閉じる＞をクリックすると、

6 時刻入りの予定に変更されます。

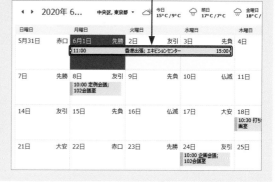

1 Outlookの基本
2 メールの受信と閲覧
3 メールの作成と送信
4 メールの整理と管理
5 メールの設定
6 連絡先
7 予定表
8 タスク
9 印刷
10 そのほかの便利機能

重要度 ★★★　予定の管理

Q 345 予定の開始前にアラームを鳴らしたい！

A ＜予定＞ウィンドウの＜アラーム＞で時間を指定します。

予定が多くなってくると、登録した予定をうっかり見過ごしてしまうこともあります。重要な予定を見過ごさないように、予定の開始前にアラームを設定しておくとよいでしょう。アラームを設定すると、アラームとダイアログボックスで予定を知らせてくれます。ただし、アラームの鳴る時刻にOutlookが起動していることが必要です。

なお、Outlookの初期設定では、開始時刻の15分前にアラームが鳴るように設定されます。

1 ＜ホーム＞タブの＜新しい予定＞をクリックします。

2 予定を入力して、　　**3** ここをクリックし、

4 アラームを鳴らす時間をクリックします。

↓

5 アラームの時間が設定されたのを確認して、

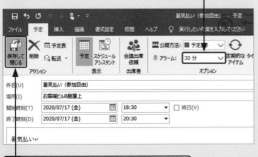

6 ＜予定＞タブの＜保存して閉じる＞をクリックします。

重要度 ★★★　予定の管理

Q 346 アラームの設定時刻を確認したい！

A 登録した予定にマウスポインターを合わせます。

設定したアラームを確認するには、アラームを設定した予定にマウスポインターを合わせます。ポップアップが表示され、アラームを設定した時間を確認することができます。

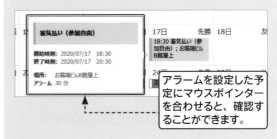

アラームを設定した予定にマウスポインターを合わせると、確認することができます。

重要度 ★★★　予定の管理

Q 347 アラームを再度鳴らしたい！

A ＜アラーム＞ダイアログボックスの＜再通知＞をクリックします。

設定したアラームが鳴ったあと、再度通知してほしい場合は、再通知を設定することができます。アラームを設定した時刻になると＜アラーム＞ダイアログボックスが表示され、アラームが鳴ります。アラームを再度鳴らしたい場合は、タイミングを指定して、＜再通知＞をクリックします。アラームを消すには、＜アラームを消す＞をクリックします。

1 ここでタイミングを指定して、　　**2** ＜再通知＞をクリックします。

アラームを消すには、＜アラームを消す＞をクリックします。

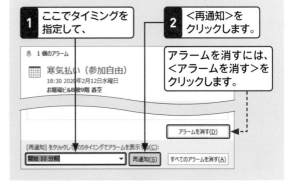

重要度 ★★★　予定の管理

Q 348 アラームの鳴る時間を変更したい！

A <Outlookのオプション>の<予定表>で設定します。

Outlookの初期設定では、開始時刻の15分前にアラームが鳴るように設定されていますが、この時間は変更することができます。<ファイル>タブから<オプション>をクリックすると表示される<Outlookのオプション>ダイアログボックスの<予定表>で設定します。

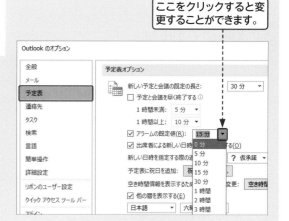
ここをクリックすると変更することができます。

重要度 ★★★　予定の管理　✗2019 ✗2016 ✗2013

Q 349 ほかのウィンドウの上にアラームを表示したい！

A <Outlookのオプション>の<詳細設定>で設定します。

アラームを設定した時刻になると、<予定表>画面の上に<アラーム>ダイアログボックスが表示されます。作業をしているほかのウィンドウの上にダイアログボックスに表示されるようにしたい場合は、<Outlookのオプション>ダイアログボックスの<詳細設定>で設定します。ただし、この機能はMicrosoft 365に限られます。

<その他のウィンドウの上にアラームを表示する>をクリックしてオンにします。

重要度 ★★★　予定の管理　✗2019 ✗2016 ✗2013

Q 350 終了した予定のアラームを自動的に削除したい！

A <Outlookのオプション>の<詳細設定>で設定します。

Outlookを起動したときに、過去の予定のアラームが表示されるのはうっとうしいものです。Microsoft 365では、過去の予定のアラームを自動的に消去するように設定することができます。<Outlookのオプション>ダイアログボックスの<詳細設定>で設定します。

<予定表にある過去のイベントのアラームを自動的に閉じる>をクリックしてオンにします。

Q 351 アラームを表示しないようにしたい！

A ＜Outlookのオプション＞の ＜詳細設定＞で設定します。

Outlookの初期設定では、アラームを設定した時刻になると、＜アラーム＞ダイアログボックスが表示されるように設定されています。ダイアログボックスを表示したくない場合は、＜Outlookのオプション＞ダイアログボックスの＜詳細設定＞で設定します。

＜アラームを表示する＞をクリックしてオフにします。

Q 352 アラーム音を鳴らさないようにしたい！

A ＜Outlookのオプション＞の ＜詳細設定＞で設定します。

Outlookの初期設定では、アラームを設定した時刻になると音が鳴るように設定されています。アラーム音を鳴らしたくない場合は、＜Outlookのオプション＞ダイアログボックスの＜詳細設定＞で設定します。

＜音を鳴らす＞をクリックしてオフにします。

Q 353 アラーム音を変更したい！

A ＜Outlookのオプション＞の ＜詳細設定＞で設定します。

アラーム音は、初期設定で「reminder.wav」に設定されていますが、ほかの音に変更することもできます。設定できるのは「.wavファイル」のみです。使用するサウンドファイルは、パソコン上のフォルダーか、常にアクセスできるネットワークの共有フォルダーにある必要があります。

1 ＜ファイル＞タブから＜オプション＞をクリックして、＜Outlookのオプション＞ダイアログボックスを表示します。

2 ＜詳細設定＞をクリックして、

3 ＜参照＞をクリックします。

4 サウンドファイルの保存先を指定して、

5 変更したいファイルをクリックし、

6 ＜開く＞をクリックします。

Q 354 終了していない予定を確認したい！

A ビューを＜アクティブ＞に切り替えます。

終了していない予定を知りたい場合は、ビューを＜アクティブ＞に切り替えます。＜表示＞タブの＜ビューの変更＞をクリックして、＜アクティブ＞をクリックすると、終了していない予定が＜終了日＞の昇順で一覧表示されます。もとの表示に戻るには、手順 **3** で＜予定表＞をクリックします。

1 ＜表示＞タブをクリックして、

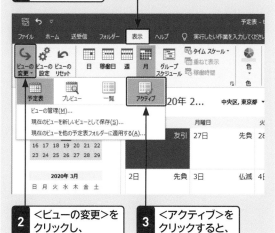

2 ＜ビューの変更＞をクリックし、

3 ＜アクティブ＞をクリックすると、

4 終了していない予定が一覧で表示されます。

Q 355 終了していない予定の確認で祝日を除外したい！

A ビューを＜アクティブ＞にして、場所ごとに予定を表示します。

予定表に祝日を追加している場合は、ビューを＜アクティブ＞にすると、予定の一覧に数年分の祝日が大量に表示されます。祝日を除外して予定を見やすくするには、＜表示＞タブの＜場所＞をクリックして、場所ごとに表示します。また、分類項目を設定して区別することもできます。

参照▶Q 354, Q 366

ビューを＜アクティブ＞にすると、数年分の祝日が大量に表示されます。

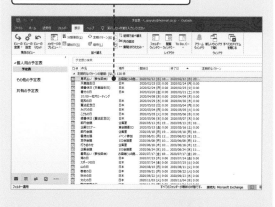

1 ＜表示＞タブの＜並べ替え＞で＜場所＞をクリックすると、

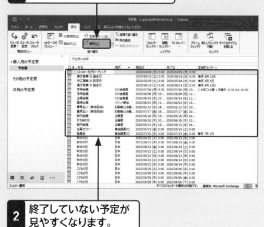

2 終了していない予定が見やすくなります。

1 Outlookの基本
2 メールの受信と閲覧
3 メールの作成と送信
4 メールの整理と管理
5 メールの設定
6 連絡先
7 予定表
8 タスク
9 印刷
10 そのほかの便利機能

重要度 ★★★　予定の管理

Q 356 今日の予定を表示したい!

A <ホーム>タブの<今日>をクリックします。

今日の予定を確認したいときに、週や月単位で予定表を表示していたり、予定表をあちこち移動していたりすると、表示を切り替えるのが面倒な場合があります。このような場合は、<ホーム>タブの<今日>をクリックすると、現在表示している形式で今日の予定をすばやく表示することができます。

> <今日>をクリックすると、今日の予定がすばやく表示されます。

重要度 ★★★　予定の管理

Q 357 今後7日間の予定を表示したい!

A <ホーム>タブの<今後7日間>をクリックします。

1週間単位の表示では、日曜日から土曜日、月曜日から日曜日などの1週間が表示されます。この表示とは別に、今日の日付から7日分の予定を表示したい場合は、<ホーム>タブの<今後7日間>をクリックします。現在表示している形式から、今日を含めて7日間の表示に自動的に切り替わります。

> <今後7日間>をクリックすると、今日の日付から7日分の予定が表示されます。

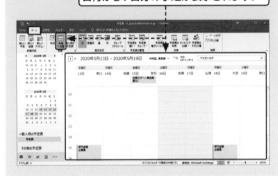

重要度 ★★★　予定の管理

Q 358 予定を検索したい!

A <予定表の検索>ボックスで検索します。

登録した予定の数が増えてくると、目的の予定を探すのに時間がかかります。このような場合は、<予定表の検索>ボックスにキーワードを入力すると、該当する予定がすばやく一覧表示されます。詳細を確認したい予定をダブルクリックすると、<予定>ウィンドウが表示されます。なお、Microsoft 365では検索ボックスはタイトルバーにあります。

1 検索ボックスにキーワードを入力して、　**2** Enterを押すと、

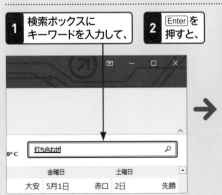

3 キーワードに該当する予定が検索され、一覧表示されます。

4 <検索結果を閉じる>をクリックすると、もとの画面に戻ります。

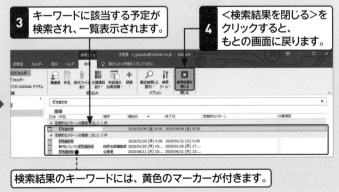

> 検索結果のキーワードには、黄色のマーカーが付きます。

重要度 ★★★　予定の管理

Q 359 予定に重要度を設定したい！

A 予定の登録時に
<重要度:高>をクリックします。

重要な予定に<重要度:高>を設定するには、予定を
登録する際に、<予定>あるいは<イベント>タブの
<重要度:高>をクリックします。予定に<重要度:
高>を設定しておくと、「高度な検索」利用時に重要度
を指定して検索することができます。

参照 ▶ Q 105

予定を登録する際に
<重要度:高>をクリッ
クします。

重要度 ★★★　予定の管理

Q 360 メールの内容を<予定表>に登録したい！

A メールをナビゲーションバーの
<予定表>にドラッグします。

受信したメールをナビゲーションバーの<予定表>に
ドラッグすることで、かんたんに予定を登録すること
ができます。ただし、件名や時刻などは、メールをもと
にした情報が登録されているので、適宜修正が必要で
す。また、メモ欄には、メールの本文がそのまま登録さ
れるので、もとのメールを探して内容を確認する手間
を省くことができます。

1 <受信トレイ>を
クリックして、

2 予定表に登録したい
メールをクリックし、

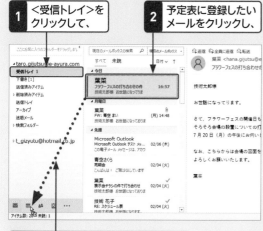

3 ナビゲーションバーの<予定表>に
ドラッグします。

4 <予定>ウィンドウが表示されるので、内容を
修正して、

5 <予定>タブの<保存して閉じる>を
クリックします。

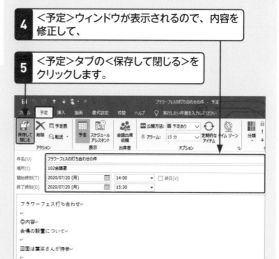

6 <予定表>画面を表示すると、
予定が登録されていることが確認できます。

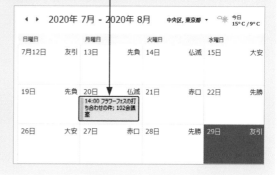

Outlookの基本 1
メールの受信と閲覧 2
メールの作成と送信 3
メールの整理と管理 4
メールの設定 5
連絡先 6
予定表 7
タスク 8
印刷 9
そのほかの便利機能 10

重要度 ★★★　予定の管理

Q 361 予定の内容をメールで 送りたい！

A 予定をナビゲーションバーの ＜メール＞にドラッグします。

登録した予定をほかの人に知らせる際、予定内容を再度入力するのは面倒です。この場合は、予定をナビゲーションバーの＜メール＞にドラッグすると、件名と予定の内容が入力された＜メッセージ＞ウィンドウが表示されます。内容を適宜編集して、メールを送信します。

1 メールで送信したい予定をクリックして、

2 ナビゲーションバーの＜メール＞にドラッグします。

3 ＜メッセージ＞ウィンドウが 表示されるので、宛先を入力し、

4 内容を修正して送信します。

重要度 ★★★　天気予報

Q 362 予定表に天気予報を 表示したい！

A 最大3日間の天気予報が 表示されます。

予定表には、MSNまたはその他の天気予報サービスから取得した天気情報が表示されています。今日から3日間の所在地域の天気予報が表示されており、最大5つの地域を登録することができます。画面サイズによっては、今日の天気のみや今日と明日の2日間の天気が表示されます。

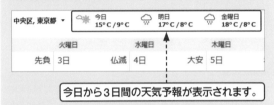

今日から3日間の天気予報が表示されます。

重要度 ★★★　天気予報

Q 363 詳しい天気予報を知りたい！

A ポップアップやWebページで 確認できます。

天気予報にマウスポインターを合わせると、ポップアップ表示され、詳細な天気予報が確認できます。さらに、＜オンラインで詳細を確認＞をクリックすると、Webブラウザーが起動してMSN天気予報のWebページが表示され、より詳しい天気情報を確認することができます。

マウスポインターを合わせると、詳細な天気予報が表示されます。

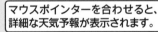

ここをクリックすると、MSN天気予報のWebページが表示されます。

Outlookの基本 1
メールの受信と閲覧 2
メールの作成と送信 3
メールの整理と管理 4
メールの設定 5
連絡先 6
予定表 7
タスク 8
印刷 9
そのほかの便利機能 10

重要度 ★★★　天気予報

Q 364 天気予報の表示地域を変更したい！

A 検索ボックスに市町村名や郵便番号を入力します。

天気予報の表示地域は、最大5つまで設定できます。表示地域を設定するには、表示地域の＜天気の場所のオプション＞をクリックして、＜場所の追加＞をクリックし、都道府県と市区町村、あるいは郵便番号を入力して検索します。すでに地域を登録してある場合は、表示される一覧から目的の地域をクリックします。

なお、登録した地域を削除したい場合は、地域の一覧を表示して、削除したい地域にマウスポインターを合わせ、⊠をクリックします。

1 ここをクリックして、
2 ＜場所の追加＞をクリックします。

3 天気予報を表示したい地域を入力して、

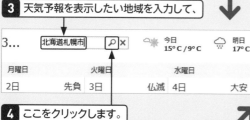

4 ここをクリックします。

5 「いずれかを選択してください」と表示された場合は、該当する地域をクリックすると、

6 地域が変更され、天気予報が表示されます。

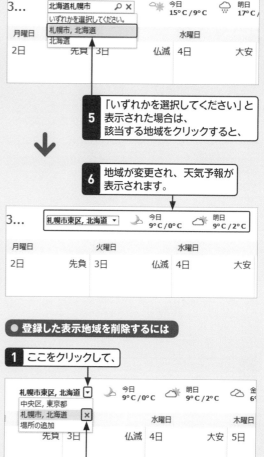

● 登録した表示地域を削除するには

1 ここをクリックして、

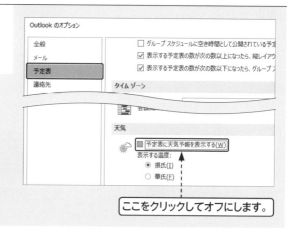

2 削除したい地域のここをクリックします。

重要度 ★★★　天気予報

Q 365 天気予報を表示させたくない！

A ＜Outlookのオプション＞の＜予定表＞で設定します。

予定表に天気予報を表示させたくない場合は、＜ファイル＞タブの＜オプション＞をクリックして表示される＜Outlookのオプション＞ダイアログボックスの＜予定表＞で、＜予定表に天気予報を表示する＞をクリックしてオフにします。

ここをクリックしてオフにします。

重要度 ★★★　分類項目

Q 366 予定を分類分けしたい!

A ＜予定＞タブの
＜分類＞から設定します。

初期設定では、予定の色と祝日の色はすべて同じ色で表示されます。予定表に分類項目を設定して、仕事の予定やプライベートの予定など、内容別に色分けしておくと見やすくなります。

分類分けを解除するには、予定をクリックして、＜予定＞タブの＜分類＞から＜すべての分類項目をクリア＞をクリックするか、現在設定されている分類項目をクリックします。また、分類分けを変更するには、手順**3**で＜すべての分類項目＞をクリックして変更します。分類項目は、新規に作成することもできます。

参照▶Q 310, Q 311

1 対象の予定を
クリックして、

2 ＜予定＞タブの＜分類＞を
クリックし、

3 任意の分類項目をクリックすると、

4 分類項目が設定されます。

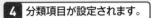

5 ほかの予定にも同様に分類項目を設定します。

重要度 ★★★　分類項目

Q 367 分類項目ごとに予定を表示したい!

A ビューを＜一覧＞にして、
分類項目で並べ替えます。

分類項目は、メール、連絡先、予定表、タスクで共通して利用でき、分類項目による並べ替え操作もほぼ共通しています。予定表の場合は、いったんビューを＜一覧＞に変更してから並べ替えます。

＜表示＞タブの＜ビューの変更＞をクリックして＜一覧＞をクリックし、＜並べ替え＞で＜分類項目＞をクリックします。

1 ＜表示＞タブをクリックして、

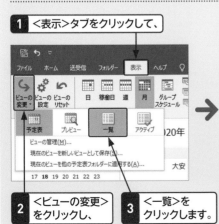

2 ＜ビューの変更＞
をクリックし、

3 ＜一覧＞を
クリックします。

4 ＜分類項目＞をクリックすると、

5 予定が分類項目で
グループ化されます。

Q 368
複数の予定表を使い分けたい！

A ＜ホーム＞タブの ＜予定表を開く＞から作成します。

Outlookでは、仕事用とプライベート用など複数の予定表を作成して、用途に合わせて使い分けることができます。追加した予定表を並べて表示したり、予定表間で予定をコピーしたり、重ねて表示したりとさまざまな使い方が可能です。　　　　　　　　参照▶Q 370, Q 372

1 ＜ホーム＞タブの＜予定表を開く＞をクリックして、

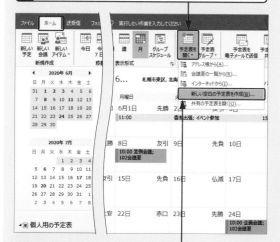

2 ＜新しい空白の予定表を作成＞をクリックします。

3 予定表の名前を入力して、

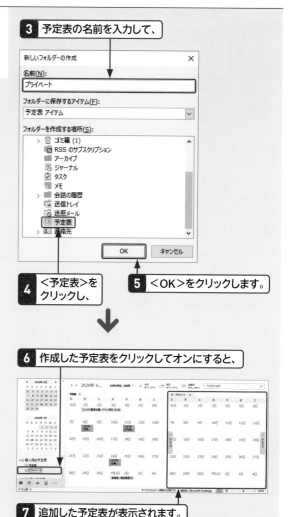

4 ＜予定表＞をクリックし、

5 ＜OK＞をクリックします。

6 作成した予定表をクリックしてオンにすると、

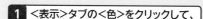

7 追加した予定表が表示されます。

Q 369
予定表の背景色を変更したい！

A ＜表示＞タブの ＜色＞から変更します。

予定表の背景色は自動で設定されますが、変更することもできます。背景色を変更したい予定表のタブをクリックし、＜表示＞タブの＜色＞をクリックして変更します。選択可能な色は9色ですが、予定表のタブや曜日の見出しの色、分類項目で登録した色以外で設定するとよいでしょう。

1 ＜表示＞タブの＜色＞をクリックして、

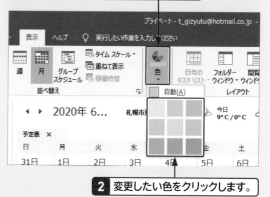

2 変更したい色をクリックします。

右側縦書き見出し：
Outlookの基本　1
メールの受信と閲覧　2
メールの作成と送信　3
メールの整理と管理　4
メールの設定　5
連絡先　6
予定表　7
タスク　8
印刷　9
そのほかの便利機能　10

Outlookの基本
メールの受信と閲覧
メールの作成と送信
メールの整理と管理
メールの設定
連絡先
予定表
タスク
印刷
そのほかの便利機能

1
2
3
4
5
6
7
8
9
10

重要度 ★★★　複数の予定表

Q 370 予定表間で予定を コピーしたい！

A コピーしたい予定を ドラッグします。

複数の予定表を並べて表示し、予定表間で予定をドラッグすると、その予定をコピーすることができます。ナビゲーションウィンドウで並べて表示したい予定表をクリックしてオンにし、コピーしたい予定をドラッグします。

参照▶Q 368

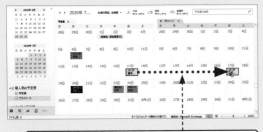

予定をドラッグすると、コピーすることができます。

重要度 ★★★　複数の予定表

Q 371 予定表の表示／非表示を 切り替えたい！

A 予定表のチェックボックスを オンまたはオフにします。

複数の予定表を登録している場合に予定表の表示／非表示を切り替えるには、ナビゲーションウィンドウで設定します。予定表の左側にあるチェックボックスをクリックしてオンにすると表示され、オフにすると非表示になります。ただし、両方オフにすることはできません。

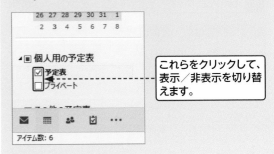

これらをクリックして、表示／非表示を切り替えます。

重要度 ★★★　複数の予定表

Q 372 予定表を重ねて表示したい！

A <表示>タブの <重ねて表示>をクリックします。

2つの予定表を表示しておき、<表示>タブの<重ねて表示>をクリックすると、予定表を重ねて表示することができます。重ねて表示した予定表を切り替えるときは、予定表のタブをクリックします。重なりを解除する場合は、再度<重ねて表示>をクリックします。

参照▶Q 368

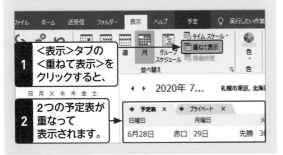

1 <表示>タブの<重ねて表示>をクリックすると、

2 2つの予定表が重なって表示されます。

重要度 ★★★　複数の予定表

Q 373 予定表を閉じたい！

A 予定表のタブの <閉じる>をクリックします。

複数の予定表を表示しているときに、片方の予定表を閉じるには、予定表のタブにある<閉じる>をクリックします。また、ナビゲーションウィンドウで、予定表の左側にあるチェックボックスをクリックしてオフにすることでも閉じることができます。

参照▶Q 368

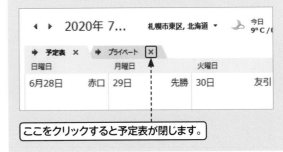

ここをクリックすると予定表が閉じます。

第 **8** 章

タスク

1 Outlookの基本

2 メールの受信と閲覧

3 メールの作成と送信

4 メールの整理と管理

5 メールの設定

6 連絡先

7 予定表

8 タスク

9 印刷

10 そのほかの便利機能

重要度 ★ ★ ★　タスクの基本

Q 374 <タスク>画面の構成を知りたい！

Outlookでは、これから取り組む仕事のことを「タスク」と呼びます。タスクでは、仕事の件名や開始日、期限、仕事の内容などの基本情報のほかに、進捗状況、優先度、達成率といった詳細情報を登録することで、仕事を管理することができます。登録したタスクは、<To Doバーのタスクリスト>や<タスク>で一覧表示されます。

タスクを登録するときは、<ホーム>タブの<新しいタスク>をクリックして、<タスク>ウィンドウを表示します。

A 下図で各部の名称と機能を確認しましょう。

● <To Doバーのタスクリスト>の一覧表示画面

タスクフォルダー	検索ボックス	リボン
タスクのフォルダーが表示されます。	タスクを検索します。Microsoft 365ではタイトルバーに表示されます。	コマンドをタブとボタンで整理して表示します。

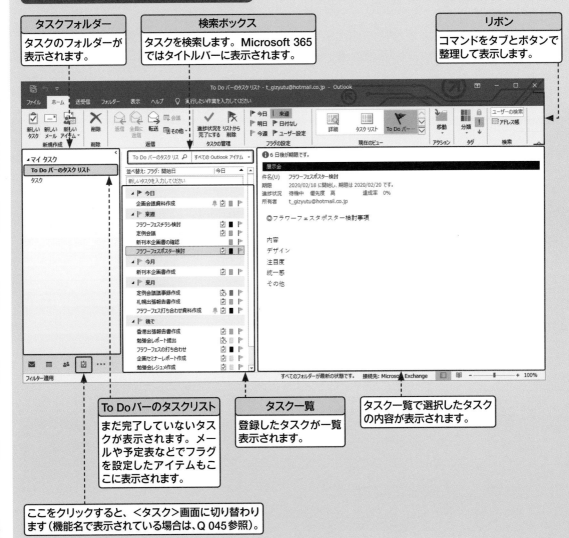

To Doバーのタスクリスト
まだ完了していないタスクが表示されます。メールや予定表などでフラグを設定したアイテムもここに表示されます。

タスク一覧
登録したタスクが一覧表示されます。

タスク一覧で選択したタスクの内容が表示されます。

ここをクリックすると、<タスク>画面に切り替わります（機能名で表示されている場合は、Q 045参照）。

1 Outlookの基本
2 メールの受信と閲覧
3 メールの作成と送信
4 メールの整理と管理
5 メールの設定
6 連絡先
7 予定表
8 タスク
9 印刷
10 そのほかの便利機能

●＜タスク＞の一覧表示画面

タスク
＜タスクリスト＞形式でタスクが一覧表示されます。

タスク一覧
登録したタスクが一覧で表示されます。完了したタスクも表示されます。

期限
タスクの期限が表示されます。

分類項目
タスクに設定した分類項目が表示されます。

フラグ
タスクの進捗状況がアイコンで表示されます。

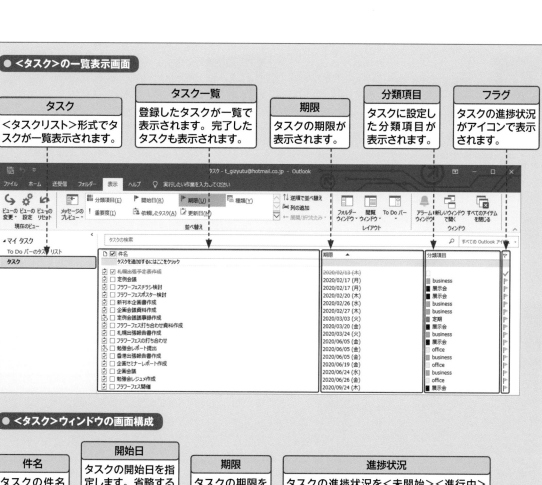

●＜タスク＞ウィンドウの画面構成

件名
タスクの件名を入力します。

開始日
タスクの開始日を指定します。省略することもできます。

期限
タスクの期限を指定します。

進捗状況
タスクの進捗状況を＜未開始＞＜進行中＞＜完了＞＜待機中＞＜延期＞から指定します。

達成率
タスクの進行状況をパーセントで指定します。

優先度
タスクの優先度を＜低＞＜標準＞＜高＞から指定します。

アラーム
指定した時刻にアラームを鳴らすように設定します。

メモ
タスクの詳細な内容を必要に応じて入力します。

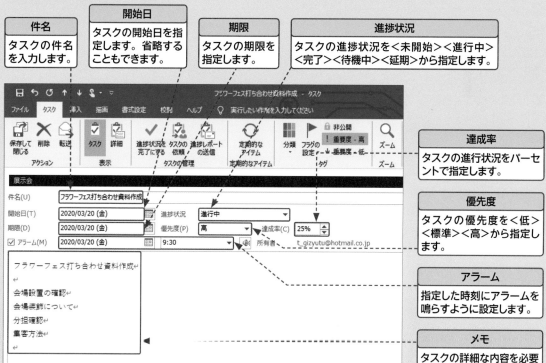

245

1 Outlookの基本

2 メールの受信と閲覧

3 メールの作成と送信

4 メールの整理と管理

5 メールの設定

6 連絡先

7 予定表

8 タスク

9 印刷

10 そのほかの便利機能

重要度 ★★★　タスクの基本

Q 375 タスクとは？

A やらなければならない「仕事」のことです。

Outlookで作成する「タスク」とは、期限までにやらなければならない「仕事」のことです。これから取り組む仕事の開始日と期限を設定し、進捗状況や優先度、達成率などを登録することによって、「今、何をやらなければいけないのか」を随時把握し、確認できる機能が「タスク」です。タスクは「To Do」とも呼ばれます。

重要度 ★★★　タスクの基本

Q 376 タスクと予定表の違いを知りたい！

A 計画を立てることが「予定」、計画の要素が「タスク」です。

「タスク」と「予定表」は、どちらもスケジュール管理を行うOutlookの機能です。予定表は今後の予定をカレンダーで管理します。タスクは開始日と期限を仕事単位で管理します。タスクと予定表の使い分けが難しい場合は、通常の予定は予定表に、仕事の締め切りのみをタスクに登録するなどの使い分けをするとよいでしょう。

重要度 ★★★　タスクの基本

Q 377 タスクのアイコンの種類を知りたい！

A 期限を示すフラグや分類項目を示すアイコンなどがあります。

タスクの一覧には、期限を示すフラグアイコンやアラームを示すアイコン、分類項目を示すアイコンなどが表示されます。期限を示すフラグアイコンは、今日、明日、今週、来週、日付なし、ユーザー設定の区別を旗の色によって表します。

● フラグアイコンの種類

アイコン	機　能
▶ 今日	期限が本日のタスクです。
▶ 明日	期限が明日のタスクです。
▶ 今週	期限が今週中のタスクです。
▶ 来週	期限が来週のタスクです。
▶ 日付なし	期限が設定されていないタスクです。
▶ ユーザー設定	ユーザー設定の開始日と期限、アラームが設定されているタスクです。

Q 378 新しいタスクを登録したい！

A₁ <ホーム>タブの<新しいタスク>をクリックして登録します。

新しいタスクを登録するには、<ホーム>タブの<新しいタスク>をクリックします。<タスク>ウィンドウが表示されるので、必要な項目を入力します。登録したタスクは、期限が近い順に<今日><明日><来週>といったグループごとに表示されます。

タスクの登録は、開始日や期限を省略して件名だけを登録しておくこともできます。この場合は、<日付なし>として登録されます。

1 <ホーム>タブの<新しいタスク>をクリックします。

2 タスクの件名を入力して、

3 <開始日>のここをクリックし、

4 開始日をクリックします。

5 <期限>のここをクリックして、

6 期限日をクリックします。

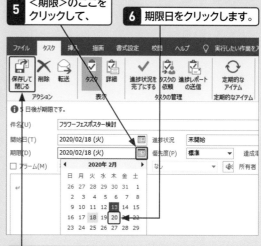

7 <タスク>タブの<保存して閉じる>をクリックすると、

8 タスクが登録されます。

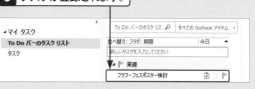

A₂ タスクの一覧で作成します。

タスクは、<To Doバーのタスクリスト>の<新しいタスクを入力してください>ボックスから登録することもできます。この場合は、<今日>のタスクとして登録されます。

1 ここに件名を入力すると、

2 <今日>のタスクとして登録されます。

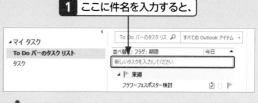

247

重要度 ★★★　タスクの登録

Q 379 タスクに詳細な情報を登録したい！

A <タスク>ウィンドウを表示して、詳細な情報を登録します。

タスクには、件名や開始日、期限の基本的な情報のほかに、進捗状況や優先度、タスクの詳しい内容などを登録することができます。これらの情報を利用することで、タスクのより厳密な管理が可能になります。

なお、<達成率>と<進捗状況>は連動しています。達成率が0％で進捗状況が「未開始」に、100％で「完了」に、それ以外では「進行中」になります。

1 詳細な情報を設定するタスクをダブルクリックして、

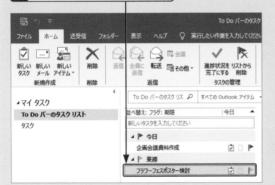

2 <進捗状況>をクリックし、

3 進捗状況（ここでは<待機中>）をクリックします。

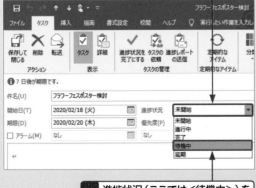

4 <優先度>をクリックして、

<達成率>は必要に応じて設定します。

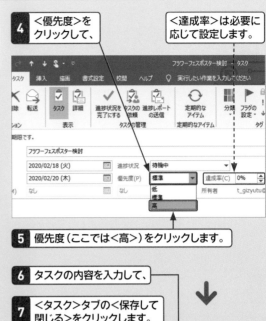

5 優先度（ここでは<高>）をクリックします。

6 タスクの内容を入力して、

7 <タスク>タブの<保存して閉じる>をクリックします。

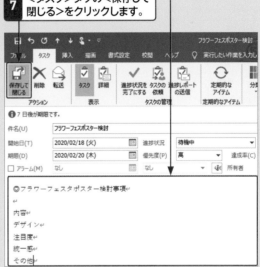

8 タスクをクリックすると、

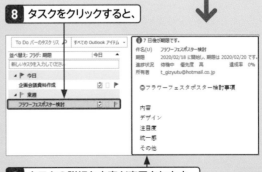

9 タスクの詳細な内容が表示されます。

重要度 ★★★　タスクの登録

Q 380 登録したタスクの内容を変更したい！

A ＜タスク＞ウィンドウを表示して変更します。

タスクを登録したあとで、開始日や期限、内容などが変更になった場合は、変更したいタスクをダブルクリックして＜タスク＞ウィンドウを表示し、変更します。

> ここでは、＜今日＞のタスクとして登録したタスクの期限を変更します。

1 変更したいタスクをダブルクリックして、↗

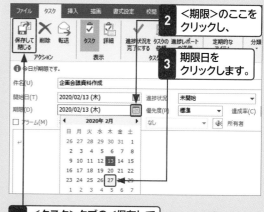

2 ＜期限＞のここをクリックし、

3 期限日をクリックします。

4 ＜タスク＞タブの＜保存して閉じる＞をクリックすると、

5 期限が設定され、表示位置が移動されます。

重要度 ★★★　タスクの登録

Q 381 登録したタスクを削除したい！

A ＜ホーム＞タブの＜リストから削除＞をクリックします。

登録したタスクがキャンセルになった場合などは、タスクをクリックして、＜ホーム＞タブの＜リストから削除＞をクリックするか、タスクを右クリックして＜削除＞をクリックすると、削除することができます。削除したタスクは＜削除済みアイテム＞フォルダーに移動されるので、間違って削除してしまった場合は、もとに戻すことができます。　参照▶Q 441

1 削除したいタスクをクリックして、

2 ＜ホーム＞タブの＜リストから削除＞をクリックすると、

3 タスクが削除されます。

重要度 ★★★　タスクの登録

Q 382 定期的なタスクを登録したい!

A <タスク>ウィンドウで<定期的なアイテム>をクリックして設定します。

「毎週決まった曜日に資料を作成する」というように、同じパターンで繰り返すタスクがある場合は、定期的なタスクとして登録しておくと便利です。

定期的なタスクを登録するには、<タスク>ウィンドウを表示してタスクの内容を入力し、<タスク>タブの<定期的なアイテム>をクリックして、タスクの間隔を指定します。

ここでは、「毎月第1火曜日に定例会議議事録を作成する」というタスクを登録します。

1 <ホーム>タブの<新しいタスク>をクリックします。

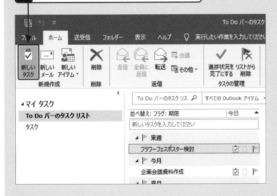

2 定期的なタスクの件名を入力して、開始日と期限を指定し、

3 <タスク>タブの<定期的なアイテム>をクリックします。

4 <月>をクリックしてオンにし、

5 曜日を「1」か月ごとに指定します。

6 <第1>と<火曜日>を選択して、

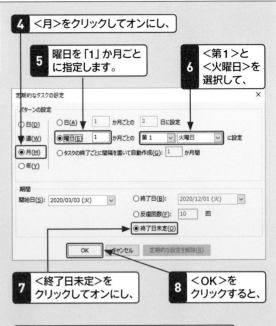

7 <終了日未定>をクリックしてオンにし、

8 <OK>をクリックすると、

9 定期的なタスクのパターンが表示されます。

10 <保存して閉じる>をクリックすると、

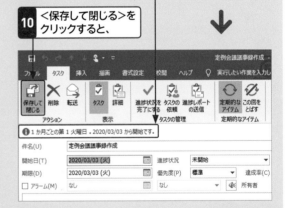

11 定期的なタスクが登録されます。

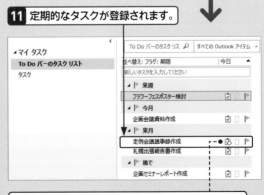

定期的なタスクには、このアイコンが表示されます。

Q 383

タスクの完了後に 次のタスクを発生させたい！

A <定期的なタスクの設定> ダイアログボックスで設定します。

現在のタスクの完了に基づいて、次のタスクが自動的に発生するように設定することができます。<定期的なタスクの設定>ダイアログボックスを表示してタスクの周期を指定し、<タスクの終了ごとに間隔を置いて自動作成>をクリックしてオンにし、次のタスクの

期限を指定します。この設定では、現在のタスクが完了するまでは、次のタスクが表示されません。

参照▶Q 382

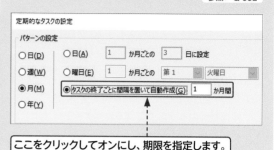

ここをクリックしてオンにし、期限を指定します。

Q 384

タスクの期限日に アラームを鳴らしたい！

A <タスク>ウィンドウの <アラーム>で設定します。

重要なタスクには、アラームを設定しておくと安心です。初期設定では、アラームをオンにすると、期限日の午前8時にアラームが鳴るように設定されていますが、この設定は変更することができます。ただし、アラームの鳴る時刻にOutlookが起動していることが必要です。

参照▶Q 386

ここでは、登録したタスクにアラームを設定します。

1 アラームを設定するタスクを ダブルクリックします。

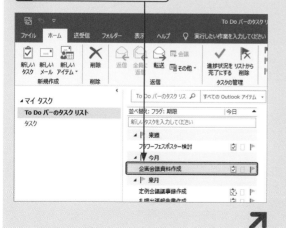

2 <アラーム>を クリックしてオンにし、

3 ここを クリックして、

4 アラームの時刻を クリックします。

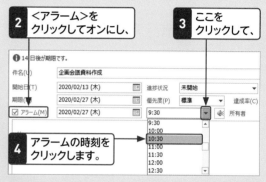

5 <タスク>タブの<保存して閉じる>を クリックすると、

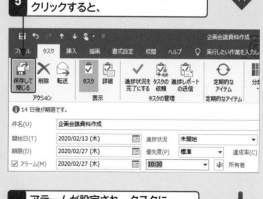

6 アラームが設定され、タスクに アラームのアイコンが表示されます。

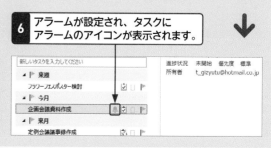

Outlookの基本　1

メールの受信と閲覧　2

メールの作成と送信　3

メールの整理と管理　4

メールの設定　5

連絡先　6

予定表　7

タスク　8

印刷　9

そのほかの便利機能　10

1 Outlookの基本

2 メールの受信と閲覧

3 メールの作成と送信

4 メールの整理と管理

5 メールの設定

6 連絡先

7 予定表

8 タスク

9 印刷

10 そのほかの便利機能

重要度 ★ ★ ★　タスクの管理

Q 385 アラームを再度鳴らしたい！

A <アラーム>ダイアログボックスの<再通知>をクリックします。

設定したアラームが鳴ったあと、再度通知してほしい場合は、再通知を設定することができます。アラームを設定した時刻になると<アラーム>ダイアログボックスが表示され、アラームが鳴ります。アラームを再度鳴らしたい場合は、タイミングを指定して、<再通知>をクリックします。アラームを消すには、<アラームを消す>をクリックします。

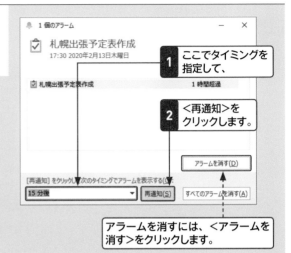

1 ここでタイミングを指定して、

2 <再通知>をクリックします。

アラームを消すには、<アラームを消す>をクリックします。

重要度 ★ ★ ★　タスクの管理

Q 386 アラームの鳴る時間を変更したい！

A <Outlookのオプション>の<タスク>で設定します。

初期設定では、アラームは期限日の午前8時に鳴るように設定されています。この時間を変更するには、<ファイル>タブから<オプション>をクリックすると表示される<Outlookのオプション>ダイアログボックスの<タスク>で設定します。タスクの登録時に時間を設定することもできます。

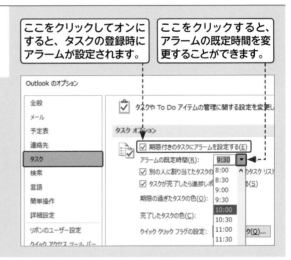

ここをクリックしてオンにすると、タスクの登録時にアラームが設定されます。

ここをクリックすると、アラームの既定時間を変更することができます。

重要度 ★ ★ ★　タスクの管理　❌2019 ⭕2016 ❌2013

Q 387 ほかのウィンドウの上にアラームを表示したい！

A <Outlookのオプション>の<詳細設定>で設定します。

アラームを設定した時刻になると、<タスク>画面の上に<アラーム>ダイアログボックスが表示されます。作業をしているほかのウィンドウの上に表示されるようにしたい場合は、<Outlookのオプション>ダイアログボックスの<詳細設定>で設定します。ただし、この機能はMicrosoft 365に限られます。

<その他のウィンドウの上にアラームを表示する>をクリックしてオンにします。

1 Outlookの基本

2 メールの受信と閲覧

3 メールの作成と送信

4 メールの整理と管理

5 メールの設定

6 連絡先

7 予定表

8 タスク

9 印刷

10 そのほかの便利機能

重要度 ★ ★ ★ 　タスクの管理　 ⊗ 2019 ⊗ 2016 ⊗ 2013

Q 388 終了したタスクのアラームを自動的に削除したい！

A ＜Outlookのオプション＞の＜詳細設定＞で設定します。

Outlookを起動したときに、過去のタスクのアラームが表示されるのはうっとうしいものです。Microsoft 365では、過去のタスクのアラームを自動的に消去するように設定することができます。＜Outlookのオプション＞ダイアログボックスの＜詳細設定＞で設定します。

＜予定表にある過去のイベントのアラームを自動的に閉じる＞をクリックしてオンにします。

重要度 ★ ★ ★ 　タスクの管理

Q 389 アラームを表示しないようにしたい！

A ＜Outlookオプション＞の＜詳細設定＞で設定します。

Outlookの初期設定では、アラームを設定した時刻になると、＜アラーム＞ダイアログボックスが表示されるように設定されています。ダイアログボックスを表示したくない場合は、＜Outlookのオプション＞ダイアログボックスの＜詳細設定＞で＜アラームを表示する＞をオフに設定します。

＜アラームを表示する＞をクリックしてオフにします。

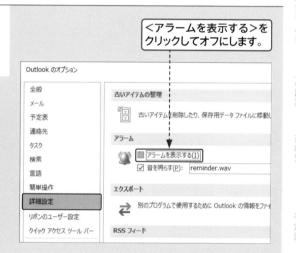

重要度 ★ ★ ★ 　タスクの管理

Q 390 アラーム音を鳴らさないようにしたい！

A ＜Outlookオプション＞の＜詳細設定＞で設定します。

Outlookの初期設定では、アラームを設定した時刻になると音が鳴るように設定されています。アラーム音を鳴らしたくない場合は、＜Outlookのオプション＞ダイアログボックスの＜詳細設定＞で＜音を鳴らす＞をオフに設定します。

＜音を鳴らす＞をクリックしてオフにします。

1 Outlookの基本

2 メールの受信と閲覧

3 メールの作成と送信

4 メールの整理と管理

5 メールの設定

6 連絡先

7 予定表

8 タスク

9 印刷

10 そのほかの便利機能

重要度 ★ ★ ★　タスクの管理

Q 391 定期的なタスクを 1回飛ばしたい!

A ＜タスク＞タブの ＜この回をとばす＞をクリックします。

定期的なタスクを登録すると、＜タスク＞タブに＜この回をとばす＞コマンドが表示されます。定期的なタスクの現在の回を飛ばしたいときは、定期的なタスクをダブルクリックして開き、＜タスク＞タブの＜この回をとばす＞をクリックします。タスクを飛ばすと、期限は次の回に設定されます。　　　　**参照 ▶ Q 382**

1 定期的なタスクをダブルクリックします。

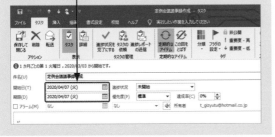

2 ＜この回をとばす＞をクリックすると、

3 期限が次の回に設定されます。

重要度 ★ ★ ★　タスクの管理

Q 392 登録したタスクを 確認したい!

A ビューを変更して確認します。

登録したタスクは、ビューを切り替えて確認することができます。今日行うべきタスクを確認したいときは＜今日＞、今後1週間のタスクを確認したいときは＜今後7日間のタスク＞のビューと、目的に合わせて切り替えることができます。
もとのビューに戻すには、手順**2**で＜To Doバーのタスクリスト＞をクリックします。

1 ＜ホーム＞タブの＜現在のビュー＞の＜その他＞をクリックして、

2 ＜今後7日間のタスク＞をクリックすると、

3 期限が7日以内のタスクが一覧表示されます。

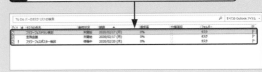

Q 393 完了したタスクはどうすればよい？

A　＜進捗状況を完了にする＞をクリックして、完了させます。

完了したタスクをそのままにしていると、まだ完了していないタスクとして残ってしまいます。タスクが完了したときは、タスクの完了操作を行いましょう。

完了したタスクをクリックして、＜ホーム＞タブの＜進捗状況を完了にする＞をクリックするか、タスクの右横にあるフラグアイコンをクリックすると、完了させることができます。なお、期限を過ぎても完了されていないタスクは赤字で表示されます。

> **1** 完了したタスクをクリックして、
>
> **2** ＜ホーム＞タブの＜進捗状況を完了にする＞をクリックすると、

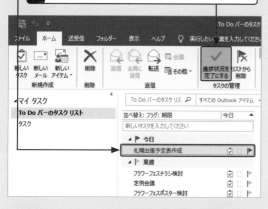

> **3** タスクが一覧から消えます。

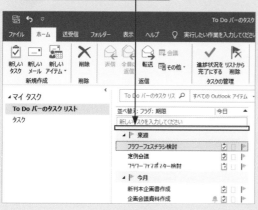

Q 394 完了したタスクを削除してはダメ？

A　あとから確認できるように履歴として残しておきましょう。

完了したタスクはリストから削除することもできますが、削除してしまうと、どのようなタスクをいつ行ったのか、あとから確認することができません。タスクが完了したら完了の操作を行って、タスクの履歴を残しておくようにしましょう。

参照▶Q 393

Q 395 タスクの完了を取り消したい！

A　完了したタスクのチェックボックスをクリックしてオフにします。

誤って完了操作を行ってしまった場合は、タスクの完了を取り消すことができます。＜ホーム＞タブの＜現在のビュー＞の＜その他＞ をクリックして、＜タスクリスト＞をクリックし、＜タスクリスト＞を表示します。完了を取り消したいタスクのチェックボックスをクリックしてオフにすると、タスクの完了が取り消され、取り消し線も削除されます。

参照▶Q 393

> **1** チェックボックスをクリックしてオフにすると、

> **2** 完了が取り消され、取り消し線が削除されます。

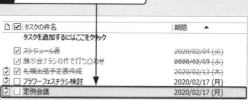

Q396 完了したタスクを確認したい!

A ビューを<タスクリスト>にすると確認できます。

完了したタスクは、<To Doバーのタスクリスト>には表示されなくなりますが、削除されたわけではありません。完了したタスクを確認するには、<ホーム>タブの<現在のビュー>の<その他>をクリックして、<タスクリスト>をクリックします。タスクが一覧表示され、完了したタスクには取り消し線と完了のマークが表示されています。

1 <ホーム>タブの<現在のビュー>の<その他>をクリックして、

2 <タスクリスト>をクリックすると、

3 完了したタスクを確認することができます。

完了したタスクには取り消し線と完了のマークが表示されます。

Q397 タスクを検索したい!

A 検索ボックスを利用します。

目的のタスクを検索するには、<To Doバーのタスクリストの検索>ボックスにキーワードを入力して、Enterを押します。完了したタスクも検索結果に含めたい場合は、<タスクリスト>の一覧を表示して、<タスクの検索>ボックスで同様に検索します。
<検索>タブの<検索結果を閉じる>をクリックすると、もとの画面に戻ります。なお、Microsoft 365では検索ボックスはタイトルバーにあります。

1 ここにキーワードを入力して、

2 Enterを押すと、

3 キーワードに該当するタスクが検索されます。

キーワードには、黄色のマーカーが引かれています。

4 <検索結果を閉じる>をクリックすると、もとの画面に戻ります。

左端縦書き:
1 Outlookの基本
2 メールの受信と閲覧
3 メールの作成と送信
4 メールの整理と管理
5 メールの設定
6 連絡先
7 予定表
8 タスク
9 印刷
10 そのほかの便利機能

Q 398 タスクのビューを変更したい!

A ＜ホーム＞タブの＜現在のビュー＞で変更します。

登録したタスクは、目的に合わせてビュー（表示形式）を切り替えて表示することができます。ビューの切り替えは、＜ホーム＞タブの＜現在のビュー＞の＜その他＞▽もしくは、＜表示＞タブの＜ビューの変更＞をクリックし、表示される一覧から設定します。下図のように11種類のビューが用意されています。

> ビューの一覧を表示して、目的のビューをクリックします。

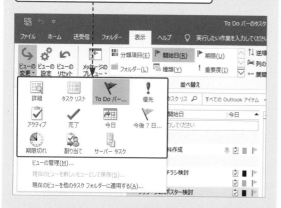

● タスクのビューの種類

ビュー	機　能
詳細	すべてのタスクの詳細項目が表示されます。
タスクリスト	すべてのタスクの件名や期限が表示されます。
ToDoバーのタスクリスト	完了していないタスクが表示されます。
優先	タスクが優先度別に表示されます。
アクティブ	完了していないタスクのみが表示されます。
完了	完了したタスクのみが表示されます。
今日	今日が期限、もしくは期限の過ぎたタスクが表示されます。
今後7日間のタスク	期限が7日以内のタスクが表示されます。
期限切れ	期限の過ぎたタスクのみが表示されます。
割り当て	ほかの人に依頼したタスクが表示されます。
サーバータスク	すべてのタスクが期限順に表示されます。

Q 399 タスクをグループごとに表示したい!

A ＜表示＞タブの＜並べ替え＞で＜グループごとに表示＞をオンにします。

＜To Doバーのタスクリスト＞に表示されたタスクは、初期設定では期限が近い順に「今日」「明日」「今週」のようにグループごとに表示されます。グループごとに表示されない場合は、＜表示＞タブの＜並べ替え＞の＜その他＞をクリックするか、一覧の上にある＜並べ替え＞をクリックして、＜グループごとに表示＞をクリックしてオンにします。

1 ＜表示＞タブをクリックして、

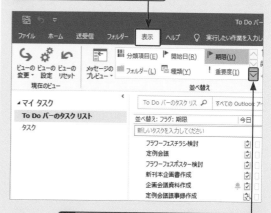

2 ＜並べ替え＞の＜その他＞をクリックし、

3 ＜グループごとに表示＞をクリックしてオンにします。

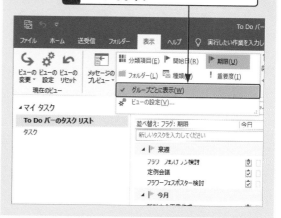

1 Outlookの基本
2 メールの受信と閲覧
3 メールの作成と送信
4 メールの整理と管理
5 メールの設定
6 連絡先
7 予定表
8 タスク
9 印刷
10 そのほかの便利機能

重要度 ★★★　タスクの管理

Q 400 タスクを並べ替えたい！

A ＜表示＞タブの＜並べ替え＞から並べ替え方法を指定します。

＜To Doバーのタスクリスト＞でタスクを並べ替えるには、＜表示＞タブの＜並べ替え＞の一覧から並べ替え方法を指定します。並べ替え方法には、分類項目、開始日、期限、フォルダー、種類、重要度の6種類があります。また、一覧の上にある列見出しをクリックして、＜並べ替え＞をクリックすることでも同様に並べ替えることができます。なお、Outlook 2016／2013の場合は、＜並べ替え＞をクリックする操作は不要です。

1 ＜表示＞タブをクリックして、

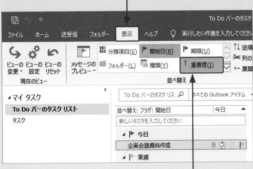

2 並べ替え方法（ここでは＜重要度＞）をクリックすると、

3 タスクが重要度（優先度）別に並べ替えられます。

● 列見出しをクリックして並べ替える

1 ここをクリックして、

2 ＜並べ替え＞をクリックし、

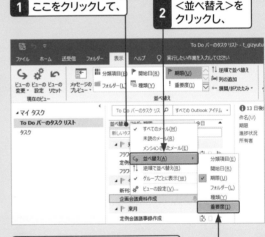

3 並べ替え方法をクリックします。

重要度 ★★★　タスクの管理

Q 401 タスクを一覧表示したい！

A フォルダーウィンドウの＜タスク＞をクリックします。

タスクを一覧表示するには、＜ホーム＞タブの＜現在のビュー＞の一覧から＜タスクリスト＞をクリックする方法が一般的ですが、フォルダーウィンドウにある＜タスク＞をクリックしても、＜タスクリスト＞形式でタスクが一覧表示されます（初期設定の場合）。

1 ＜タスク＞をクリックすると、

▲マイ タスク
To Do バーのタスクリスト
タスク

タスクの検索

件名
タスクを追加するにはここをクリック
札幌出張予定表作成
定例会議
フラワーフェスチラシ検討
フラワーフェスポスター検討
新刊本企画書作成
企画会議資料作成
定例会議議事録作成
フラワーフェス打ち合わせ資料作成
札幌出張報告書作成
勉強会レポート提出
香港出張報告書作成
企画セミナーレポート作成
フラワーフェス開催

2 ＜タスクリスト＞形式でタスクが一覧表示されます。

Q 402
メールの内容を
<タスク>に登録したい!

A
メールをナビゲーションバーの
<タスク>にドラッグします。

受信したメールをナビゲーションバーの<タスク>にドラッグすることで、かんたんにタスクを登録することができます。ただし、件名や開始日、期限などは、メールをもとにした情報が登録されているので、適宜修正が必要です。メモ欄には、メールの本文がそのまま登録されるので、もとのメールを探して内容を確認する手間を省くことができます。また、<メール>画面でメールにフラグを付けると、そのままタスクとして登録されます。

参照 ▶ Q 229

1 <受信トレイ>をクリックして、

2 タスクに登録したいメールをクリックし、

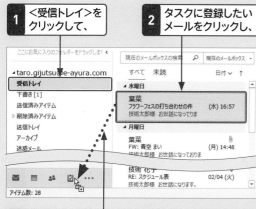

3 ナビゲーションバーの<タスク>にドラッグします。

4 <タスク>ウィンドウが表示されるので、件名、開始日、期限などを修正して、

5 本文を入力し、

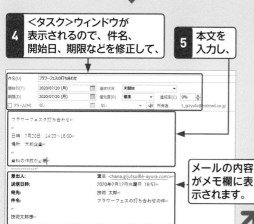

メールの内容がメモ欄に表示されます。

6 <タスク>タブの<保存して閉じる>をクリックします。

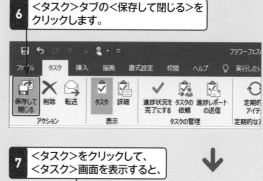

7 <タスク>をクリックして、<タスク>画面を表示すると、

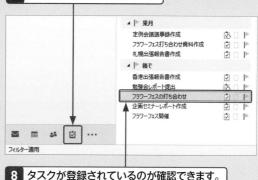

8 タスクが登録されているのが確認できます。

● メールにフラグを付けた場合

1 メールにフラグを付けると、

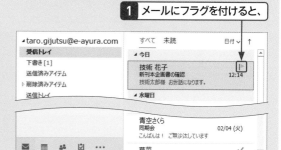

2 タスクとして登録されます。

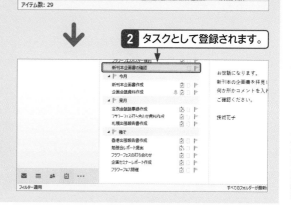

重要度 ★★★　タスクの管理

Q 403 タスクの進捗状況をメールで送りたい！

A タスクをナビゲーションバーの<メール>にドラッグします。

タスクに登録した仕事の進捗状況をメールで送信することができます。タスクをナビゲーションバーの<メール>にドラッグすると、件名とタスクの内容が入力された<メッセージ>ウィンドウが表示されるので、内容を適宜編集して、メールを送信します。

なお、この方式で作成したメールは、リッチテキスト形式になります。<メッセージ>ウィンドウの<書式設定>タブの<テキスト>をクリックすると、テキスト形式に変更することができますが、書式が解除されてしまいます。相手にリッチテキスト形式で送信してもよいか、事前に確認しておくとよいでしょう。

1 メールで送信したいタスクをクリックして、

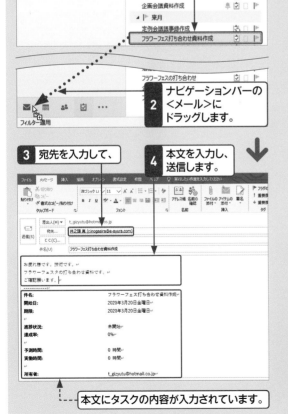

2 ナビゲーションバーの<メール>にドラッグします。

3 宛先を入力して、

4 本文を入力し、送信します。

本文にタスクの内容が入力されています。

● メッセージの形式を変更するには

1 <メッセージ>ウィンドウの<書式設定>タブをクリックして、

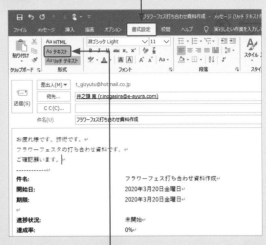

2 <テキスト>をクリックします。

Microsoft Outlook 互換性チェック

文書内のいくつかの機能はテキスト形式の電子メールでサポートされていません。

概要

書式設定された文字列は書式なしに変換されます。

□ 今後このダイアログを表示しない(D)

続行(C)　キャンセル

3 <続行>をクリックすると、

4 テキスト形式に変更され、書式設定が解除されます。

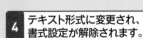

Q 404
タスクを＜予定表＞に登録したい！

A タスクをナビゲーションバーの＜予定表＞にドラッグします。

＜タスク＞と＜予定表＞は、どちらもスケジュール管理を行うものです。機能も似ているので、慣れないうちは使い分けがうまくいかずに、同じ時間帯にタスクと予定を登録してしまったり、タスクと予定を逆に登録してしまったりすることがあります。

Outlookでは、タスクの内容を＜予定表＞に登録したり、予定を＜タスク＞に登録したりすることができるので、この機能を利用すると、ミスを防ぐことができます。ただし、もとのタスクを修正しても、予定表には反映されないので注意が必要です。

1 予定表に登録したいタスクをクリックして、

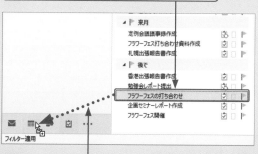

2 ナビゲーションバーの＜予定表＞にドラッグすると、

3 ＜予定＞ウィンドウが表示されるので、内容を確認します。

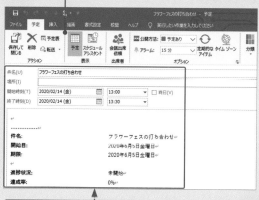

件名や時刻、メモが入力されています。

4 場所や開始時刻、終了時刻を修正して、

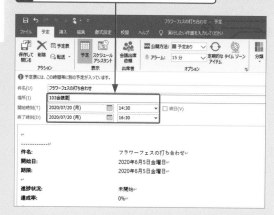

5 ＜予定＞タブの＜保存して閉じる＞をクリックします。

6 ＜予定表＞をクリックして、＜予定表＞画面を表示すると、

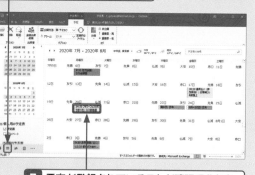

7 予定が登録されていることが確認できます。

1 Outlookの基本
2 メールの受信と閲覧
3 メールの作成と送信
4 メールの整理と管理
5 メールの設定
6 連絡先
7 予定表
8 タスク
9 印刷
10 そのほかの便利機能

1 Outlookの基本
2 メールの受信と閲覧
3 メールの作成と送信
4 メールの整理と管理
5 メールの設定
6 連絡先
7 予定表
8 タスク
9 印刷
10 そのほかの便利機能

重要度 ★★★ タスクの管理

Q 405 予定を＜タスク＞に登録したい！

A 予定をナビゲーションバーの＜タスク＞にドラッグします。

重要な予定は＜タスク＞としても登録すると、進捗状況の管理ができます。予定をナビゲーションバーの＜タスク＞にドラッグすると、予定の内容が入力された＜タスク＞ウィンドウが表示されるので、必要に応じて内容を修正し、タスクに登録します。ただし、もとの予定を修正しても、タスクには反映されないので注意が必要です。

1 タスクに登録したい予定をクリックして、

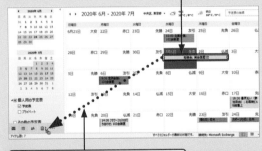

2 ナビゲーションバーの＜タスク＞にドラッグします。

3 必要に応じて件名を変更し、

4 開始日や期限、本文などを修正して、

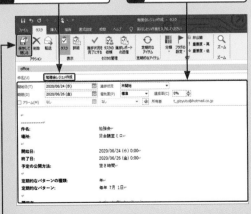

5 ＜タスク＞タブの＜保存して閉じる＞をクリックします。

重要度 ★★★ タスクの管理

Q 406 予定表にタスクを表示したい！

A ＜表示＞タブの＜日毎のタスクリスト＞から設定します。

Outlookでは、＜予定表＞の下にタスク欄を表示して、その日に行うべきタスクを表示させることができます。＜予定表＞画面の＜表示＞タブの＜日毎のタスクリスト＞から設定します。＜日毎のタスクリスト＞は、日・稼働日・週単位の表示形式で利用できます。
＜日毎のタスクリスト＞を表示すると、＜予定表＞から予定をドラッグして、タスクに追加することができます。また、その逆も可能です。

1 ＜予定表＞画面を表示して＜表示＞タブをクリックします。

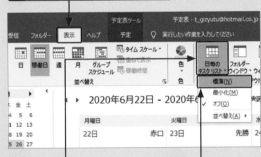

2 ＜日毎のタスクリスト＞をクリックして、

3 ＜標準＞をクリックすると、

4 ＜予定表＞の下にタスクの一覧が表示されます。

5 予定をドラッグして、タスクに追加することができます。

Q 407
タスクを
<メモ>に登録したい！

A タスクをナビゲーションバーの
<メモ>にドラッグします。

Outlookには、かんたんなメモを残したり、デスクトップ上に付箋紙のように表示したりできる<メモ>機能が用意されています。重要なタスクの内容を<メモ>に登録しておくと、Outlookを最小化しても、デスクトップ上にメモが残るので便利です。ただし、Outlookを終了するとデスクトップ上のメモの表示も消えてしまいます。なお、この機能を利用するには、ナビゲーションバーのアイコンを機能名にして、<メモ>を表示しておく必要があります。

参照 ▶ Q 045, Q 047, Q 436

> あらかじめナビゲーションバーに<メモ>を
表示しておきます。

1 タスクをクリックして、

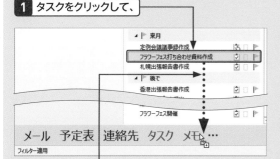

2 ナビゲーションバーの<メモ>に
ドラッグすると、

3 タスクの内容が表示された
<メモ>が表示されます。

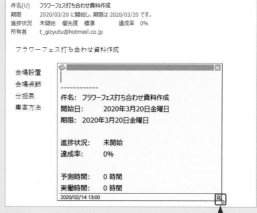

4 ここをドラッグすると、<メモ>ウィンドウを
拡大／縮小することができます。

5 Outlookを最小化すると、

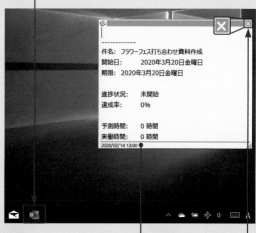

6 デスクトップ上に
<メモ>ウィンドウのみが
表示されます。

7 ここを
クリックすると、

8 <メモ>画面にメモが保存されます。

1 Outlookの基本
2 メールの受信と閲覧
3 メールの作成と送信
4 メールの整理と管理
5 メールの設定
6 連絡先
7 予定表
8 タスク
9 印刷
10 そのほかの便利機能

重要度 ★★★　分類項目

Q408 タスクを分類分けしたい！

A <ホーム>タブの<分類>から 分類項目を指定します。

仕事の内容などに応じて分類項目を設定しておくと、タスクをひと目で判別できます。分類項目は、タスクの一覧の<ホーム>タブや、タスクを登録する際の<タスク>ウィンドウで設定することができます。

分類分けを解除するには、タスクをクリックして、<ホーム>タブの<分類>から<すべての分類項目をクリア>をクリックするか、現在設定されている分類項目をクリックしてオフにします。

1 タスクをクリックして、

2 <ホーム>タブの<分類>をクリックし、

3 任意の分類項目をクリックします。

重要度 ★★★　分類項目

Q409 タスクの分類分けを 変更したい！

A <色分類項目>ダイアログボックス で変更します。

分類分けを変更するには、タスクをクリックして<ホーム>タブの<分類>をクリックし、<すべての分類項目>をクリックします。<色分類項目>ダイアログボックスが表示されるので、現在設定されている分類項目をクリックしてオフにし、変更したい分類項目をクリックしてオンにします。目的の分類項目がな

い場合は、<新規作成>や<名前の変更>をクリックして作成することができます。

参照▶Q 224, Q 310

このダイアログボックスで分類項目を変更します。

重要度 ★★★　分類項目

Q410 分類項目ごとにタスクを 表示したい！

A タスクを分類項目別に 並べ替えます。

<To Doバーのタスクリスト>でタスクを分類項目ごとに並べ替えるには、<表示>タブの<並べ替え>の一覧から<分類項目>をクリックします。また、<タスクリスト>では、列見出しの<分類項目>をクリックすることで並べ替えることができます。

1 <表示>タブをクリックして、

2 <分類項目>をクリックします。

印刷

1 Outlookの基本
2 メールの受信と閲覧
3 メールの作成と送信
4 メールの整理と管理
5 メールの設定
6 連絡先
7 予定表
8 タスク
9 印刷
10 そのほかの便利機能

重要度 ★★★　印刷の基本

Q 411 印刷の基本操作を知りたい!

A ＜ファイル＞タブをクリックして ＜印刷＞をクリックします。

Outlookでは、印刷時のスタイルを指定して印刷することができます。使用できるスタイルは、＜メール＞＜予定表＞などの機能によって異なります。

それぞれの画面で、＜ファイル＞タブをクリックして＜印刷＞をクリックします。＜印刷＞画面が表示されるので、印刷のスタイルを指定し、必要に応じて＜印刷オプション＞で部数や印刷範囲などを設定します。設定が済んだら、印刷プレビューで印刷結果を確認し、印刷を行います。

1 ＜ファイル＞タブをクリックして、＜印刷＞をクリックします。

2 ＜印刷オプション＞をクリックすると、

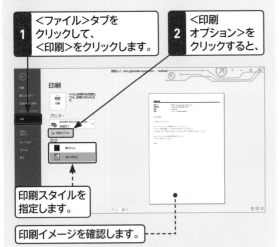

印刷スタイルを指定します。

印刷イメージを確認します。

↓

3 プリンターや印刷部数、印刷範囲などが設定できます。

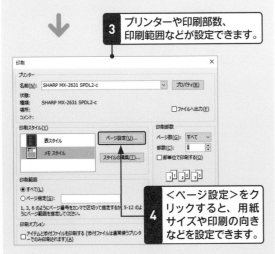

4 ＜ページ設定＞をクリックすると、用紙サイズや印刷の向きなどを設定できます。

重要度 ★★★　印刷の基本

Q 412 印刷プレビューの表示を 拡大／縮小したい!

A 印刷プレビュー右下のコマンドをクリックします。

印刷プレビューの右下にある＜実際のサイズ＞と＜1ページ＞を利用すると、プレビューの表示形式を変更することができます。複数のページを印刷する場合は、複数ページを表示させることもできます。また、印刷プレビューにマウスポインターを合わせ、マウスポインターが虫眼鏡の形に変わった状態でクリックすると、クリックした部分を中心に拡大することができます。再度クリックすると、もとの表示に戻ります。

実際のサイズで表示されます。

1ページに収まるイメージで表示されます。

複数ページがまとめて表示されます。

重要度 ★★★　印刷の基本

Q 413 印刷プレビューで 次ページを表示したい!

A 印刷プレビュー左下の ＜次のページ＞をクリックします。

印刷するページが複数の場合は、印刷プレビューの左下にある＜前のページ＞、＜次のページ＞が有効になります。次ページを表示したい場合は、＜次のページ＞をクリックします。また、印刷プレビューのスクロールバーをドラッグすることでも、ページを移動することができます。

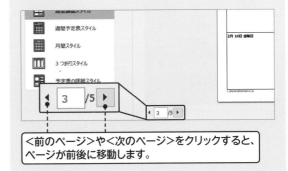

＜前のページ＞や＜次のページ＞をクリックすると、ページが前後に移動します。

Q 414 印刷範囲を指定したい！

A <印刷>ダイアログボックスで指定します。

印刷範囲は、<印刷>画面の<印刷オプション>をクリックすると表示される<印刷>ダイアログボックスで設定します。印刷範囲には、<すべて>と<ページ指定>のほかに、印刷スタイルによって<すべてのアイテム>あるいは<選択しているアイテム>を指定することができます。

また、<予定表>の場合は、印刷範囲の<開始日>と<終了日>で印刷範囲を指定することができます。

● <メール>の<表スタイル>の例

どちらかをクリックしてオンにします。

<ページ指定>をオンにした場合は、印刷ページを指定します。

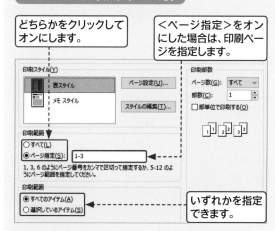

いずれかを指定できます。

● <予定表>の例

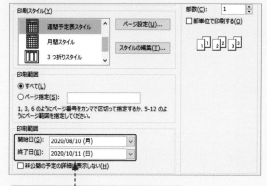

印刷対象の<開始日>と<終了日>をここで指定します。

Q 415 印刷部数を指定したい！

A <印刷>ダイアログボックスで指定します。

印刷部数を指定するには、<印刷>画面で<印刷オプション>をクリックします。<印刷>ダイアログボックスが表示されるので、<部数>を数値で指定します。また、<ページ>数では、偶数ページだけ、奇数ページだけを指定して印刷することもできます。

ここで、偶数ページや奇数ページだけを指定することができます。

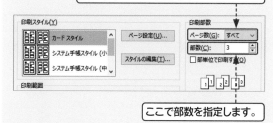

ここで部数を指定します。

Q 416 部単位で印刷したい！

A <印刷>ダイアログボックスで指定します。

部単位の印刷とは、複数ページを複数部印刷する際に、1部ずつページ順で印刷する方法です。部単位で印刷すると、印刷後に手作業で並べ替える手間が省けるので便利です。部単位で印刷するには、<印刷>画面の<印刷オプション>をクリックすると表示される<印刷>ダイアログボックスで指定します。なお、プリンターによっては対応していない場合もあります。

ここをクリックしてオンにします。

1 Outlookの基本
2 メールの受信と閲覧
3 メールの作成と送信
4 メールの整理と管理
5 メールの設定
6 連絡先
7 予定表
8 タスク
9 印刷
10 そのほかの便利機能

重要度 ★★★　メールの印刷

Q 417 メールの内容を印刷したい！

A 印刷スタイルを＜メモスタイル＞に設定して印刷します。

メールの内容を印刷するには、印刷したいメールをクリックして、＜ファイル＞タブをクリックし、印刷スタイルを指定して印刷を行います。

＜メール＞の印刷には、＜表スタイル＞と＜メモスタイル＞の2つのスタイルが用意されています。メールの内容を印刷したい場合は、＜メモスタイル＞を利用します。メモスタイルでは、画面に表示されているメールと同じような形式で印刷することができます。

部数や用紙サイズ、印刷の向きなどを変更する場合は、＜印刷＞画面の＜印刷オプション＞をクリックして設定します。

1 印刷したいメールをクリックして、

2 ＜ファイル＞タブをクリックします。

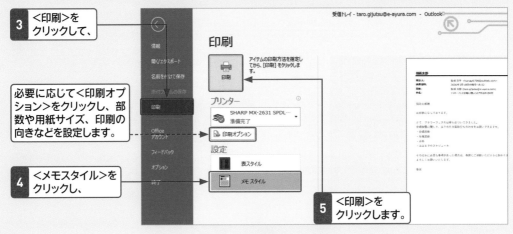

3 ＜印刷＞をクリックして、

必要に応じて＜印刷オプション＞をクリックし、部数や用紙サイズ、印刷の向きなどを設定します。

4 ＜メモスタイル＞をクリックし、

5 ＜印刷＞をクリックします。

重要度 ★★★　メールの印刷

Q 418 メールの一覧を印刷したい！

A 印刷スタイルを＜表スタイル＞に設定して印刷します。

メールの一覧を印刷したい場合は、＜表スタイル＞を利用します。表スタイルでは、すべてのメールが日付ごとに一覧で表示されます。差出人、件名、受信日時、サイズ、分類項目が印刷されます。

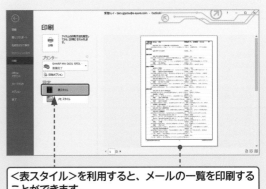

＜表スタイル＞を利用すると、メールの一覧を印刷することができます。

Q 419 メールの必要な部分のみを印刷したい！

A <メッセージ>ウィンドウを表示して、不要な部分を削除します。

メールの必要な部分のみを印刷したい場合は、<メッセージ>ウィンドウを表示して、不要な部分を消去します。不要な部分を消去したら、<メッセージ>ウィンドウの<ファイル>タブをクリックして<印刷>をクリックし、<メモスタイル>で印刷します。
印刷が済んだら、<メッセージ>ウィンドウを保存しないで閉じます。

1 <メッセージ>ウィンドウを表示して、

2 <メッセージ>タブの<アクション>をクリックし、

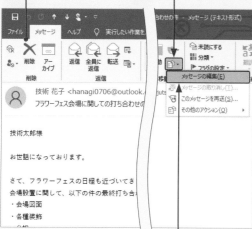

3 <メッセージの編集>をクリックします。

4 メッセージ欄にカーソルが表示されるので、不要な部分をドラッグして選択し、

5 Delete を押して消去します。

6 <ファイル>タブをクリックして、

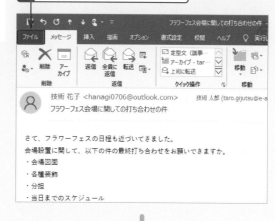

7 <印刷>をクリックし、

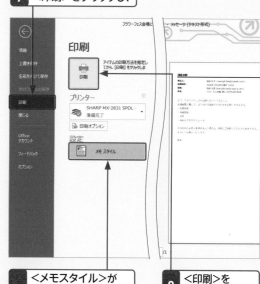

8 <メモスタイル>が選択されていることを確認して、

9 <印刷>をクリックします。

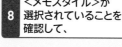

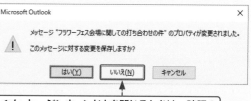

Microsoft Outlook

メッセージ "フラワーフェス会場に関しての打ち合わせの件" のプロパティが変更されました。
このメッセージに対する変更を保存しますか？

はい(Y)　　いいえ(N)　　キャンセル

<メッセージ>ウィンドウを閉じるときは、確認のメッセージで<いいえ>をクリックします。

1 Outlookの基本
2 メールの受信と閲覧
3 メールの作成と送信
4 メールの整理と管理
5 メールの設定
6 連絡先
7 予定表
8 タスク
9 印刷
10 そのほかの便利機能

重要度 ★★★ メールの印刷

Q 420 複数のメールを まとめて印刷したい！

A 印刷するメールを選択して、 ＜メモスタイル＞で印刷します。

複数のメールをまとめて印刷したい場合は、印刷したいメールを Ctrl を押しながらクリックして選択します。＜ファイル＞タブをクリックして＜印刷＞をクリックし、＜メモスタイル＞で印刷すると、選択したメールをまとめて印刷することができます。

なお、複数のメールを選択したときは、＜印刷＞画面のプレビューに＜プレビュー＞アイコン が表示されます。クリックするとメールの内容が表示されます。

1 印刷したいメールを Ctrl を押しながらクリックして選択します。

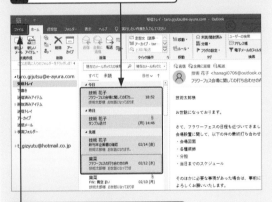

2 ＜ファイル＞タブをクリックして、

3 ＜印刷＞をクリックし、

4 ＜メモスタイル＞をクリックします。

5 ＜プレビュー＞をクリックしてメールの内容を表示し、

6 ＜印刷＞をクリックします。

重要度 ★★★ メールの印刷

Q 421 メールの添付ファイルも 印刷したい！

A ＜印刷オプション＞で＜アイテムと添付ファイルを印刷する＞をオンにします。

メールを印刷する際に、添付されたファイルもいっしょに印刷することができます。＜印刷＞画面の＜印刷オプション＞をクリックすると表示される＜印刷＞ダイアログボックスで、＜アイテムと添付ファイルを印刷する＞をクリックしてオンにし、印刷を実行します。

1 添付ファイル付きのメールをクリックして、 ＜ファイル＞タブをクリックします。

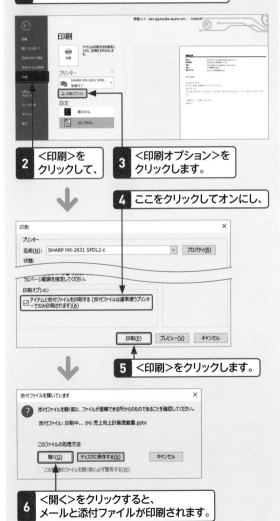

2 ＜印刷＞を クリックして、

3 ＜印刷オプション＞を クリックします。

4 ここをクリックしてオンにし、

5 ＜印刷＞をクリックします。

6 ＜開く＞をクリックすると、 メールと添付ファイルが印刷されます。

Q 422 連絡先の一覧を印刷したい！

A 印刷スタイルを＜カードスタイル＞に設定して印刷します。

連絡先の一覧を印刷したい場合は、＜カードスタイル＞を利用します。＜カードスタイル＞が表示されない場合は、＜連絡先＞画面で連絡先を＜連絡先カード＞ビューにしてから、印刷を実行します。カードスタイルでは、連絡先の情報をカードの一覧形式で印刷することができます。

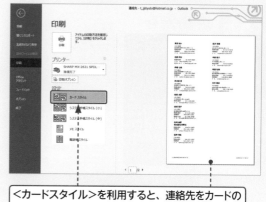

＜カードスタイル＞を利用すると、連絡先をカードの一覧形式で印刷することができます。

Q 423 印刷した連絡先を手帳にはさんで持ち歩きたい！

A 印刷スタイルを＜システム手帳スタイル＞に設定して印刷します。

連絡先の印刷には、＜システム手帳スタイル＞が用意されています。システム手帳スタイルには、「小」と「中」の2種類が用意されているので、使用している手帳に合わせていずれかを指定します。＜システム手帳スタイル＞が表示されない場合は、＜連絡先＞画面で連絡先を＜連絡先カード＞ビューにしてから、印刷を実行します。

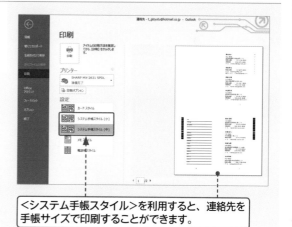

＜システム手帳スタイル＞を利用すると、連絡先を手帳サイズで印刷することができます。

Q 424 連絡先を電話帳のように印刷したい！

A 印刷スタイルを＜電話帳スタイル＞に設定して印刷します。

＜連絡先＞を電話帳形式で印刷したい場合は、＜電話帳スタイル＞を利用します。電話帳スタイルでは、連絡先をアルファベット順、五十音順に並べて印刷することができます。＜電話帳スタイル＞が表示されない場合は、＜連絡先＞画面で連絡先を＜連絡先カード＞ビューにしてから、印刷を実行します。

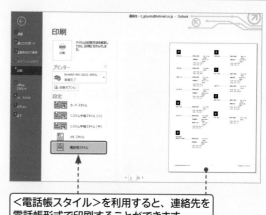

＜電話帳スタイル＞を利用すると、連絡先を電話帳形式で印刷することができます。

Outlookの基本　1
メールの受信と閲覧　2
メールの作成と送信　3
メールの整理と管理　4
メールの設定　5
連絡先　6
予定表　7
タスク　8
印刷　9
そのほかの便利機能　10

Q 425 連絡先を 1件ずつ印刷したい！

 A 印刷スタイルを＜メモスタイル＞に 設定して印刷します。

＜連絡先＞を1件ずつ印刷したい場合は、＜メモスタイル＞を利用します。連絡先を1件だけ印刷したい場合は目的の連絡先をクリックして、複数の連絡先を1件ずつ印刷したい場合はあらかじめ複数の連絡先を選択してから印刷を実行します。

なお、複数の連絡先を選択したときは、＜印刷＞画面のプレビューに＜プレビュー＞アイコン が表示されます。クリックすると連絡先の内容が表示されます。

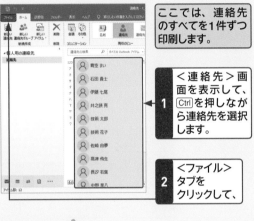

ここでは、連絡先のすべてを1件ずつ印刷します。

1 ＜連絡先＞画面を表示して、Ctrl を押しながら連絡先を選択します。

2 ＜ファイル＞タブをクリックして、

3 ＜印刷＞をクリックし、

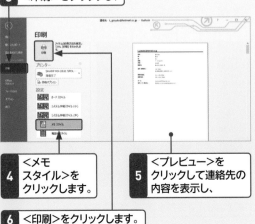

4 ＜メモスタイル＞をクリックします。

5 ＜プレビュー＞をクリックして連絡先の内容を表示し、

6 ＜印刷＞をクリックします。

Q 426 予定表の印刷スタイルを 知りたい！

A ＜予定表＞には6種類の 印刷スタイルが用意されています。

＜予定表＞の印刷には、＜1日スタイル＞＜週間議題スタイル＞＜週間予定表スタイル＞＜月間スタイル＞＜3つ折りスタイル＞＜予定表の詳細スタイル＞の6つのスタイルが用意されています。印刷対象範囲は、開始日と終了日を指定することで、任意に選択することができます。用途に応じた形式で印刷するとよいでしょう。

● ＜予定表＞の印刷スタイル

項　目	機　能
1日スタイル	その日の予定、タスクリスト、メモが印刷されます。
週間議題スタイル	1週間の予定が箇条書きで印刷されます。
週間予定表スタイル	1週間の予定がカレンダー風に印刷されます。
月間スタイル	1カ月の予定がカレンダー風に印刷されます。
3つ折りスタイル	その日の予定、タスクリスト、週間予定表が印刷されます。
予定表の詳細スタイル	予定の詳細が印刷されます。

Q 427 予定表を印刷したい！

A 目的の印刷スタイルと範囲を指定して印刷します。

予定表を印刷するには、＜予定表＞画面を表示して、＜ファイル＞タブから＜印刷＞をクリックし、目的のスタイルをクリックします。続いて、＜印刷オプション＞をクリックして＜印刷＞ダイアログボックスを表示し、印刷範囲で開始日と終了日を指定します。用紙サイズや印刷の向きを変更する場合は、＜ページ設定＞をクリックすると表示される＜ページ設定＞ダイアログボックスの＜用紙＞で設定します。

1 ＜予定表＞画面を表示して、

2 ＜ファイル＞タブをクリックします。

3 ＜印刷＞をクリックして、

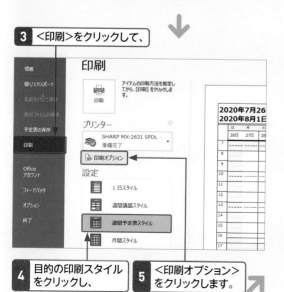

4 目的の印刷スタイルをクリックし、

5 ＜印刷オプション＞をクリックします。

6 印刷範囲で印刷対象の開始日を指定して、

7 終了日を指定し、

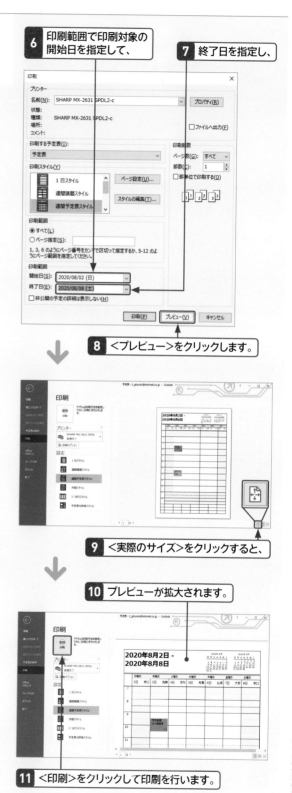

8 ＜プレビュー＞をクリックします。

9 ＜実際のサイズ＞をクリックすると、

10 プレビューが拡大されます。

11 ＜印刷＞をクリックして印刷を行います。

Outlookの基本　1
メールの受信と閲覧　2
メールの作成と送信　3
メールの整理と管理　4
メールの設定　5
連絡先　6
予定表　7
タスク　8
印刷　9
そのほかの便利機能　10

Q 428 ヘッダーとフッターを印刷したい！

A ＜ページ設定＞ダイアログボックスでヘッダーとフッターを設定します。

「ヘッダー」とはページの上部に印刷される印刷日やユーザー名、ページ数などの情報のことで、「フッター」とはページの下部に印刷される情報のことです。

ヘッダーとフッターを印刷するには、＜印刷＞ダイアログボックスで＜ページ設定＞をクリックすると表示される＜ページ設定＞ダイアログボックスで設定します。ヘッダーとフッターの設定では、直接文字を入力するほかに、画面に表示されているコマンドをクリックすることでも設定できます。

ここでは、予定表を＜週間予定表スタイル＞でA4用紙に2週間分印刷します。ヘッダーには印刷日、フッターにはページ番号を設定します。

1 ＜予定表＞画面を表示して、

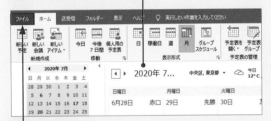

2 ＜ファイル＞タブをクリックします。

3 ＜印刷＞をクリックして、

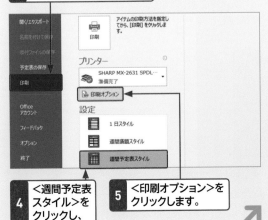

4 ＜週間予定表スタイル＞をクリックし、

5 ＜印刷オプション＞をクリックします。

6 ＜ページ設定＞をクリックして、

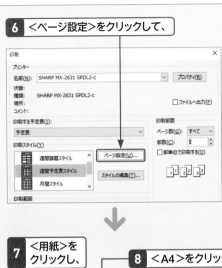

7 ＜用紙＞をクリックし、

8 ＜A4＞をクリックして、

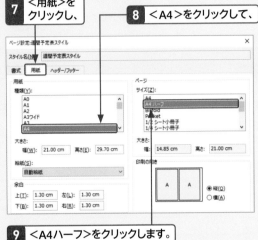

9 ＜A4ハーフ＞をクリックします。

10 ＜ヘッダー／フッター＞をクリックして、

11 ヘッダーを表示したい場所をクリックし、

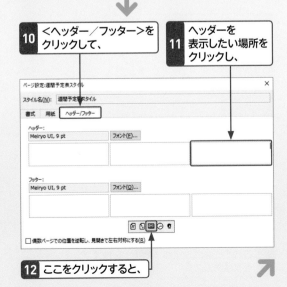

12 ここをクリックすると、

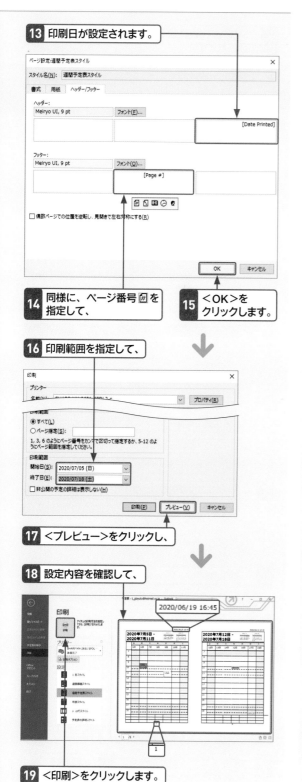

13 印刷日が設定されます。

14 同様に、ページ番号 🔢 を指定して、

15 ＜OK＞をクリックします。

16 印刷範囲を指定して、

17 ＜プレビュー＞をクリックし、

18 設定内容を確認して、

2020/06/19 16:45

19 ＜印刷＞をクリックします。

Q 429 タスクを印刷したい！

A ＜表スタイル＞あるいは＜メモスタイル＞で印刷します。

タスクの一覧は＜表スタイル＞で印刷されますが、＜To Doバーのタスクリスト＞でタスクを選択して内容を表示している場合は、＜メモスタイル＞でタスクの内容を印刷することもできます。

タスクを＜表スタイル＞で印刷する場合は、＜詳細＞＜タスクリスト＞＜優先＞＜今後7日間のタスク＞など、現在表示しているビューの内容が印刷されます。

参照 ▶ Q 398

● ＜表スタイル＞での印刷

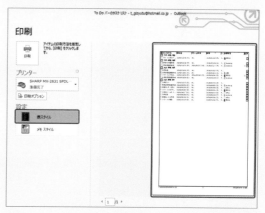

● ＜メモスタイル＞での印刷

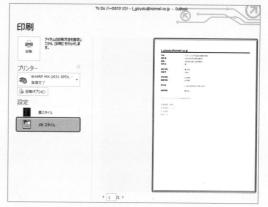

1 Outlookの基本
2 メールの受信と閲覧
3 メールの作成と送信
4 メールの整理と管理
5 メールの設定
6 連絡先
7 予定表
8 タスク
9 印刷
10 そのほかの便利機能

重要度 ★★★　そのほかの印刷

Q 430

アドレス帳を印刷したい！

A 連絡先をCSV形式で書き出して
Excelで印刷します。

Outlookには、アドレス帳を印刷する機能がありません。アドレス帳を印刷するには、Outlookのアドレス帳（連絡先）のデータをエクスポートして、そのファイルをExcelで開き、Excelの印刷機能を使って印刷します。エクスポートする際は、Excelで読み込めるカンマ区切りのファイル（CSV）形式で書き出します。
ここでは、第6章のQ 278でエクスポートしたファイルをExcelで開き、不要な項目を削除したり、列幅を調整したりして印刷します。編集したファイルは、Excelブックとして保存しておくとよいでしょう。

参照▶Q 278

1 Excelを起動して、
＜ファイル＞から＜開く＞をクリックし、

2 ＜参照＞をクリックします。

3 保存先を
指定して、

4 ここをクリックして＜すべてのファイル＞を選択します。

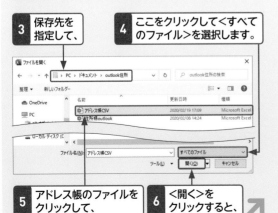

5 アドレス帳のファイルを
クリックして、

6 ＜開く＞を
クリックすると、

7 CSV形式で保存したアドレス帳のデータが
表示されます。

8 不要な項目を削除したり、列幅を調整したり、
罫線を引いたりしてデータを見やすく編集します。

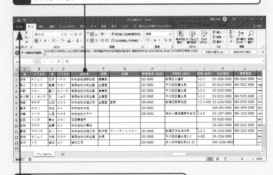

9 ＜ファイル＞タブをクリックして、

10 ＜印刷＞をクリックし、

11 用紙サイズや印刷の向き
などを設定して、

12 ＜印刷＞を
クリックします。

Q431 メモを印刷したい！

A <メモスタイル>で印刷します。

メモは1枚ずつ印刷したり、まとめて印刷したりすることができます。1枚のメモを印刷する場合は<メモ>画面で印刷したいメモをクリックして、複数のメモをまとめて印刷する場合は複数のメモを選択して印刷を行います。

また、メモを右クリックして<クイック印刷>をクリックすると、<印刷>画面が表示されずに、そのままメモを印刷することができます。

なお、複数のメモを選択した場合は、<印刷>画面のプレビューに<プレビュー>アイコン 🖾 が表示されます。クリックすると内容が表示されます。

ここでは複数のメモをまとめて印刷します。

1 複数のメモを選択して、

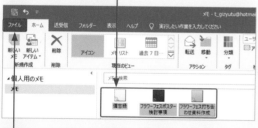

2 <ファイル>タブをクリックします。

3 <印刷>をクリックして、

4 <プレビュー>をクリックしてメモの内容を表示し、

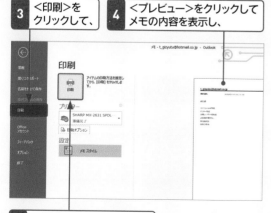

5 <印刷>をクリックします。

Q432 網かけを外して印刷したい！

A <ページ設定>で<網かけ印刷をする>をオフにします。

初期設定では、予定表などを印刷した際に、網かけが設定されて印刷されます。印刷結果に網かけをしたくない場合は、<ページ設定>ダイアログボックスの<書式>で設定します。

ここでは、予定表を<月間スタイル>で印刷します。

1 <ファイル>タブから<印刷>をクリックして、

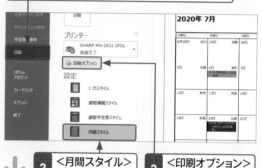

2 <月間スタイル>をクリックし、

3 <印刷オプション>をクリックします。

4 <ページ設定>をクリックして、

5 <書式>をクリックし、

6 <網かけ印刷をする>をクリックしてオフにし、

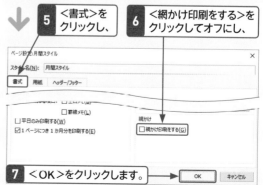

7 <OK>をクリックします。

1 Outlookの基本
2 メールの受信と閲覧
3 メールの作成と送信
4 メールの整理と管理
5 メールの設定
6 連絡先
7 予定表
8 タスク
9 印刷
10 そのほかの便利機能

Q 433 PDFで保存したい！

A₁ プリンターで「Microsoft Print to PDF」を選択して印刷します。

Outlookには、名前を付けて保存を実行する際の保存形式にPDFが含まれていません。メールをPDFファイルとして保存したい場合は、Windows 10に搭載されている「Microsoft Print to PDF」を使用して、印刷結果をPDFファイルとして保存します。

1 PDFで保存したいメールをクリックして、

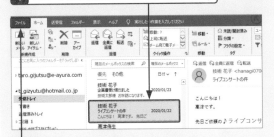

2 ＜ファイル＞タブをクリックします。

3 ＜印刷＞をクリックして、

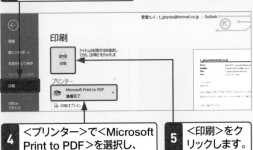

4 ＜プリンター＞で＜Microsoft Print to PDF＞を選択し、

5 ＜印刷＞をクリックします。

6 保存先を指定して、

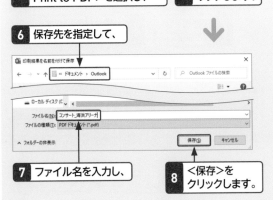

7 ファイル名を入力し、

8 ＜保存＞をクリックします。

A₂ メールをHTMLで保存したあと、WordでPDFファイルとして保存します。

Windows 8.1でOutlookを使用している場合は、メールをHTMLファイルとして保存します。続いて、保存したHTMLファイルをWordで開いて、ファイルの種類をPDF形式にして保存します。

1 PDFで保存したいメールをクリックして、＜ファイル＞タブをクリックし、

2 ＜名前を付けて保存＞をクリックします。

3 保存先を指定して、

4 ファイル名を入力し、

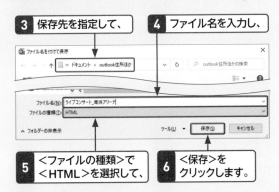

5 ＜ファイルの種類＞で＜HTML＞を選択して、

6 ＜保存＞をクリックします。

7 WordでHTMLファイルを開いて、＜ファイル＞タブ→＜名前を付けて保存＞→＜参照＞の順にクリックします。

8 保存先を指定して、

9 ファイル名を入力し、

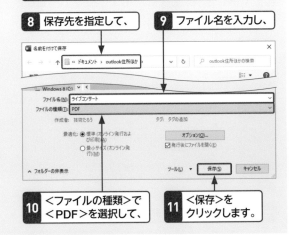

10 ＜ファイルの種類＞で＜PDF＞を選択して、

11 ＜保存＞をクリックします。

そのほかの便利機能

Q 434 Outlook Todayとは？

A 現在登録されている情報を
まとめて表示する機能です。

「Outlook Today」は、＜予定表＞、＜タスク＞、＜メッセージ＞の今日現在の情報を1画面にまとめて表示する機能です。＜予定表＞では今日から数日分の予定が、＜タスク＞では今後のタスクの一覧が、＜メッセージ＞では＜受信トレイ＞などにあるメールの未読数が表示されます。Outlook Today を利用すると、今日行うべき仕事を瞬時に確認することができます。表示する項目内容や表示スタイルは、変更することができます。Outlook Today を表示するには、＜メール＞画面で、メールアカウント名をクリックします。ここでは、Outlook Todayの画面構成を確認しましょう。

予定表	タスク	Outlook Today のカスタマイズ
今日から数日分の予定が表示されます。	今後のタスクの一覧が表示されます。	Outlook Today の表示方法を変更できます。

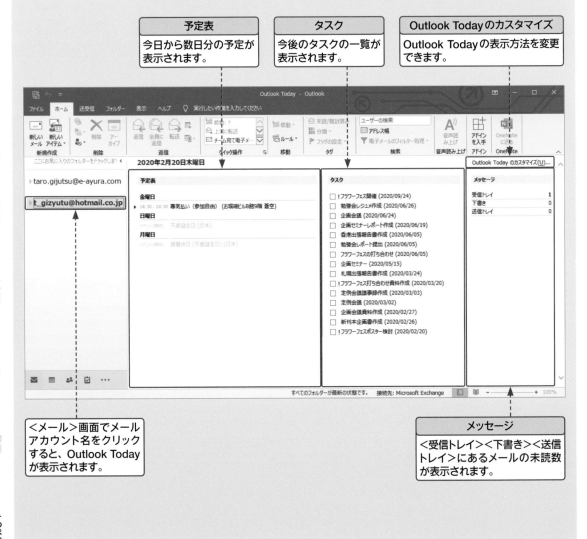

＜メール＞画面でメールアカウント名をクリックすると、Outlook Today が表示されます。

メッセージ
＜受信トレイ＞＜下書き＞＜送信トレイ＞にあるメールの未読数が表示されます。

Q 435 Outlook Todayの表示を変更したい!

A Outlook Today画面で<Outlook Todayのカスタマイズ>をクリックします。

Outlook Todayの表示を変更するには、Outlook Today画面で<Outlook Todayのカスタマイズ>をクリックします。メッセージや予定表、タスクなどの表示の変更のほかに、Outlookの起動時にOutlook Todayを表示するように設定したり、Outlook Todayのスタイルなどを変更することもできます。

1 メールアカウントをクリックして、

2 <Outlook Todayのカスタマイズ>をクリックします。

3 目的の項目を設定して、

4 <変更の保存>をクリックします。

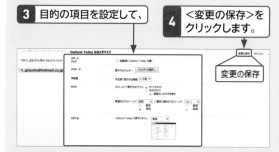

● <Outlook Todayのカスタマイズ>画面の設定項目

項目	機　能
スタート アップ	Outlookの起動時にOutlook Todayを表示するかどうかを設定します。
メッセージ	<フォルダーの選択>をクリックして、<メッセージ>に表示するフォルダーを設定します。
予定表	<予定表>に表示する期間を「1日間～7日間」の中から設定します。
タスク	<タスク>に表示するアイテムと、フィールドの優先順などを設定します。
スタイル	Outlook Todayの表示スタイルを設定します。

● <メッセージ>に表示するフォルダーを変更する

1 <フォルダーの選択>をクリックして、

2 表示するフォルダーをクリックしてオンにし、

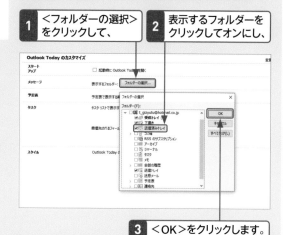

3 <OK>をクリックします。

● Outlook Todayの表示スタイルを変更する

1 ここをクリックして、設定したいスタイル（ここでは<黄昏>）をクリックします。

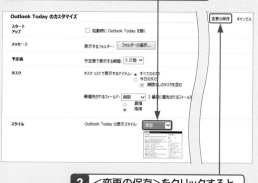

2 <変更の保存>をクリックすると、

3 Outlook Todayの表示スタイルが変更されます。

1 Outlookの基本
2 メールの受信と閲覧
3 メールの作成と送信
4 メールの整理と管理
5 メールの設定
6 連絡先
7 予定表
8 タスク
9 印刷
10 そのほかの便利機能

重要度 ★★★ メモ

Q 436 メモを作成したい！

A ナビゲーションバーから
<メモ>をクリックして作成します。

Outlookには、予定表やタスクに登録するまでもない内容を書き留めて管理ができる<メモ>機能が用意されています。ナビゲーションバーの ••• をクリックして、<メモ>をクリックすると、<メモ>画面が表示されます。

1 ナビゲーションバーのここをクリックして、

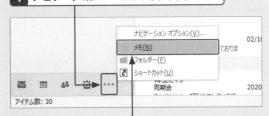

2 <メモ>をクリックします。

3 <ホーム>タブの<新しいメモ>をクリックして、

4 メモの内容を入力します。

5 <メモ>ウィンドウの<閉じる>をクリックすると、

6 メモが保存され、アイコンで表示されます。

重要度 ★★★ メモ

Q 437 メモを表示したい！

A メモをダブルクリックします。

<メモ>画面に保存されたメモを表示するには、メモをダブルクリックします。表示された<メモ>ウィンドウは、ドラッグしてデスクトップの任意の場所に移動することができます。メモは、<メール>画面や<予定表>画面に切り替えた際にも表示されています。
また、Outlookを最小化すると、デスクトップ上に<メモ>ウィンドウのみが表示されます。ただし、Outlookを終了すると、メモも閉じてしまいます。

1 メモをダブルクリックすると、

2 <メモ>ウィンドウが表示されます。

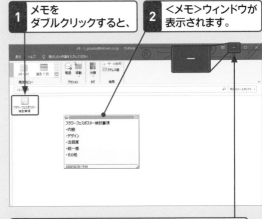

3 Outlookの画面の<最小化>をクリックすると、

4 デスクトップ上に<メモ>ウィンドウのみが表示されます。

Q 438 メモの色を変更したい!

A <分類項目>を使用して色を設定します。

メモは初期設定では黄色で作成されますが、分類項目の色に変更することができます。メモをクリックして、<ホーム>タブの<分類>クリックし、一覧から変更したい色をクリックします。一覧に使用したい色がない場合は、<すべての分類項目>をクリックして、新規に分類項目を作成します。

1 メモをクリックして、

2 <ホーム>タブの<分類>をクリックし、

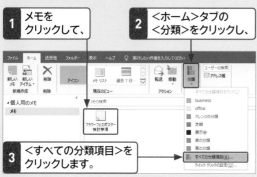

3 <すべての分類項目>をクリックします。

4 <新規作成>をクリックして、

5 分類項目の名前を入力し、

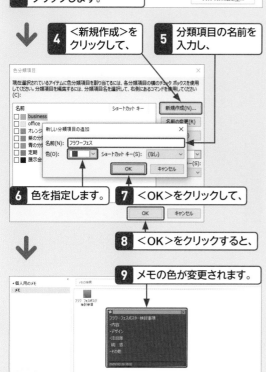

6 色を指定します。

7 <OK>をクリックして、

8 <OK>をクリックすると、

9 メモの色が変更されます。

Q 439 メモのサイズを変更したい!

A <メモ>ウィンドウの右下隅をドラッグします。

メモのサイズは自由に変更することができます。<メモ>ウィンドウを表示して右下隅にマウスポインターを合わせ、ポインターの形が変わった状態でドラッグします。

ここにマウスポインターを合わせてドラッグすると、拡大／縮小することができます。

Q 440 メモを削除したい!

A メモをクリックして、<ホーム>タブの<削除>をクリックします。

メモを削除するには、メモをクリックして<ホーム>タブの<削除>をクリックします。<メモ>ウィンドウを表示している場合は、左上の　をクリックして<削除>をクリックします。

1 メモをクリックして、

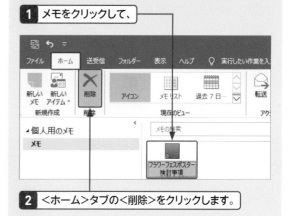

2 <ホーム>タブの<削除>をクリックします。

1 Outlookの基本
2 メールの受信と閲覧
3 メールの作成と送信
4 メールの整理と管理
5 メールの設定
6 連絡先
7 予定表
8 タスク
9 印刷
10 そのほかの便利機能

1 Outlookの基本
2 メールの受信と閲覧
3 メールの作成と送信
4 メールの整理と管理
5 メールの設定
6 連絡先
7 予定表
8 タスク
9 印刷
10 そのほかの便利機能

重要度 ★ ★ ★　データ整理

Q 441
削除したメールや連絡先などをもとに戻したい！

A <削除済みアイテム>から戻したいフォルダーに移動します。

削除したメールや連絡先は<削除済みアイテム>フォルダーに移動されるので、誤って削除してももとに戻すことができます。削除したメールや連絡先をもとに戻すには、<ホーム>タブの<移動>から戻したいフォルダーを指定します。

また、<削除済みアイテム>フォルダーから戻したいフォルダーにドラッグしても、もとに戻すことができます。連絡先をもとに戻す場合は、ナビゲーションバーの<連絡先>にドラッグします。

● 削除したメールを戻す

1 <削除済みアイテム>をクリックして、
2 もとに戻したいメールをクリックします。

3 <ホーム>タブの<移動>をクリックして、

4 <受信トレイ>をクリックすると、

5 削除したメールが<受信トレイ>に戻ります。

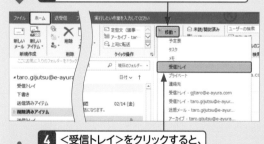

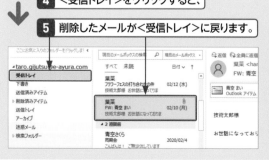

● 削除した連絡先を戻す

1 <削除済みアイテム>をクリックして、
2 もとに戻したい連絡先をクリックします。

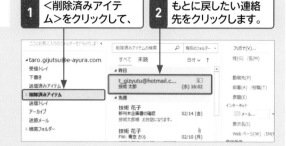

3 <ホーム>タブの<移動>をクリックして、

4 <連絡先>をクリックすると、

5 削除した連絡先が<連絡先>に戻ります。

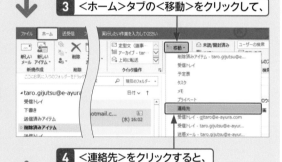

● ドラッグ操作を利用する

1 <削除済みアイテム>をクリックして、
2 もとに戻したいメールをクリックし、<受信トレイ>にドラッグします。

連絡先を戻す場合は、ナビゲーションバーの<連絡先>にドラッグします。

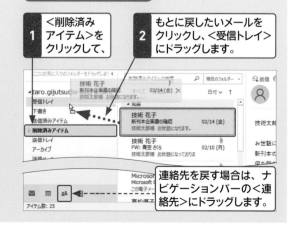

Q 442 <削除済みアイテム>の中を自動的に空にしたい！

A Outlookの終了時に、<削除済みアイテム>フォルダーを空にします。

<削除済みアイテム>フォルダーは、Outlookの終了時に自動的に空にするように設定することができます。<Outlookのオプション>ダイアログボックスの<詳細設定>で設定します。

終了時に削除済みアイテムフォルダーを空にするように設定すると、Outlookの終了時に確認のメッセージが表示されます。

1 <ファイル>タブから<オプション>をクリックして、<Outlookのオプション>ダイアログボックスを表示します。

2 <詳細設定>をクリックして、

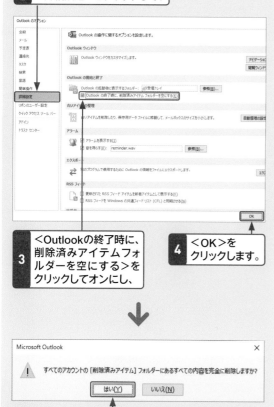

3 <Outlookの終了時に、削除済みアイテムフォルダーを空にする>をクリックしてオンにし、

4 <OK>をクリックします。

5 Outlookの終了時に確認のメッセージが表示されるので、<はい>をクリックします。

Q 443 各フォルダーのサイズを確認したい！

A <メールボックスの整理>ダイアログボックスから確認します。

各フォルダーのサイズを確認するには、<ファイル>タブの<ツール>（Outlook 2013では<クリーンアップツール>）から<メールボックスの整理>をクリックし、表示される<メールボックスの整理>ダイアログボックスから確認します。

1 <ファイル>タブをクリックして、

2 <ツール>をクリックし、

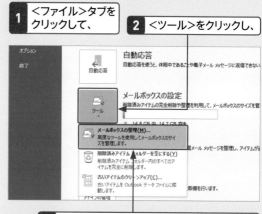

3 <メールボックスの整理>をクリックします。

4 <メールボックスのサイズを表示>をクリックすると、

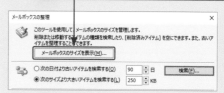

5 各フォルダーのサイズを確認できます。

フォルダー サイズ

ローカル データ

フォルダー名: taro.gijyutsu@e-ayura.com
サイズ (サブフォルダーを含まない): 0 KB
合計リイズ (サブフォルダーを含む): 32227 KB

サブフォルダ	リイズ	合計サイズ
アーカイブ	0 KB	0 KB
下書き	0 KB	0 KB
削除済みアイテム	935 KB	935 KB
削除済みアイテム¥展示会	0 KB	0 KB
受信トレイ	18466 KB	18466 KB
送信トレイ	0 KB	0 KB
送信済みアイテム	12826 KB	12826 KB
迷惑メール	0 KB	0 KB

Outlookの基本　1
メールの受信と閲覧　2
メールの作成と送信　3
メールの整理と管理　4
メールの設定　5
連絡先　6
予定表　7
タスク　8
印刷　9
そのほかの便利機能　10

1 Outlookの基本
2 メールの受信と閲覧
3 メールの作成と送信
4 メールの整理と管理
5 メールの設定
6 連絡先
7 予定表
8 タスク
9 印刷
10 そのほかの便利機能

重要度 ★★★　データ整理

Q 444　Outlookのアイテムを整理したい！

A　＜メールボックスの整理＞ダイアログボックスを利用します。

Outlookのアイテムを整理するには、＜ファイル＞タブの＜ツール＞（Outlook 2013では＜クリーンアップツール＞）から＜メールボックスの整理＞をクリックし、表示される＜メールボックスの整理＞ダイアログボックスで設定します。

＜メールボックスの整理＞ダイアログボックスを利用すると、古いアイテムを＜保存先＞フォルダーに移動したり、＜削除済みアイテム＞フォルダーを空にしたりすることができます。

1　＜ファイル＞タブをクリックして、

2　＜ツール＞をクリックし、

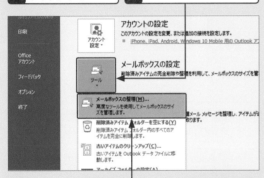

3　＜メールボックスの整理＞をクリックします。

4　ここをクリックすると、古いアイテムを＜保存先＞フォルダーに移動することができます。

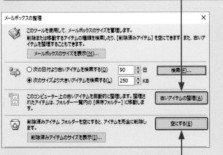

5　ここをクリックすると、＜削除済みアイテム＞フォルダーを空にすることができます。

重要度 ★★★　データ整理

Q 445　整理されたアイテムはどこへ行った？

A　＜保存先＞フォルダーに移動されます。

古いアイテムの整理を有効にすると、保存期間を過ぎたアイテムは自動的に＜保存先＞フォルダーに移動されます。保存期間や古いアイテムの整理を定期的に行うかどうかは、＜Outlookのオプション＞ダイアログボックスの＜詳細設定＞の＜自動整理の設定＞をクリックし、表示される＜古いアイテムの整理＞ダイアログボックスで設定することができます。初期設定では、古いアイテムの整理は有効になっています。

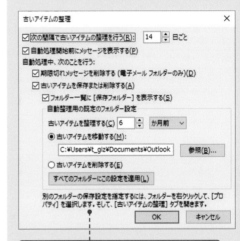

古いアイテムの整理に関する詳細な設定を行うことができます。

保存期間を過ぎたアイテムは、＜保存先＞フォルダーに保存されます。

Q 446 Outlookのデータをバック アップ／移行するには？

A インポートとエクスポートを 利用します。

● バックアップと移行／復元

Outlookでは、メールや連絡先などのデータはすべてOutlookデータファイル（.pst）に保存されます。このデータファイルをバックアップすることによってメールや連絡先のデータをまとめて移行／復元することができます。バックアップデータの移行／復元は、Outlookの同じバージョン間や異なるバージョン間、ほかのパソコン間で行えます。

なお、Outlookデータファイル（.pst）はメールアカウントごとに作成されます。メールアカウントが複数ある場合は、メールアカウントの数だけバックアップや移行／復元を行う必要があります。

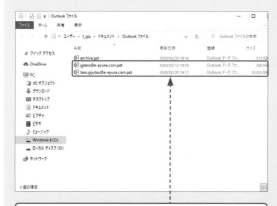

メールや連絡先などのデータはすべてOutlookデータファイル（.pst）に保存されます。

● データのエクスポート

データをバックアップをするには、Outlookデータファイル（.pst）をエクスポート（書き出し）して、USBメモリーや外付けのハードディスク、CD／DVDなどに保存します。

Outlookデータファイルをバックアップしておくと、メールを別のパソコンに移行したい場合や、なんらかの原因でメールデータが失われてしまった場合でも、バックアップデータからメールや連絡先を復元することができます。

Outlookのデータを保存（バックアップ）するときは、エクスポート機能を利用します。

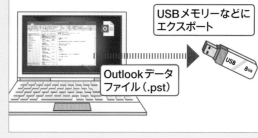

USBメモリーなどにエクスポート

Outlookデータファイル（.pst）

データをバックアップするときは、エクスポート機能を利用します。

● データのインポート

データを移行／復元するには、利用する側で、Outlookバックアップデータをインポート（書き込み）します。データファイル内のデータをすべて移行することも、メールや連絡先など特定のデータだけを移行することもできます。

バックアップしたOutlookのデータを移行するときは、インポート機能を利用します。

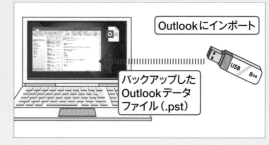

Outlookにインポート

バックアップしたOutlookデータファイル（.pst）

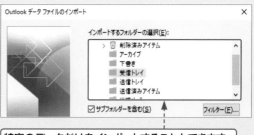

特定のデータだけをインポートすることもできます。

1 Outlookの基本
2 メールの受信と閲覧
3 メールの作成と送信
4 メールの整理と管理
5 メールの設定
6 連絡先
7 予定表
8 タスク
9 印刷
10 そのほかの便利機能

重要度 ★★★　バックアップ／データ移行

Q 447

Outlookのデータを
バックアップしたい!

A Outlookのデータファイルを
エクスポートします。

Outlookでは、メールや連絡先などのデータをUSBメモリーや外付けのハードディスクなどに保存(バックアップ)しておくことができます。データを保存しておくと、データを別のパソコンに移行したり、パソコンが故障してデータが失われた場合に、保存したデータを使って、データをもとに戻したりすることができます。Outlookのメールや連絡先などのデータは、Outlookデータファイル(.pst)に保存されます。このOutlookデータファイルを書き出すことで、メールや連絡先などを一度にバックアップすることができます。データのバックアップには、「エクスポート」機能を利用します。

> ここでは、OutlookのデータをUSBメモリーにバックアップします。

1 USBメモリーを接続します。

2 Outlookを起動して、
<ファイル>タブをクリックし、

3 <開く／エクスポート>をクリックして、

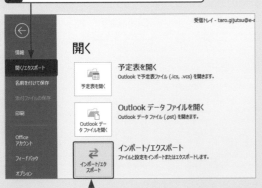

4 <インポート／エクスポート>を
クリックします。

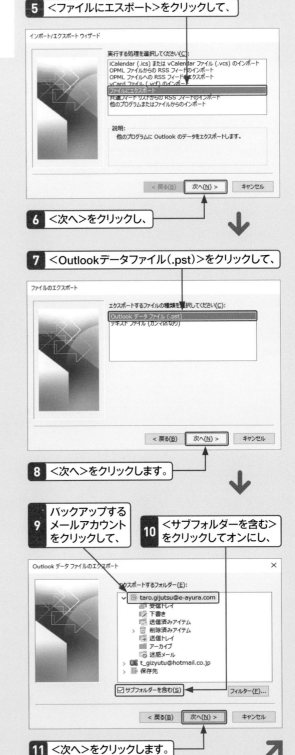

5 <ファイルにエスポート>をクリックして、

6 <次へ>をクリックし、

7 <Outlookデータファイル(.pst)>をクリックして、

8 <次へ>をクリックします。

9 バックアップする
メールアカウント
をクリックして、

10 <サブフォルダーを含む>
をクリックしてオンにし、

11 <次へ>をクリックします。

1 Outlookの基本
2 メールの受信と閲覧
3 メールの作成と送信
4 メールの整理と管理
5 メールの設定
6 連絡先
7 予定表
8 タスク
9 印刷
10 そのほかの便利機能

12 <参照>をクリックして、

13 保存先（ここでは<USBドライブ>）を
クリックします。

14 ファイル名を必要に
応じて変更し、

15 <OK>を
クリックして、

16 <完了>をクリックします。

17 パスワードを2回入力して
（パスワードの入力は任意です）、

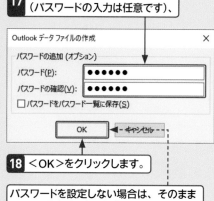

18 <OK>をクリックします。

パスワードを設定しない場合は、そのまま
<OK>をクリックします。

19 手順⑰でパスワードを入力した場合は、
同じパスワードを再度入力して、

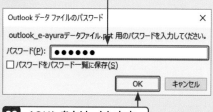

20 <OK>をクリックします。

21 エクスプローラーを表示して、

22 USBメモリーにバックアップしたファイルが
保存されていることを確認します。

Q 448 バックアップしたOutlook のデータを復元したい！

A バックアップしたデータを インポートします。

パソコンを修理した際にハードディスクを初期化したり、Windows を再インストールしたりした場合は、Outlookのデータが失われていることがあります。この場合は、Outlookを再インストールして、バックアップしたデータを復元することで、もとの状態に戻すことができます。Outlookでデータを復元するには、「インポート」機能を利用します。バックアップしたOutlookデータファイル（.pst）に含まれるすべてのデータを復元したり、特定のデータを指定して復元したりすることができます。

> ここでは、USBメモリーに保存したOutlookのバックアップデータをインポートします。

1 USBメモリーを接続します。

2 Outlookを起動して、 ＜ファイル＞タブをクリックし、

3 ＜開く／エクスポート＞をクリックして、

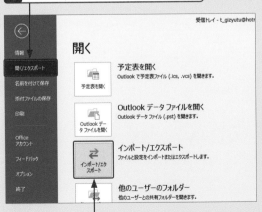

4 ＜インポート／エクスポート＞を クリックします。

5 ＜他のプログラムまたはファイルからの インポート＞をクリックして、

6 ＜次へ＞をクリックします。

7 ＜Outlookデータファイル（.pst）＞をクリックして、

8 ＜次へ＞をクリックし、

9 ＜参照＞をクリックします。

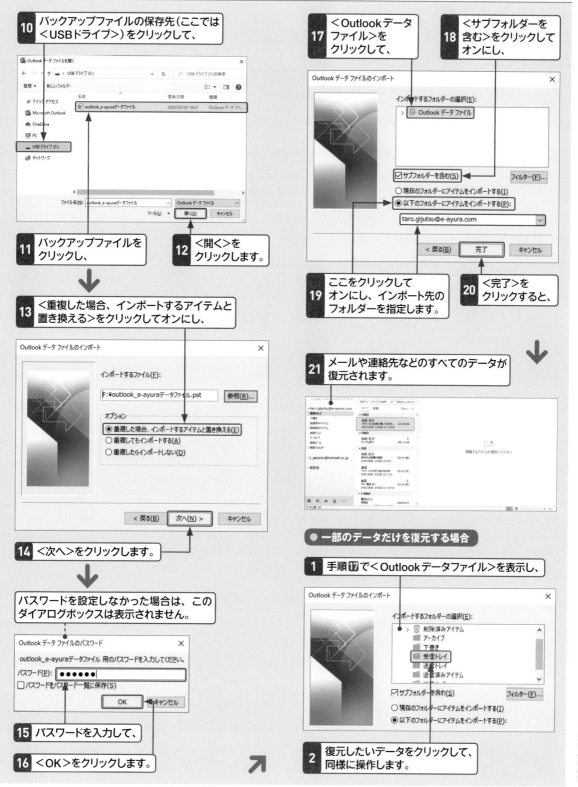

10 バックアップファイルの保存先（ここでは
＜USBドライブ＞）をクリックして、

11 バックアップファイルを
クリックし、

12 ＜開く＞を
クリックします。

13 ＜重複した場合、インポートするアイテムと
置き換える＞をクリックしてオンにし、

14 ＜次へ＞をクリックします。

パスワードを設定しなかった場合は、この
ダイアログボックスは表示されません。

15 パスワードを入力して、

16 ＜OK＞をクリックします。

17 ＜Outlookデータ
ファイル＞を
クリックして、

18 ＜サブフォルダーを
含む＞をクリックして
オンにし、

19 ここをクリックして
オンにし、インポート先の
フォルダーを指定します。

20 ＜完了＞を
クリックすると、

21 メールや連絡先などのすべてのデータが
復元されます。

● 一部のデータだけを復元する場合

1 手順⑰で＜Outlookデータファイル＞を表示し、

2 復元したいデータをクリックして、
同様に操作します。

1 Outlookの基本
2 メールの受信と閲覧
3 メールの作成と送信
4 メールの整理と管理
5 メールの設定
6 連絡先
7 予定表
8 タスク
9 印刷
10 そのほかの便利機能

重要度 ★★★　バックアップ／データ移行　❌2019

Q 449 Windows LiveメールからOutlook にメールと連絡先を移行したい！

A メールと連絡先を 別々に移行します。

Windows LiveメールからOutlookにメールと連絡先を 移行する場合は、メールとアドレス帳（連絡先）を別々 にエクスポートする必要があります。

メールの場合は、Windows LiveメールからMicrosoft Exchange形式でメールをエクスポートします。

連絡先の場合は、まず、Windows Liveメールからアド レス帳をCSV形式（カンマ区切り）でエクスポートし ます。続いて、エクスポートしたデータをExcelなどで 変換し直します。これは、Windows Liveメールから書 き出したデータをそのまま移行すると、文字化けして しまうためです。データを変換したら、Outlookにイン ポートします。

ただし、メールアカウントの移行はできないので、事前 にOutlookでメールアカウントの設定を行っておく必 要があります。

● メールをエクスポートする

1 Windows Liveメールを起動して、 ＜ファイル＞タブをクリックし、

2 ＜電子メールのエクスポート＞を クリックして、

3 ＜電子メールメッセージ＞をクリックします。

4 ＜Microsoft Exchange＞をクリックして、

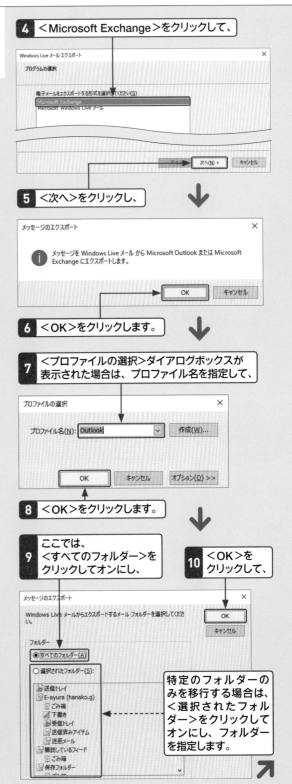

5 ＜次へ＞をクリックし、

6 ＜OK＞をクリックします。

7 ＜プロファイルの選択＞ダイアログボックスが 表示された場合は、プロファイル名を指定して、

8 ＜OK＞をクリックします。

9 ここでは、 ＜すべてのフォルダー＞を クリックしてオンにし、

10 ＜OK＞を クリックして、

特定のフォルダーの みを移行する場合は、 ＜選択されたフォル ダー＞をクリックして オンにし、フォルダー を指定します。

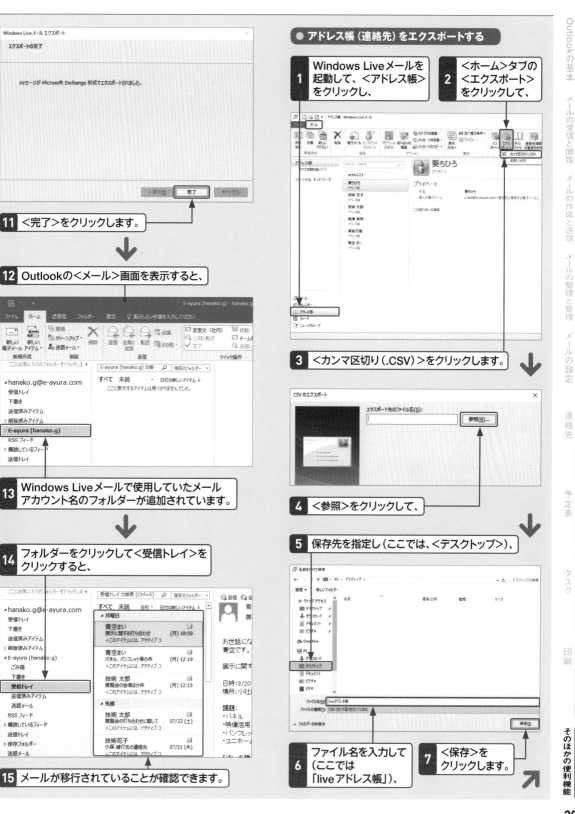

● アドレス帳 (連絡先) をエクスポートする

1 Windows Live メールを起動して、<アドレス帳>をクリックし、

2 <ホーム>タブの<エクスポート>をクリックして、

3 <カンマ区切り (.CSV) >をクリックします。

4 <参照>をクリックして、

5 保存先を指定し (ここでは、<デスクトップ>)、

6 ファイル名を入力して (ここでは「live アドレス帳」)、

7 <保存>をクリックします。

---

11 <完了>をクリックします。

12 Outlookの<メール>画面を表示すると、

13 Windows Live メールで使用していたメールアカウント名のフォルダーが追加されています。

14 フォルダーをクリックして<受信トレイ>をクリックすると、

15 メールが移行されていることが確認できます。

Outlookの基本　1
メールの受信と閲覧　2
メールの作成と送信　3
メールの整理と管理　4
メールの設定　5
連絡先　6
予定表　7
タスク　8
印刷　9
そのほかの便利機能　10

1 Outlookの基本

2 メールの受信と閲覧

3 メールの作成と送信

4 メールの整理と管理

5 メールの設定

6 連絡先

7 予定表

8 タスク

9 印刷

10 そのほかの便利機能

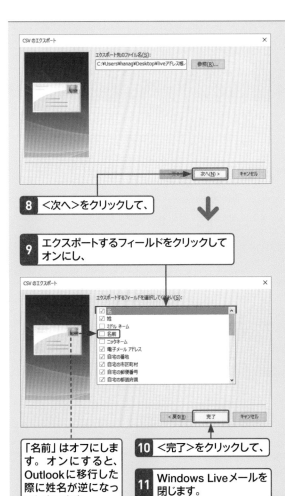

8 <次へ>をクリックして、

9 エクスポートするフィールドをクリックして
オンにし、

「名前」はオフにします。オンにすると、Outlookに移行した際に姓名が逆になってしまいます。

10 <完了>をクリックして、

11 Windows Liveメールを閉じます。

● CSV形式のアドレス帳をExcelで変換する

1 デスクトップに保存したアドレス帳の
アイコンをダブルクリックします。

2 この画面が表示された場合は、Excelをクリックして、

3 <OK>をクリックします。

4 Excelが起動するので、
<ファイル>タブから
<エクスポート>をクリックします。

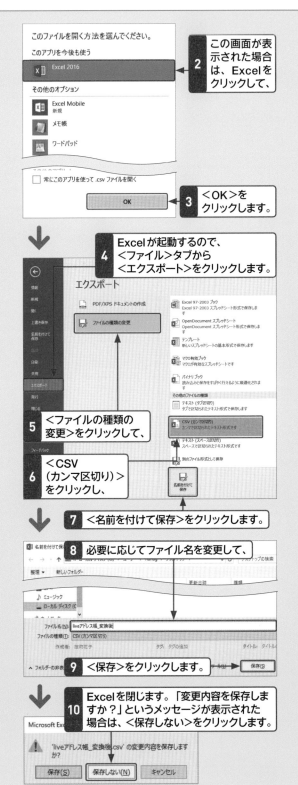

5 <ファイルの種類の変更>をクリックして、

6 <CSV（カンマ区切り）>をクリックし、

7 <名前を付けて保存>をクリックします。

8 必要に応じてファイル名を変更して、

9 <保存>をクリックします。

10 Excelを閉じます。「変更内容を保存しますか？」というメッセージが表示された場合は、<保存しない>をクリックします。

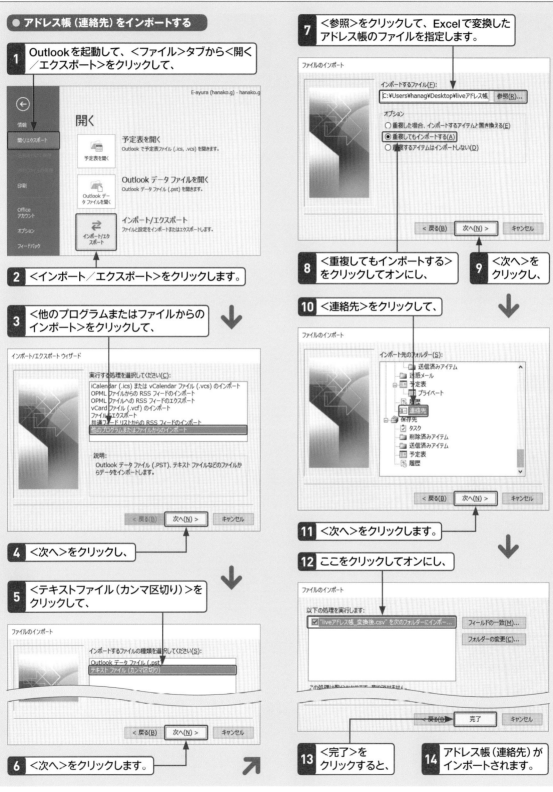

● アドレス帳（連絡先）をインポートする

1 Outlookを起動して、＜ファイル＞タブから＜開く／エクスポート＞をクリックして、

2 ＜インポート／エクスポート＞をクリックします。

3 ＜他のプログラムまたはファイルからのインポート＞をクリックして、

4 ＜次へ＞をクリックし、

5 ＜テキストファイル（カンマ区切り）＞をクリックして、

6 ＜次へ＞をクリックします。

7 ＜参照＞をクリックして、Excelで変換したアドレス帳のファイルを指定します。

8 ＜重複してもインポートする＞をクリックしてオンにし、

9 ＜次へ＞をクリックし、

10 ＜連絡先＞をクリックして、

11 ＜次へ＞をクリックします。

12 ここをクリックしてオンにし、

13 ＜完了＞をクリックすると、

14 アドレス帳（連絡先）がインポートされます。

1 Outlookの基本
2 メールの受信と閲覧
3 メールの作成と送信
4 メールの整理と管理
5 メールの設定
6 連絡先
7 予定表
8 タスク
9 印刷
10 そのほかの便利機能

重要度 ★★★ バックアップ／データ移行 　2019

Q 450 インポートしたアドレス帳のデータが文字化けする！

A 文字コードが異なることが原因です。

Windows LiveメールからアドレスのデータをCSV形式でエクスポートして、そのファイルをそのままOutlookにインポートしようとすると、文字化けが起きてしまいます。これは、文字コードが異なるためです。Windows Liveメールからエクスポートしたアドレス帳のデータは、「UTF-8」と呼ばれる規格の文字コードを採用しています。これをOutlookにインポートする場合は、文字コードを「ANSI」に変換する必要があります。なお、本章ではExcelを使用して文字コードを変換していますが、メモ帳などで文字コードをANSIに変換して保存し直してもかまいません。

参照▶Q 449

重要度 ★★★ トラブル

Q 451 Outlookが反応しなくなった！

A ＜タスクマネージャー＞を起動してOutlookを強制終了します。

Outlookが反応しなくなった場合、通常は「Outlookは応答していません」というメッセージが表示されるので、画面の指示に従います。それでもOutlookが何の反応もしないときは、タスクバーを右クリックして＜タスクマネージャー＞をクリックし、＜タスクマネージャー＞画面を表示します。画面に表示されている＜Microsoft Outlook＞の右側に何も表示されていないときは、しばらく待ってみましょう。「応答なし」と表示されているときは、＜タスクの終了＞をクリックします。

何度も同じような状態になる場合は、＜スタート＞→＜Windowsシステム＞→＜コントロールパネル＞（Windows 8.1では＜スタート＞を右クリックして＜コントロールパネル＞）の順にクリックして、コントロールパネルを表示し、Officeの修復を実行しましょう。

参照▶Q 453

重要度 ★★★ トラブル

Q 452 受信トレイの内容がおかしいので修復したい！

A 「受信トレイ修復ツール」を利用します。

なんらかの原因で受信トレイの内容に不具合が発生した場合は、Outlookに用意されている「受信トレイ修復ツール（SCANPST.EXE）」を利用してエラーの診断と修復を行うことができます。修復ツールを利用するには、あらかじめOutlookを終了しておきます。

エクスプローラーを起動して、「SCANPST.EXE」の保存先（Cドライブの¥Program Files（x86）¥Microsoft Office¥root¥Office16）を表示し、＜SCANPST.EXE＞をダブルクリックします。Outlook 2013の場合は「¥Program Files¥Microsoft Office 15¥Office15」を表示します。

SCANPST.EXEが見つからない場合は、Program Filesで検索します。

1 SCANPST.EXEの保存先を表示して、　**2** ＜SCANPST.EXE＞をダブルクリックします。

3 ＜参照＞をクリックして、スキャンするファイル名を指定し、

4 ＜開始＞をクリックして、　**5** 表示される画面に従って操作します。

Q 453 Outlookが起動しない！

A Officeプログラムを修復するか、新しくプロファイルを作成します。

Outlookが起動しなかったり、起動時に「Microsoft Exchangeへの接続ができません」などのメッセージが表示されたりする場合は、Officeプログラムの修復を行います。Officeプログラムの修復を行っても起動しない、あるいはエラーが解決しない場合は、新しいプロファイルを追加してメールアカウントを設定することで、Outlookを起動できるようになります。

● Officeプログラムを修復する

1 コントロールパネルを表示して、＜プログラムのアンインストール＞をクリックします。

2 Officeプログラムをクリックして、

3 ＜変更＞をクリックし、

4 ＜クイック修復＞あるいは＜オンライン修復＞をクリックしてオンにします。

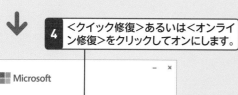

5 ＜修復＞をクリックして、

6 表示される画面に従って操作します。

● 新しいプロファイルを作成する

1 コントロールパネルを表示して、＜ユーザーアカウント＞から＜Mail（Microsoft Outlook 2016）＞をクリックします（Outlook 2013では名称が多少異なります。Q 458参照）。

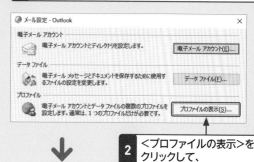

2 ＜プロファイルの表示＞をクリックして、

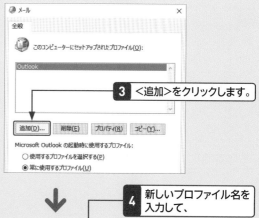

3 ＜追加＞をクリックします。

4 新しいプロファイル名を入力して、

5 ＜OK＞をクリックし、

6 表示される画面に従ってメールアカウントを設定します。

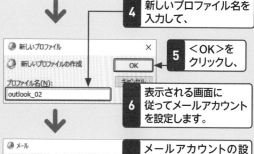

7 メールアカウントの設定が完了したら、＜常に使用するプロファイル＞を新規に作成したプロファイルに変更し、

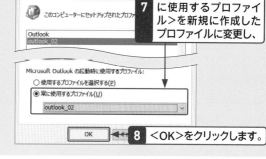

8 ＜OK＞をクリックします。

Outlookの基本 1 / メールの受信と閲覧 2 / メールの作成と送信 3 / メールの整理と管理 4 / メールの設定 5 / 連絡先 6 / 予定表 7 / タスク 8 / 印刷 9 / そのほかの便利機能 10

Q 454 Outlookの起動が遅い！

Q 455 Outlookが起動しても受信トレイが表示されない！

A アドインを無効にします。

A ＜Outlookのオプション＞ダイアログボックスで設定します。

Outlookの起動が遅くなった場合は、アドインが原因していると考えられます。アドインを無効にすることによって、起動時間を短くすることができます。なお、「アドイン」とは、ソフトウェアに新しい機能を追加するプログラムのことです。

Outlookを起動すると、初期設定ではメールの＜受信トレイ＞が表示されます。設定を変更するなどして＜受信トレイ＞が表示されない場合は、＜Outlookのオプション＞ダイアログボックスで、Outlookの起動時に表示するフォルダーを＜受信トレイ＞に設定します。

1 ＜ファイル＞タブから＜オプション＞をクリックして、＜Outlookのオプション＞ダイアログボックスを表示します。

1 ＜ファイル＞タブから＜オプション＞をクリックして、＜Outlookのオプション＞ダイアログボックスを表示します。

2 ＜アドイン＞をクリックして、

2 ＜詳細設定＞をクリックして、

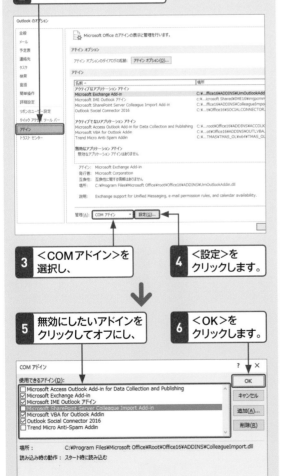

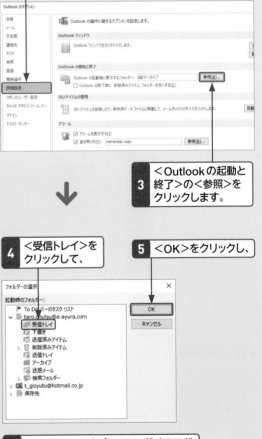

3 ＜COMアドイン＞を選択し、

4 ＜設定＞をクリックします。

3 ＜Outlookの起動と終了＞の＜参照＞をクリックします。

5 無効にしたいアドインをクリックしてオフにし、

6 ＜OK＞をクリックします。

4 ＜受信トレイ＞をクリックして、

5 ＜OK＞をクリックし、

6 ＜Outlookのオプション＞ダイアログボックスの＜OK＞をクリックします。

1 Outlookの基本
2 メールの受信と閲覧
3 メールの作成と送信
4 メールの整理と管理
5 メールの設定
6 連絡先
7 予定表
8 タスク
9 印刷
10 そのほかの便利機能

Q 456 メールを削除しようとすると エラーが起きる!

A セーフモードで起動するか、 プロファイルを作成し直します。

特定のメールを削除しようとするとエラーが起きるような場合は、Outlookのデータファイル（.pst）が破損している可能性があります。この場合は、Outlookをセーフモードで起動して削除するか、新しいプロファイルを作成してメールアカウントを作成します。
なお、「セーフモード」とは、Windowsの機能を限定し、必要最低限のシステム環境でパソコンを起動するモードのことです。

参照 ▶ Q 453

1 ＜スタート＞を右クリックして、

2 ＜ファイル名を指定して実行＞をクリックします。

3 「outlook.exe /safe」と入力して、

4 ＜OK＞をクリックすると、

5 Outlookがセーフモードで起動されるので、特定のメールを削除できるかどうか確認します。

Q 457 セーフモードで起動したら いつもと画面が違う!

A ＜表示＞タブの＜閲覧ウィンドウ＞ から表示をもとに戻します。

セーフモードで起動すると、閲覧ウィンドウが表示されない状態で起動します。閲覧ウィンドウを表示させたい場合は、＜表示＞タブをクリックして、＜閲覧ウィンドウ＞をクリックし、位置を指定します。
なお、セーフモードで起動したOutlookをいったん終了して再起動すると、セーフモードが解除されます。

参照 ▶ Q 456

Outlookをセーフモードで起動すると、閲覧ウィンドウが表示されません。

1 ＜表示＞タブをクリックして、

2 ＜閲覧ウィンドウ＞をクリックし、

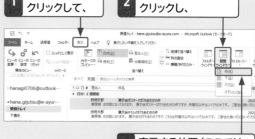

3 表示する位置（ここでは＜右＞）をクリックすると、

4 通常の画面に戻ります。

1 Outlookの基本

2 メールの受信と閲覧

3 メールの作成と送信

4 メールの整理と管理

5 メールの設定

6 連絡先

7 予定表

8 タスク

9 印刷

10 そのほかの便利機能

重要度 ★★★　トラブル

Q 458 Outlook起動時にプロファイルの選択画面が表示される!

A 起動時に使用する
プロファイル名を設定します。

1台のパソコンを複数のユーザーが使用して、ユーザーごとにメールアカウントを設定している場合などは、Outlookの起動時に使用するプロファイル名を選択するダイアログボックスが表示されます。
このダイアログボックスを表示しないようにするには、起動時に使用するプロファイルを設定します。

1 ＜プロファイルの選択＞ダイアログボックスが表示された場合は、

2 ここをクリックして、

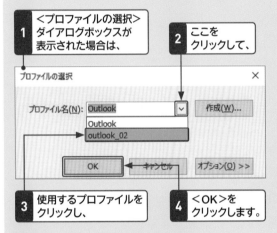

3 使用するプロファイルをクリックし、

4 ＜OK＞をクリックします。

● 起動時に使用するプロファイルを設定する

1 コントロールパネルを表示して、＜ユーザーアカウント＞（Outlook 2013では＜ユーザーアカウントとファミリーセーフティー＞）をクリックします。

2 ＜Mail（Microsoft Outlook 2016）＞（Outlook 2013では＜Mail（Microsoft Outlook 2013）＞）をクリックして、

3 ＜プロファイルの表示＞をクリックします。

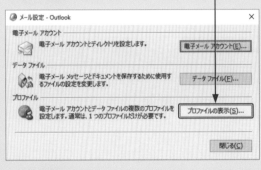

4 ＜常に使用するプロファイル＞をクリックしてオンにし、

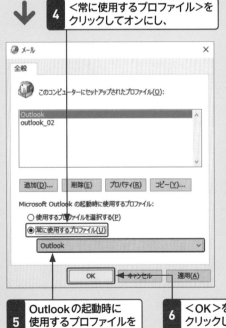

5 Outlookの起動時に使用するプロファイルを選択して、

6 ＜OK＞をクリックします。

Q 459

重要度 ★★★　トラブル

「このフォルダーのセットを開けません」と表示されて起動できない!

A 受信トレイ修復ツールを実行するか、Outlookデータファイルをもとに戻します。

右図のようなメッセージが表示された場合は、Outlookのメールデータや連絡先のデータなどが保存されているOutlookデータファイル(.pst)が破損しているか、誤って削除してしまったか、移動した可能性があります。Q 452を参照して「受信トレイ修復ツール(SCANPST.

EXE)」を実行するか、Q 460を参照してOutlookデータファイルをもとに戻します。

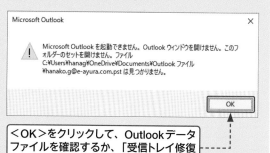

<OK>をクリックして、Outlookデータファイルを確認するか、「受信トレイ修復ツール(SCANPST.EXE)」を実行します。

Q 460

重要度 ★★★　トラブル

「~.pstは見つかりません」と表示されて起動できない!

A Outlookデータファイルを誤って削除したか、移動した可能性があります。

Outlookデータファイル(.pst)は、Outlookのメールデータや連絡先のデータなどが保存されているファイルです。このようなメッセージが表示された場合は、Outlookデータファイルを誤って削除してしまったか、移動してしまった可能性があります。ごみ箱を確認して、Outlookデータファイルが残っている場合はOutlookデータファイルをもとに戻します。
Outlookデータファイルを移動した場合は、手順❷で表示されたファイルを検索し、もとの場所(ドキュメント内の「Outlookファイル」フォルダー)に戻します。

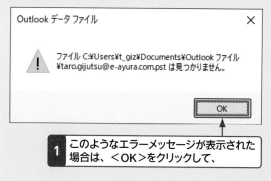

1 このようなエラーメッセージが表示された場合は、<OK>をクリックして、

2 Outlookデータファイルを確認し、

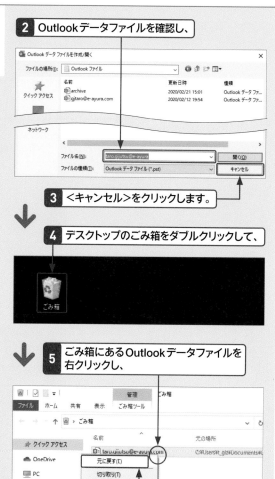

3 <キャンセル>をクリックします。

4 デスクトップのごみ箱をダブルクリックして、

5 ごみ箱にあるOutlookデータファイルを右クリックし、

6 <元に戻す>をクリックします。

ショートカットキー一覧

Outlookを活用するうえで覚えておくと便利なのがショートカットキーです。ショートカットキーとは、キーボードの特定のキーを押すことで、操作を実行する機能です。ショートカットキーを利用すれば、すばやく操作を実行することができます。ここでは、Outlookで利用できるおもなショートカットキーを紹介します。

基本操作	
Esc	ウィンドウやダイアログボックスを閉じる。
Enter	選択したメールや予定、連絡先などを開く。
Ctrl + F1	リボンを折りたたむ／展開する。
Ctrl + A	すべてのアイテムを選択する。
Ctrl + S ／ Shift + F12	保存する（タスクを除く）。
Alt + S	保存して閉じる（メールを除く）。
Alt + B ／ Alt + ←	前のビューに戻る。
Alt + →	次のビューに進む。
Ctrl + Z ／ Alt + BackSpace	直前の操作を取り消す。
Ctrl + N	新しいアイテムの作成画面を表示する。
Ctrl + D	アイテムを削除する。
Ctrl + F	選択したアイテムを添付ファイルとして転送する。
Ctrl + O	アイテムを開く。
Ctrl + P	アイテムを印刷する。
Ctrl + Y	別のフォルダーに移動する。
Ctrl + E ／ F3	アイテムを検索する。
Ctrl + Shift + Y	アイテムをコピーする。
Ctrl + Shift + V	アイテムを移動する。
Ctrl + Shift + E	新しいフォルダーを作成する。
Ctrl + Shift + I	任意のビューから＜受信トレイ＞に移動する。
Ctrl + Shift + O	任意のビューから＜送信トレイ＞に移動する。
F1	＜ヘルプ＞ウィンドウを表示する。
F7	スペルチェックを行う。
Tab	次の項目にカーソルを移動する。
Shift + Tab	前の項目にカーソルを移動する。
Alt + F4	Outlookを終了する。
メール	
Ctrl + 1	＜メール＞画面に切り替える。
Ctrl + Shift + M	メールを作成する。
Ctrl + Enter ／ Alt + S	メールを送信する。
Ctrl + R ／ Alt + R	メールに返信する。
Ctrl + Shift + R ／ Alt + L	全員にメールを返信する。
Ctrl + F	メールを転送する。
← (→)	メールの一覧でグループを折りたたむ（展開する）。

メール	
↑	メールのビュー内で前のメッセージに移動する。
↓	メールのビュー内で次のメッセージに移動する。
Alt + PageUp	<閲覧ウィンドウ>内で前のメッセージに移動する。
Alt + PageDown	<閲覧ウィンドウ>内で次のメッセージに移動する。
Ctrl + M ／ F9	新規メールを確認する。
Ctrl + Q	メールを開封済みにする。
Ctrl + U	メールを未開封にする。
Ctrl + Space	HTMLメール作成時に、選択した範囲の書式を統一する。
Ctrl + Shift + G	フラグを設定する。
Ctrl + Shift + P	検索フォルダーを作成する。
F4	<メッセージ>ウィンドウで検索／置換を実行する。
F12	名前を付けて保存する。

予定表	
Ctrl + 2	<予定表>画面に切り替える。
Ctrl + Shift + A	予定を作成する。
Ctrl + Alt + 1	日単位のビューに切り替える。
Ctrl + Alt + 2	稼働日のビューに切り替える。
Ctrl + Alt + 3 ／ Alt + −	週単位のビューに切り替える。
Ctrl + Alt + 4 ／ Shift + Alt + =	月単位のビューに切り替える。
Ctrl + → (←)	翌日（前日）に移動する。
Ctrl + , (カンマ)	前の予定に移動する。
Ctrl + . (ピリオド)	次の予定に移動する。
Ctrl + G	指定の日付に移動する。
Alt + ↓ (↑)	翌週（前週）に移動する。
Alt + PageDown ((PageUp))	翌月（前月）に移動する。
Alt + Home	週初めに移動する。

連絡先	
Ctrl + 3	<連絡先>画面に切り替える。
Ctrl + Shift + C	連絡先を作成する。
Ctrl + Shift + L	連絡先グループを作成する。
Ctrl + Shift + B	アドレス帳を表示する。
F11	連絡先を検索する。

タスク	
Ctrl + 4	<タスク>画面に切り替える。
Ctrl + Shift + K	タスクを作成する。

メモ	
Ctrl + 5	<メモ>画面に切り替える。
Ctrl + Shift + N	メモを作成する。

✏ Backstage（バックステージ）ビュー

＜ファイル＞タブをクリックしたときに表示される画面のことです。Backstageビューでは、アカウント情報の管理、ファイルの操作、印刷、Officeアカウントの管理、オプションの設定などが行えます。

参考▶Q 051

✏ BCC（ビーシーシー）

Blind Carbon Copyの略で、宛先以外の人に同じ内容のメールを送信するときに利用します。誰に対してメールを送信したのか知られたくない場合に利用します。

参考▶Q 157

✏ CC（シーシー）

Carbon Copyの略で、本来の宛先の人とは別に、ほかの人にも同じ内容のメールを送信するときに利用します。CCに指定された宛先は、全受信者に通知されます。

参考▶Q 156

✏ CSV（シーエスブイ）形式ファイル

Comma Separated Valueの略で、項目間がカンマ「,」で区切られているテキストファイルのことです。ファイルの拡張子は「.csv」で、メモ帳やExcelなどでそのまま開くことができます。 **参考▶Q 277**

✏ Gmail（ジーメール）

Googleが提供するWebメールサービスです。無料版では15GB、有料版では30TBまでの容量を使用できます（Google Driveなど、ほかのGoogleサービスと合わせた容量）。

参考▶Q 031

✏ HTML（エイチティーエムエル）形式メール

HyperText Markup Languageの略で、Webページを記述する言語を使用して作成されたメールのことです。文字サイズやフォント、文字色を変えたり、画像を挿入したりと、メールにさまざまな装飾を施すことができます。 **参考▶Q 077**

✏ iCloud（アイクラウド）

Appleが提供するiPhoneやiPad、iPod Touch、Mac用のクラウドサービスです。OutlookにiCloudのメールアカウントを設定することもできます。 **参考▶Q 032**

✏ IMAP（アイマップ）

Internet Message Access Protocolの略で、メールサーバーからメールを受信するための規格の1つです。メールサーバー上にメールを保管し、操作や管理を行います。 **参考▶Q 027**

✏ Microsoft 365（マイクロソフトサンロクゴ）

月額や年額の金額を支払って使用するサブスクリプション版のOfficeのことで、ビジネス用と個人用があります。個人用はMicrosoft 365 Personalという名称で販売されており、Windowsパソコン、Mac、タブレット、スマートフォンなど、複数のデバイスに台数無制限にインストールできます。 **参考▶Q 006**

✏ Microsoft（マイクロソフト）アカウント

マイクロソフトがインターネット上で提供するOneDriveなどのWebサービスや、各種アプリを利用するために必要な権利のことです。マイクロソフトのWebサイトから無料で取得できます。 **参考▶Q 030**

✏ OneDrive（ワンドライブ）

マイクロソフトが無料で提供しているオンラインストレージサービス（データの保管場所）です。標準で5GBの容量を使用できます。 **参考▶Q 184**

OneDriveのWebページ

✏ Outlook（アウトルック）

マイクロソフトが提供するメールおよび情報管理ソフトで、正式名称を「Microsoft Outlook」と呼びます。単にメールの送受信だけでなく、予定表、連絡先、タスクなどを管理するためのソフトウェアです。

参考▶Q 001, Q 004

✏ Outlook.com（アウトルックドットコム）

マイクロソフトが提供しているWebメールサービスです。無料版では15GB、有料版では50GBの容量を使用できます。 **参考▶Q 011**

◆ Outlook Express（アウトルックエクスプレス）

Windows XP／2000／98に標準で搭載されていた
メールソフトです。　　　　　　　　　**参考▶Q 009**

◆ Outlook Today（アウトルックトゥディ）

予定表、タスク、メッセージの今日現在の情報を表示
する機能です。メール画面でメールアカウント名をク
リックすると表示されます。　　　　　　**参考▶Q 434**

◆ Outlook（アウトルック）データファイル

Outlookで作成するメールや予定表、連絡帳、タスク
などのデータが保存されるファイルです（拡張子
「.pst」）。データファイルは、メールアカウントごとに
作成されます。　　　　　　　　　　　　**参考▶Q 020**

◆ PDF（ピーディーエフ）ファイル

アドビシステムズ社によって開発された電子文書の規
格の1つです。レイアウトや書式、画像などがそのまま
維持されるので、パソコン環境に依存せずに、同じ見た
目で文書を表示できます。　　　　　　　**参考▶Q 433**

◆ POP（ポップ）

Post Office Protocolの略で、メールサーバーからメー
ルを受信するための規格の1つです。メールの送信に
使われるSMTPとセットで利用されます。　**参考▶Q 026**

◆ SMTP（エスエムティーピー）

Simple Mail Transfer Protocolの略で、メールサーバー
へメールを送信するための規格の1つです。メールの
受信に使われるPOPとセットで利用されます。
　　　　　　　　　　　　　　　　　　　参考▶Q 026

◆ To Do（トゥドゥ）バー

予定表、連絡先、タスクなどの情報を画面の右側に表示
する機能です。Outlookのメール、予定表、連絡先、タス
クの各画面で表示できます。　　　　　　**参考▶Q 052**

◆ Web（ウェブ）ブラウザー

パソコンやスマートフォンでインターネットに接続
し、Webページやクラウドサービスなどを閲覧したり
利用したりするときに使用するアプリケーションで
す。単に「ブラウザー」とも呼ばれます。

◆ Web（ウェブ）メール

メールの閲覧やメールの作成、送信などをWebブラ
ウザー上で行うメールシステムのことです。インター
ネットに接続できる環境があれば、どのデバイスからで
もメールを利用することができます。Webメールには、
Outlook.com、Gmail、Yahoo!メールなどがあります。
　　　　　　　　　　　　　　　参考▶Q 011, Q 031

◆ Windows Live（ウインドウズライブ）メール

マイクロソフトが無償で提供しているメールソフトで
す。Outlookと同様、複数のメールアカウントを追加し
て管理することができますが、2017年1月10日でサ
ポートが終了しています。すでにインストール済みの
場合は引き続き利用できますが、Windows 10には対
応していません。　　　　　　　　　　　**参考▶Q 012**

◆ Yahoo!（ヤフー）メール

Yahoo!JAPANが提供するWebメールサービスです。無
料版では10GB、有料版では無制限の容量が使用できま
す。

◆ アーカイブ

メールなどのデータをまとめることをいいます。削除
したくはないけれど、＜受信トレイ＞に置いておきた
くないメールをとりあえず保管しておく場所として有
用です。Outlook 2016以降では＜アーカイブ＞フォル
ダーが標準で搭載されています。　　　　**参考▶Q 205**

◆ アイコン

Office 2019で搭載されたSVG形式の画像です。ベク
ターデータと呼ばれる点の座標とそれを結ぶ線で再現
される画像で、ファイルサイズが小さく、拡大／縮小し
ても画質が劣化しないという特徴があります。
　　　　　　　　　　　　　　　　　　　参考▶Q 195

🔷 圧縮ファイル

圧縮プログラムを使ってサイズを小さくしたファイルのことをいいます。Windowsでは、おもにZIP形式の圧縮ファイルが使われます。　　　　　　　　**参考▶Q 182**

🔷 アドイン

ソフトウェアに新しい機能を追加するプログラムのことです。Outlookに組み込まれているものや、マイクロソフトのWebサイトからダウンロードしてインストールするものがあります。　　　　　　　　**参考▶Q 454**

🔷 アドレス帳

連絡先に登録されている名前や表示名、メールアドレスを一覧表示したものです。おもにメールを作成するときに利用されます。　　　　　　　　**参考▶Q 289**

🔷 アラーム

予定しているイベントやタスクの期限日の前にアラーム音と通知ウィンドウを表示する機能です。アラームのオン／オフや表示する時間、サウンドを変更することもできます。　　　　　**参考▶Q 345, Q 384**

🔷 印刷プレビュー

印刷結果のイメージを画面で確認する機能です。実際に印刷する前に印刷プレビューで確認することで、印刷の無駄を省くことができます。　　**参考▶Q 411**

🔷 インポート

データをソフトやパソコンに取り込んで使えるようにすることです。　　　　　　　　　　**参考▶Q 446**

🔷 エクスポート

ほかのソフトやパソコンで利用できるファイル形式でデータを保存することです。　　　　　**参考▶Q 446**

🔷 閲覧ウィンドウ

メールや連絡先の一覧で選択したメールの内容や連絡先の情報が表示される場所です。　**参考▶Q 069, Q 265**

🔷 閲覧ビュー

Outlookに用意されている表示モードの1つです。フォルダーウィンドウが最小化されて、閲覧ウィンドウが大きく表示されます。　　　　**参考▶Q 049**

🔷 エンコード

一定の規則に基づいて、ある形式のデータを別の形式のデータに変換することです。　　　　**参考▶Q 094**

🔷 お気に入り

メール画面で頻繁に利用するフォルダーを表示しておき、すばやくアクセスできるようにする機能です。　　　　　　　　　　　　　**参考▶Q 212**

🔷 オフライン

パソコンやスマートフォンなどが、通信回線やネットワークに接続されていない状態のことです。
　　　　　　　　　　　　　　　　参考▶Q 086

🔷 既読

メールをすでに読み終わった状態（開封済み）のことです。　　　　　　　　　　　　**参考▶Q 097**

🔷 クイックアクセスツールバー

よく使う機能をコマンドとして登録しておくことができる領域です。クリックするだけで必要な機能を実行できるので、タブを切り替えて機能を実行するよりすばやく操作が行えます。　**参考▶Q 062, Q 064**

🔷 クイック検索

細かい条件を付けずに、対象となる文字をキーワードにしてメールを検索する機能です。送信者名や件名などでメールをすばやく検索することができます。連絡先、予定表、タスクでもクイック検索が行えます。
　　　　　　　　　　　　　　　　参考▶Q 104

🔷 クイック操作

頻繁に行っている操作を登録して、1回のクリックで実行できるようにする機能です。メールを開封済みにしてフォルダーに移動する、上司にメールを転送する、チーム宛にメールを作成する、などの操作があらかじめ用意されています。新規に登録することもできます。
　　　　　　　　　　　　　参考▶Q 168, Q 261

検索フォルダー

検索条件に一致するメールを検索するために利用するフォルダーです。一度検索条件を設定しておくと、その条件に一致するメールがこのフォルダーに表示されます。メール自体は移動しません。 参考▶Q 106

更新プログラム

プログラムに含まれる不具合や機能の追加、問題を改善するための新しいプログラムのことです。通常は、自動的にダウンロードされてインストールされるように設定されています。手動で確認してインストールすることもできます。 参考▶Q 018

サブスクリプション

アプリなどの利用期間に応じて月額や年額の料金を支払うしくみのことをいいます。毎月あるいは毎年料金を支払うことで、継続して使い続けることができます。 参考▶Q 005, Q 007

下書き

書きかけのメールを一時的に保存しておく機能です。下書き保存したメールは、＜下書き＞フォルダーに保存されます。 参考▶Q 153

＜下書き＞フォルダー

自動送信

＜配信タイミング＞を使用して、指定した日時にメールが送信されるように設定しておく機能です。ただし、実際に送信されるときにパソコンおよびOutlookが起動している必要があります。 参考▶Q 176

ショートカットキー

アプリの機能を画面上のコマンドから操作するかわりに、キーボードに割り当てられた特定のキーを押して操作することです。入力時など、マウスやタッチで操作するよりも、短時間で実行できます。 参考▶Q 039

署名

メールの最後に記載されている差出人情報のことです。通常は、自分の名前や住所、電話番号、メールアドレスなどを記載します。 参考▶Q 172

仕分けルール

特定の送信者や、件名に特定の文字を含むメールを指定したフォルダーに移動したり、フラグを設定したり、新しいメールの通知ウィンドウを表示したりして、メールを管理する機能です。 参考▶Q 215

シンプルリボン

リボンが簡略化されて、コマンドが1列に表示される機能です。シンプルリボンはMicrosoft 365のみに搭載されています。 参考▶Q 054

シンプルリボン表示

ズームスライダー

画面の表示倍率を拡大、縮小する機能です。ズームスライダーのつまみを左右にドラッグするか、スライダーの左右にある＜縮小＞□／＜拡大＞□をクリックすると、10%〜400%の間で表示倍率を変更できます。 参考▶Q 041

ステータスバー

アイテム数や作業のステータス、ビューの切り替え用のコマンドなどが表示されます。 参考▶Q 041

スマート検索

調べたい用語などをOutlookの画面で検索できる機能です。Outlook 2016で搭載されました。用語などを検索すると、Bing検索やBingイメージ、ウィキペディアなどのオンラインソースから情報が検索され、画面右側のウィンドウに表示されます。 参考▶Q 103

スレッド

同じ件名のメールを1つにまとめて階層化して表示する機能です。 参考▶Q 133

✎ セーフモード

Windowsの機能を限定し、必要最低限のシステム環境でパソコンを起動するモードのことです。　参考▶Q 456

✎ 操作アシスト

使用したい機能などを検索する機能で、Outlook 2016で搭載されました。タブの右にある「実行したい作業を入力してください」と表示されているボックスにキーワードを入力すると、関連する項目が表示され、使用したい機能をすぐに見つけて操作できます。ヘルプを表示することもできます。　参考▶Q 067

✎ ダークモード

Outlookの初期設定では画面が白、文字が黒ですが、ダークモードは画面を黒に、文字を白に設定するモードです。＜ファイル＞タブの＜Officeテーマ＞で切り替えられます。Outlook 2019で搭載されました。Microsoft 365では閲覧ウィンドウもダークモードに切り替わりますが、Outlook 2019では白のままです。
参考▶Q 129

✎ タイムスケール

予定表に表示される時間を表示するグリッド線（罫線）です。初期設定では30分間隔ですが、5分〜60分の間で変更することができます。　参考▶Q 316, Q 324

✎ タイムテーブル

予定表で登録した予定が表示される場所です。日、週、月単位などの表示形式によって表示方法が異なります。
参考▶Q 316

✎ タスク

これから取り組む「仕事」のことです。仕事の開始日と期限を設定し、「今、何をやらなければならないか」を随時把握し、確認できる機能です。「To Do」とも呼ばれます。
参考▶Q 375

✎ タブ

Outlookの機能を実行するためのものです。タブの数は、Outlookのバージョンによって異なりますが、Outlook 2019では6個のタブが表示されています。それぞれのタブにはコマンドが用途別のグループに分かれて配置されています。そのほかのタブは、作業に応じて必要なものが表示されるようになっています。
参考▶Q 053, Q 059

✎ テキスト形式メール

テキスト（文字）のみで構成されたメールの形式です。容量が軽い、受信者の環境やメールソフトに影響されにくい、などのメリットがあります。　参考▶Q 077

✎ デスクトップ通知

メールを受信した際にデスクトップに表示される通知のことです。送信者の名前や件名、メッセージの一部が表示されます。表示させないように設定することもできます。　参考▶Q 084

✎ 展開

圧縮ファイルの中身を取り出すことです。「解凍」ともいいます。　参考▶Q 141

✎ 転送

受信したメールを、そのメールの送信者以外の人に送ることをいいます。転送メールの件名には「FW:」が付きます。　参考▶Q 164

✎ 添付ファイル

メールといっしょに送信したり、受信したりする文書や画像などのファイルのことです。　参考▶Q 135, Q 180

✎ テンプレート

メールを作成する際のひな型となるファイルのことです。頻繁に送信するメールをテンプレートとして保存しておくと、一から入力するより効率的です。
参考▶Q 170

ドメイン

メールサービスを提供する事業者や組織を識別するための文字列のことです。メールアドレスの場合は、@より後ろがドメイン名です。　**参考▶Q 024**

ナビゲーションバー

メール、予定表、連絡先、タスクなど、各機能の画面に切り替えるアイコンが表示されている領域です。アイコンの順序や表示数を変更することもできます。

参考▶Q 041, Q 046, Q 047

バージョン

ソフトウェアの改良、改訂の段階を表すもので、ソフトウェア名の後ろに数字で表記されます。通常は数字が大きいほど新しいものであることを示します。新しいバージョンに交代することを「バージョンアップ」や「アップグレード」といいます。Outlookの場合は、「2013→2016→2019」のようにバージョンアップされています。　**参考▶Q 003**

パスワード

メールやインターネット上のサービスを利用する際に、正規の利用者であることを証明するために入力する文字列のことです。　**参考▶Q 024**

バックアップ

データファイルを誤って削除してしまったり、なんらかの原因でファイルが壊れたりした場合に備えて、ほかの記憶媒体に保存しておくことです。

参考▶Q 446, Q 447

ビュー

選択したフォルダーに含まれるメールや連絡先の一覧が表示される領域です。表示方法を切り替えることもできます。　**参考▶Q 069, Q 265**

標準ビュー

Outlookに用意されている表示モードの1つです。初期設定では標準ビューで表示されます。　**参考▶Q 049**

フォルダーウィンドウ

Outlookに設定したメールアカウントの各フォルダーや、連絡先のフォルダーが表示される領域です。

参考▶Q 041, Q 265

フォント

文字のデザインのことで、書体ともいいます。日本語書体には明朝体、ゴシック体、ポップ体、楷書体、行書体など、さまざまな種類があります。　**参考▶Q 188**

フッター

ページの下部余白に印刷される情報のことです。ページ番号やページ数などを挿入できます。　**参考▶Q 428**

フラグ

メールやタスクに期限を付けて管理したいときに付ける機能です。フラグを設定すると、今日、明日、今週、来週など、期限ごとに色の異なるフラグが表示されます。

参考▶Q 229, Q 377

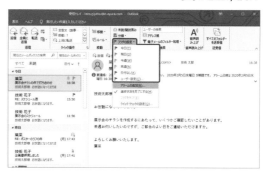

プロトコル

コンピューター間でデータをやりとりするために決められた通信規約です。メールを送信するときのSMTP、メールを受信するときのPOPやIMAP、ホームページを閲覧するときのHTTPなど、用途によってさまざまなプロトコルが規定されています。　**参考▶Q 026, Q 027**

プロバイダー

インターネットへの接続サービスを提供する事業者のことです。正式には「インターネットサービスプロバイダー」といいます。　**参考▶Q 023**

◆ プロファイル

Outlookで使用するメールアカウントの設定情報、データファイル（.pst）の場所など、Outlookを使用するうえでのユーザー情報のことです。　　**参考▶Q 453, Q 458**

◆ 分類項目

メールなどのアイテムをグループ別に色を付けて管理する機能です。仕事の内容やプライベートなどに分けて分類することで、目的の項目が探しやすくなります。メール、予定表、連絡先、タスクで共通して利用できます。　　**参考▶Q 222**

◆ ヘッダー

ページの上部に印刷される情報のことです。ユーザー名や印刷日、印刷時間などを挿入できます。

参考▶Q 428

◆ ヘッダー情報

メールメッセージを表示した際に、送信元のメールアドレスや件名、自分のメールアドレス、受信日時などの情報が表示される領域のことです。メッセージの＜プロパティ＞ダイアログボックスを表示すると、より詳細なヘッダー情報を確認することができます。

参考▶Q 095

◆ ヘルプ

Outlookの操作方法や機能の使い方、トラブルの対処方法など、困ったときにすぐに調べることができる機能のことです。　　**参考▶Q 066**

◆ 返信

受信したメールに返事を出すことをいいます。返信メールの件名には「RE:」が付きます。　**参考▶Q 163**

◆ ポート番号

インターネットで標準的に用いられるプロトコル（通信規約）のTCP/IPにおいて、コンピューターが通信に使用するプログラムを識別するための番号です。

参考▶Q 034

◆ 保護ビュー

インターネット経由でやりとりされたファイルをコンピューターウイルスなどの不正なプログラムから守るための機能です。保護ビューのままでもファイルを閲覧することはできますが、編集や印刷が必要な場合は、編集を有効にすることができます。　**参考▶Q 140**

◆ ポップヒント

コマンドの項目の名称やかんたんな説明が表示される機能です。マウスポインターを合わせると表示されます。単に「ヒント」ともいいます。　**参考▶Q 061**

◆ 未読

メールをまだ読んでいない状態のことをいいます。未読のメールは、件数と件名が太字の青字で表示されます。

参考▶Q 097

◆ 迷惑メール

一方的に送られてくる広告や勧誘などのメール、詐欺目的のメールのことです。「スパムメール」ともいいます。

参考▶Q 235

◆ メールアカウント

メールサーバーにアクセスしてメールを利用するための権限および使用権のことです。メールサーバーを利用するためのユーザー名（ユーザーIDやアカウント名ともいいます）とパスワードのことをいう場合もあります。　**参考▶Q 022**

◆ メールアドレス

メールを送受信する際に利用者を特定するための文字列のことです。単に「アドレス」ともいいます。

参考▶Q 024

◆ 「メール」アプリ

Windows 10／8.1に標準で搭載されているアプリです。Webメールやプロバイダーのメールアドレスを追加して複数のアカウントを管理することができます。

参考▶Q 010

メールサーバー

メールの送受信を行うインターネット上のコンピューターまたはそのプログラムのことです。プロバイダーによっては、受信メールサーバー（POPサーバー）、送信メールサーバー（SMTPサーバー）などと機能ごとに用意されている場合があります。　　　**参考▶Q 025**

メールソフト

パソコンやスマートフォンにインストールして、メールの送受信や受信したメールの保存や管理を行うソフトウェアのことです。パソコンにメールを保存するため、一度受信をすればインターネットに接続していない状態でもメールを閲覧することができます。

メモ

Outlookに搭載されている、かんたんなメモを記述したり、デスクトップ上に付箋のように表示したりすることができる機能です。　　　**参考▶Q 436**

文字化け

メールを送受信した際に、文字データが正しく表示されずに、意味不明な文字や記号などが連なった状態で表示される現象のことをいいます。文字化けのおもな原因は、メールのエンコードの設定です。　**参考▶Q 094**

ユーザーアカウント

コンピューターやネットワーク上の各種サービスを利用するのに必要な権利のことです。通常は、ユーザーIDとパスワードを入力することで本人確認ができるしくみになっています。単に「アカウント」ともいいます。

参考▶Q 022, Q 023

優先受信トレイ

＜受信トレイ＞を＜優先＞タブと＜その他＞タブに分割する機能です。重要なメールとそのほかのメールを振り分けるために利用されます。優先受信トレイは、Outlook 2019のOutlook.comのアカウントとMicrosoft 365のみに搭載されています。　**参考▶Q 202**

ライセンス契約

ソフトウェアなどを使用する権利をユーザーに与える契約のことです。使用許諾契約とも呼ばれます。

参考▶Q 016, Q 028

リッチテキスト形式メール

文字サイズやフォント、文字色を変えたり、画像を挿入したりして表現力の高いメールを作成することができるOutlook独自の形式です。ただし、受信側のメールソフトが対応していないと、メールが正しく表示されない場合があります。　　　**参考▶Q 077**

リボン

Outlookの操作に必要なコマンドが表示されるスペースのことです。コマンドは用途別のタブに分類されています。

参考▶Q 053

リンク

文字や画像に、ほかの文書やホームページのURLなどの情報を関連付けて、クリックするだけで特定のファイルを開いたり、ホームページを開いたりする機能です。「ハイパーリンク」ともいいます。　　**参考▶Q 193**

連絡先グループ

複数のメールアドレスを1つの名前のグループにまとめる機能です。連絡先グループを作成することによって、グループのメンバーにまとめてメールを送信することができます。　　　**参考▶Q 297, Q 298**

六曜

六曜（ろくよう）は、暦注と呼ばれる吉凶判断や運勢を占うものの1つです。大安、仏滅、友引、先勝、先負、赤口の6種類があり、おもに冠婚葬祭などの日取りを決める際の目安として使われます。Outlookの予定表は初期設定で六曜が表示されていますが、旧暦や干支に変更することもできます。　　　**参考▶Q 320**

目的別索引

用語索引

■ お問い合わせについて

本書に関するご質問については、本書に記載されている内容に関するもののみとさせていただきます。本書の内容と関係のないご質問につきましては、一切お答えできませんので、あらかじめご了承ください。また、電話でのご質問は受け付けておりませんので、必ず FAX か書面にて下記までお送りください。

なお、ご質問の際には、必ず以下の項目を明記していただきますよう、お願いいたします。

1　お名前
2　返信先の住所または FAX 番号
3　書名（今すぐ使えるかんたん Outlook
　　完全ガイドブック 困った解決＆便利技
　　[2019/2016/2013/365 対応版]）
4　本書の該当ページと Q 番号
5　ご使用の OS と Outlook のバージョン
6　ご質問内容

なお、お送りいただいたご質問には、できる限り迅速にお答えできるよう努力いたしておりますが、場合によってはお答えするまでに時間がかかることがあります。また、回答の期日をご指定なさっても、ご希望にお応えできるとは限りません。あらかじめご了承くださいますよう、お願いいたします。

■ お問い合わせの例

FAX

1　お名前

　技術　太郎

2　返信先の住所または FAX 番号

　03-XXXX-XXXX

3　書名

　今すぐ使えるかんたん
　Outlook 完全ガイドブック
　困った解決＆便利技
　[2019/2016/2013/365 対応版]

4　本書の該当ページと Q 番号

　74 ページ　Q 087

5　ご使用の OS と Outlook のバージョン

　Windows 10 Home
　Outlook 2019

6　ご質問内容

　メールの文字サイズが
　変更できない

※ご質問の際に記載いただきました個人情報は、回答後速やかに破棄させていただきます。

今すぐ使えるかんたん Outlook

完全ガイドブック 困った解決＆便利技

[2019/2016/2013/365 対応版]

2020 年 6 月 30 日　初版　第 1 刷発行

著　者●AYURA
発行者●片岡 巌
発行所●株式会社 技術評論社
　　　　東京都新宿区市谷左内町 21-13
　　　　電話　03-3513-6150　販売促進部
　　　　　　　03-3513-6160　書籍編集部
カバーデザイン●岡崎 善保（志岐デザイン事務所）
本文デザイン●リンクアップ
編集／DTP ● AYURA
担当●田中 秀春
製本／印刷●大日本印刷株式会社

定価はカバーに表示してあります。

ISBN978-4-297-11381-0 C3055

Printed in Japan

■ 問い合わせ先

〒 162-0846
東京都新宿区市谷左内町 21-13
株式会社技術評論社　書籍編集部
「今すぐ使えるかんたん Outlook
完全ガイドブック 困った解決＆便利技
[2019/2016/2013/365 対応版]」質問係
FAX 番号　03-3513-6167

URL：https://book.gihyo.jp/116